# 建筑制图与CAD

## （附习题集）

张玉萍　主编

中国建材工业出版社

图书在版编目（CIP）数据

建筑制图与CAD(附习题集)/张玉萍主编．—北京：中国建材工业出版社，2011.1（2016.8重印）

ISBN 978-7-80227-818-9

Ⅰ．①建…Ⅱ．①张…Ⅲ．①建筑制图—计算机辅助设计—应用软件，AutoCAD—高等学校：技术学校—教材 Ⅳ．①TU204

中国版本图书馆CIP数据核字（2010）第142294号

**内 容 提 要**

本书共分16章，包括建筑制图、识图、CAD三部分内容。第1章～第7章为建筑制图与识图部分，包括制图基本规定、投影基本知识、点线面投影、形体的投影、建筑形体常用的表达方法、轴测图和建筑识图七部分；第8章～第13章讲述Auto CAD的基本知识和技术，包括Auto CAD图层概念、二维绘图命令、二维图形编辑、辅助绘图、标注编辑文字、尺寸标注、块与属性等内容；第三部分讲解建筑施工图的CAD绘制方法和技巧，包括建筑平面图绘制、建筑立面图绘制和建筑剖面图绘制等内容。

本书可作为高职高专建筑工程技术专业、建筑设计类专业、工程管理类专业、成人教育土建类及相关专业的教学用书，也可供相关专业技术工作人员参考。

**建筑制图与CAD**（附习题集）
张玉萍　主编

出版发行：中国建材工业出版社
地　　址：北京市海淀区三里河路1号
邮　　编：100044
经　　销：全国各地新华书店
印　　刷：北京雁林吉兆印刷有限公司
开　　本：787mm×1092mm　1/16
印　　张：20
字　　数：384千字
版　　次：2011年1月第1版
印　　次：2016年8月第3次
书　　号：ISBN 978-7-80227-818-9
**定　　价：46.00元（共两册）**

---

**本社网址：www.jccbs.com.cn**
**本书如出现印装质量问题，由我社发行部负责调换。联系电话：（010）88386906**

# 本书编写组


主　编　张玉萍

副主编　计凌峰　杨福云　白　健

参　编　白学敏　孙华峰　王晓薇

　　　　陈久权　王　岩　孟庆欣

# 前　　言

建筑工程样图是工程技术人员表达设计意图、交流技术思想及指导工程施工的重要工具，是工程技术界的共同语言。Auto CAD已经成为当前工程样图绘制的主流技术和手段。建筑工程专业技术人员必须具备绘制和识读本专业工程样图的技能。为将来能成为懂理论的技能型实用人才，作为建筑工程类专业高职高专在校生，也必须熟练掌握绘制和识读本专业工程样图的知识和技能。

以往的建筑制图与Auto CAD都是两本教材，建筑制图理论性过强，不能适应工程实际的需要；Auto CAD对土建专业的学生针对性不强。基于高职院校的“懂理论的技能型实用人才”的培养目标，适应当前社会需求和行业发展，我们编写了这本适用于建筑工程技术类高职高专院校的教材——《建筑制图与CAD》。

本书主要包括建筑制图、识图、CAD三部分内容，融制图知识与计算机绘图内容于一体，将理论教学和实践练习紧密结合，培养学生的看图能力、空间想象能力、空间构思能力和徒手绘图、尺规绘图、计算机绘图的能力。建筑制图主要讲述投影基本知识、点、直线、平面的投影、平面立体和曲面立体的投影、制图基本知识等内容；建筑识图主要讲述建筑施工图识读、结构施工图识读、建筑设备施工图识读等内容；CAD主要讲述Auto CAD基础知识、二维绘图命令、二维图形编辑、辅助绘图、标注编辑文字、尺寸标注、块与属性、建筑平面图绘制、建筑立面图绘制、建筑剖面图绘制等内容。

本书内容把握以实用够用为度，以基础性的、通用的、浅显易懂内容为主，注重高职高专的特点，从培养应用型人才出发，认真体现基础理论、基本知识和基本技能，本着“以应用为目的，以必须够用为度”的原则，结合本专业特点，以贯彻制图国家标准为主。

本书可作为高职高专建筑工程技术专业，建筑设计类专业，工程管理类专业，城市规划专业等相关专业的教材，也可作为成人教育土建类及相关专业的教材，还可供相关专业的技术工作人员参考。

全书共16章。其中第1章～第2章由河北建材职业技术学院张玉萍老师编写；第3章由河北建材职业技术学院王晓薇老师编写；第4章由河北建材职业技术学院杨福云老师编写；第5章由河北建材职业技术学院孙华峰老师编写；第6章由河北建材职业技术学院陈久权老师编写；第7章由河北建材职业技术学院白学敏老师编写；第8章～第11章由河北建材职业技术学院计凌峰老师编写；第12章～第13章由河北建材职业技术学院白健老师编写；第14章～第15章由河北建材职业技术学院王岩老师编写；第16章由河北建材职业技术学院孟庆欣老师编写，全书由张玉萍老师统稿。

本书编写过程中，参阅了有关文献资料，在此对这些文献的作者表示衷心感谢！

由于时间仓促和作者水平有限，书中不妥之处，敬请读者批评指正。

编者

2010年10月

# 目　　录

# 第 1 章　制图基本知识

## 1.1　制图基本规定

工程图纸是施工过程中最重要的技术文件，是工程界的语言。为了便于技术交流和表达，必须有一个统一的规定作为制图和识图的依据，这就是制图标准。

有关房屋建筑制图的标准有：《房屋建筑制图统一标准》（GB/T 50001—2001）、《总图制图标准》（GB/T 50103—2001）、《建筑制图标准》（GB/T 50104—2001）、《建筑结构制标准》（GB/T 50105—2001）、《给水排水制图标准》（GB/T 50106—2001）、《采暖通风与空气调节制图标准》（GB/T 50114—2001）。

### 1.1.1　图纸的幅面规格

图纸幅面的基本尺寸规定有五种，见表 1-1。

**表 1-1　幅面及图框尺寸**（mm）

| 尺寸代号 \ 幅面代号 | A0 | A1 | A2 | A3 | A4 |
|---|---|---|---|---|---|
| $b\times l$ | 841×1189 | 594×841 | 420×594 | 297×420 | 210×297 |
| $c$ | 10 | | | 5 | |
| $a$ | 25 | | | | |

图纸幅面尺寸相当于$\sqrt{2}$系列，即 $l=\sqrt{2}b$，$l$ 为长边长，$b$ 为短边长。A0 号图幅的面积为 $1m^2$，是 A1 号图幅面积的 2 倍，A1 号图幅面积是 A2 号的 2 倍，其他图幅面积依此类推。A0～A3 号图纸可横式或立式使用，A4 号图纸只能立式使用。图 1-1 所示为图纸的幅面格式。

一项工程中所用图纸幅面，不宜多于两种。

必要时，图纸幅面的长边可按表 1-2 加长，特殊情况下，还可使用 841mm×891mm、1189mm×1261mm 两种图纸。

**表 1-2　图纸长边加长尺寸**（mm）

| 幅面代号 | 长边尺寸 | 长边加长后尺寸 |
|---|---|---|
| A0 | 1189 | 1486、1635、1783、1932、2080、2230、2378 |
| A1 | 841 | 1051、1261、1471、1682、1892、2102 |
| A2 | 594 | 743、891、1041、1189、1338、1486、1635、1783、1932、2080 |
| A3 | 420 | 630、841、1051、1261、1471、1682、1892 |

每张图纸的右下角都应设有标题栏。需要会签的图纸，在其左侧上方图框线外有会签栏，如图 1-2 所示为图纸标题栏与会签栏示例。图 1-3 所示为学生制图作业的标题栏形式。

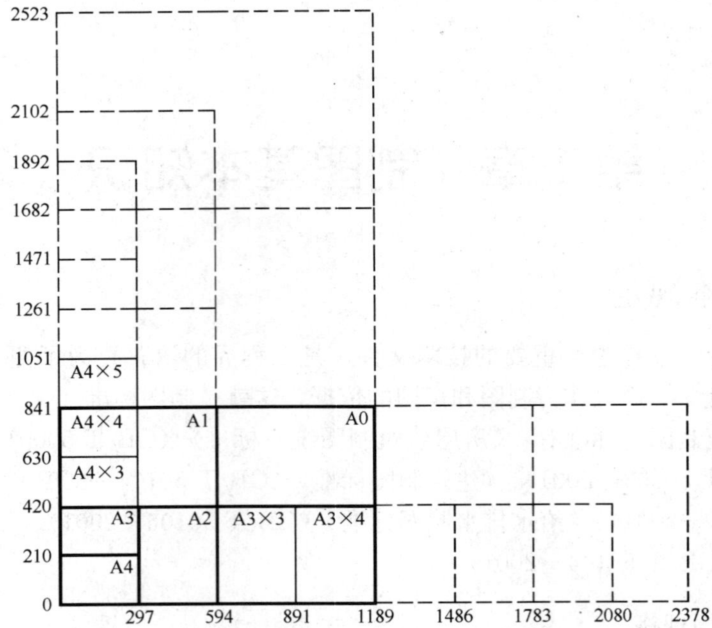


图 1-1　图纸的幅面格式

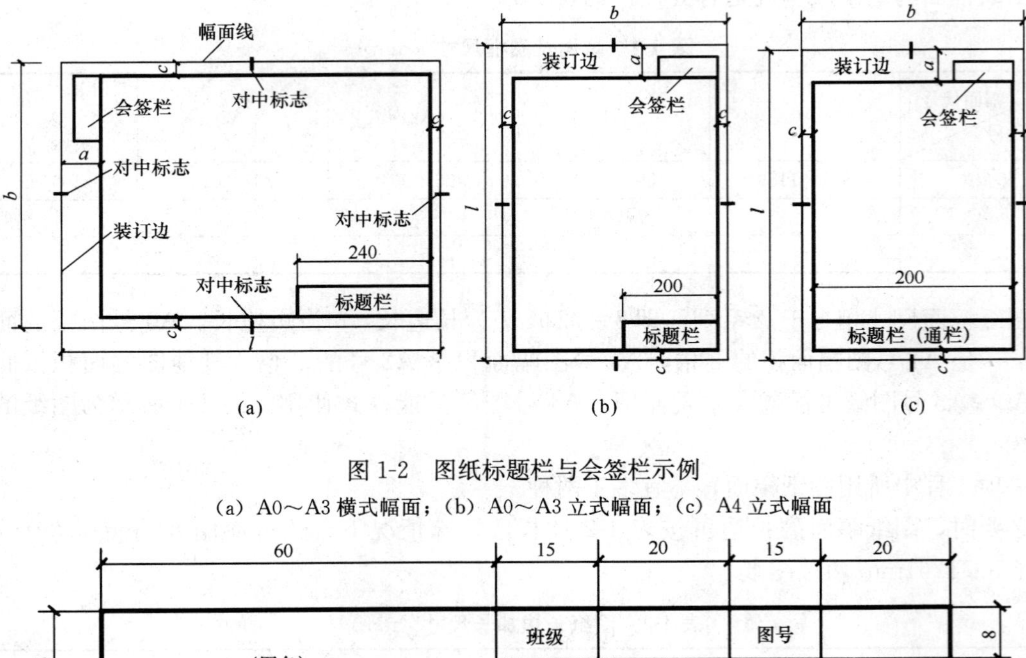


图 1-2　图纸标题栏与会签栏示例

（a）A0～A3 横式幅面；（b）A0～A3 立式幅面；（c）A4 立式幅面

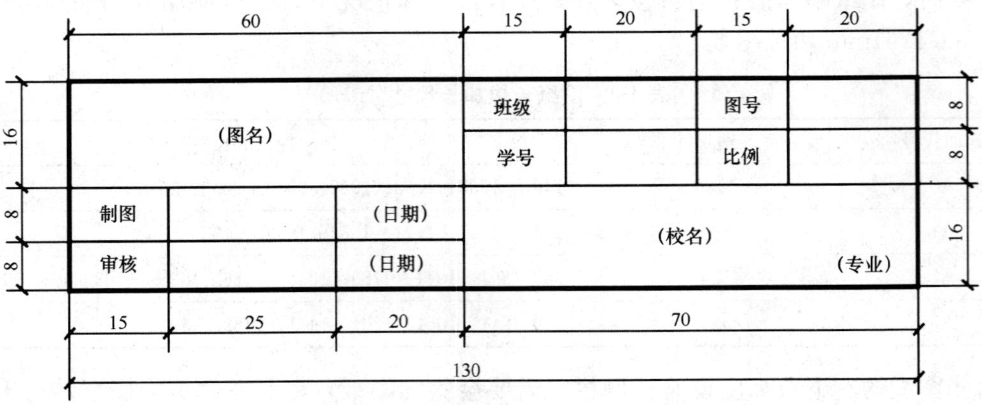


图 1-3　学生制图作业的标题栏形式

### 1.1.2 图线

1. 线型与线宽

工程图纸中采用不同的线型、不同的线宽来表示不同的内容。

国标规定的工程图纸中常用的图线名称、线型、线宽和一般用途列于表 1-3 中。

**表 1-3 工程图纸中常用的图线名称、线型、线宽和用途**

| 名称 | | 线型 | 线宽 | 一般用途 |
|---|---|---|---|---|
| 实线 | 粗 | | $b$ | 主要可见轮廓线 |
| | 中 | | $0.5b$ | 可见轮廓线 |
| | 细 | | $0.25b$ | 可见轮廓线、图例线等 |
| 虚线 | 粗 | | $b$ | 见有关专业制图标准 |
| | 中 | | $0.5b$ | 不可见轮廓线 |
| | 细 | | $0.25b$ | 不可见轮廓线、图例线等 |
| 点画线 | 粗 | | $b$ | 见有关专业制图标准 |
| | 中 | | $0.5b$ | 见有关专业制图标准 |
| | 细 | | $0.25b$ | 中心线、对称线等 |
| 双点画线 | 粗 | | $b$ | 见有关专业制图标准 |
| | 中 | | $0.5b$ | 见有关专业制图标准 |
| | 细 | | $0.25b$ | 假想轮廓线、成型前原始轮廓线 |
| 折断线 | | | $0.25b$ | 断开界线 |
| 波浪线 | | | $0.25b$ | 断开界线 |

表中线宽应根据图纸的复杂程度合理选择。表 1-4 为线条宽度表，在同一张图纸中，相同比例的图纸，应选择相同的线宽组。图框线、标题栏线宽度可从表 1-5 中选用。

**表 1-4 线宽组**（mm）

| 线宽比 | 线宽组 | | | | | |
|---|---|---|---|---|---|---|
| $b$ | 2.0 | 1.4 | 1.0 | 0.7 | 0.5 | 0.35 |
| $0.5b$ | 1.0 | 0.7 | 0.5 | 0.35 | 0.25 | 0.18 |
| $0.25b$ | 0.5 | 0.35 | 0.25 | 0.18 | | |

**表 1-5 图框线、标题栏的线宽**（mm）

| 幅面代号 | 图框线 | 标题栏外框线 | 标题栏分格线、会签栏线 |
|---|---|---|---|
| A0、A1 | 1.4 | 0.7 | 0.35 |
| A2、A3、A4 | 1.0 | 0.7 | 0.35 |

2. 图线的画法

相互平行的两条线的间隙不宜小于图内粗线的宽度，且不宜小于0.7mm。虚线、单点长画线、双点长画线的线段长度宜相等，一般虚线线段长度为3～6mm，间距约1mm；单点长画线的线段长度为10～20mm，间距（含单点）2～3mm；双点长画线的线段长度为10～20mm，间距（含双点）3～5mm。虚线与虚线或其他图线相交时，应交于线段处；虚线为实线的延长线时，不得与实线连接。单点长画线与单点长画线或其他图线相交时，也应交于线段处，单点长画线和双点长画线的端部不应是点。图形较小时，单点长画线和双点长画线可用细实线代替（表1-6）。

**表1-6　各种图线相交画法正误表**

| 说　明 | 正　确 | 错　误 |
|---|---|---|
| 虚线与虚线相交 | 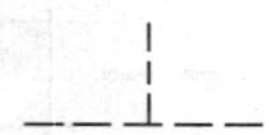 | 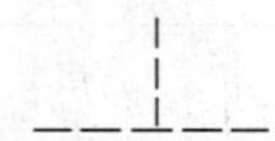 |
| 虚线与实线相交 | 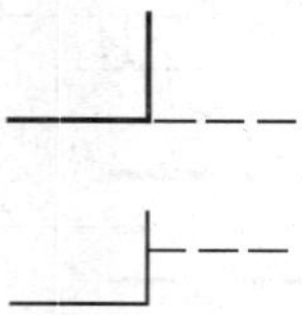 | 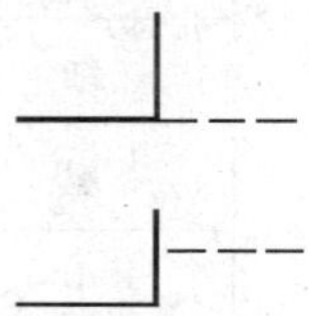 |
| 中心线相交 | 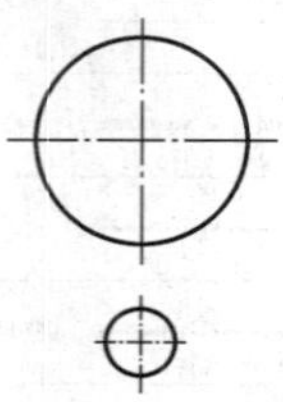 | 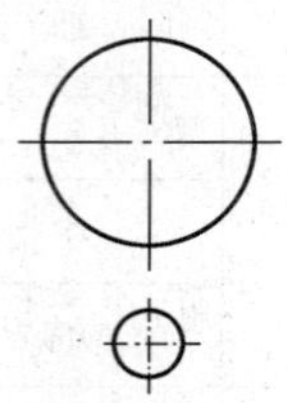 |
| 虚线圆与中心线相交 |  | 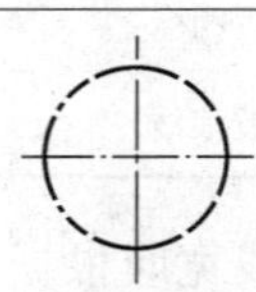 |

### 1.1.3　字体

为保证图纸的规范性和通用性，工程图纸中的各种字体，如汉字、数字、字母等，要求字体端正、笔画清晰、排列整齐、间隔均匀。

1. 汉字

图中的汉字宜采用长仿宋体，并应符合国家公布的《汉字简化方案》的规定。字的宽度与高度的关系应符合表1-7的规定，字体的号数用字体的高度表示。如需写更大的字，其高度应按$\sqrt{2}$的比例增加。

**表1-7　长仿宋字高、宽尺寸**（mm）

| 字高（字号） | 20 | 14 | 10 | 7 | 5 | 3.5 |
|---|---|---|---|---|---|---|
| 字宽 | 14 | 10 | 7 | 5 | 3.5 | 2.5 |

长仿宋字的书写要领是：横平竖直，起落分明，结构匀称，填满方格。

图 1-4 所示为长仿宋字体示例。

2. 数字与字母

数字、字母有斜体、正体两种。斜体数字与字母的字头向右倾斜，与水平线约成 75°。图 1-5 所示为数字、字母示例。

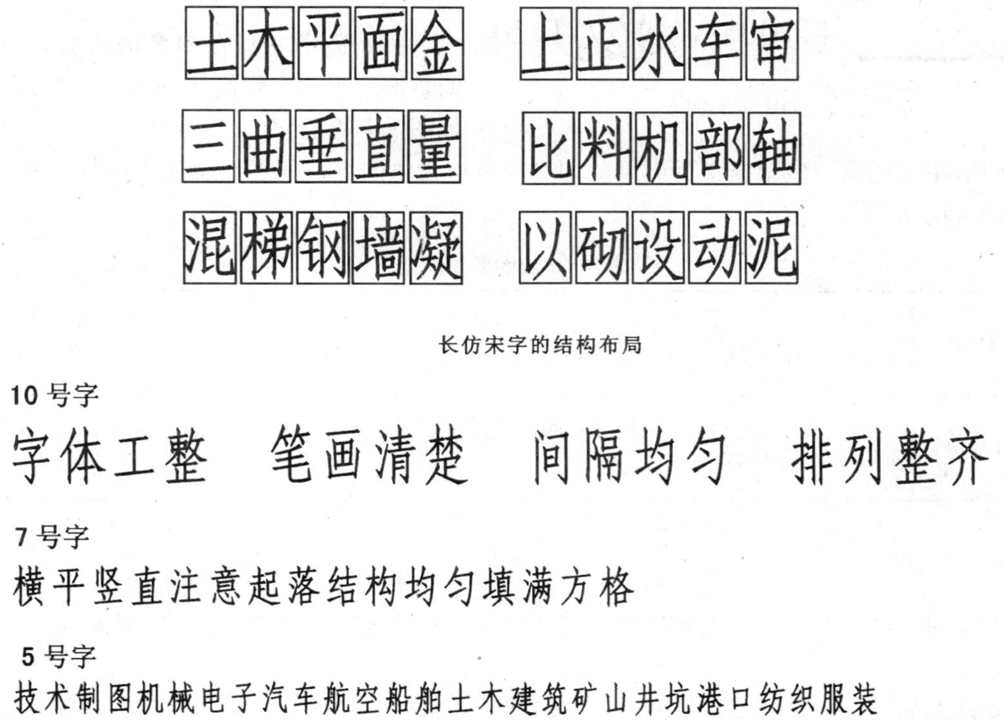


图 1-4　长仿宋体字示例

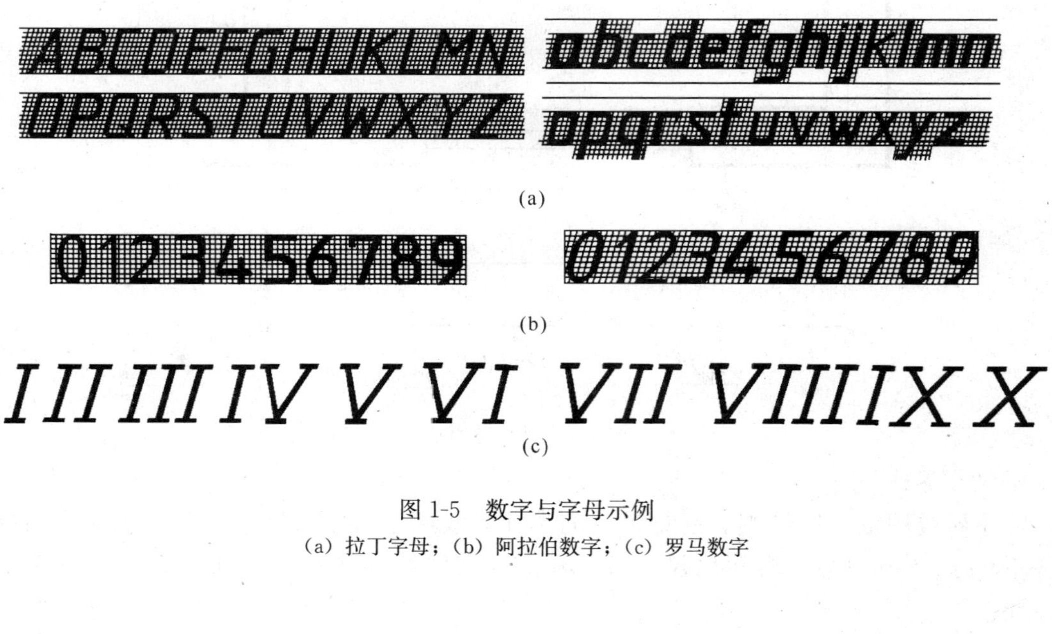


图 1-5　数字与字母示例

(a) 拉丁字母；(b) 阿拉伯数字；(c) 罗马数字

### 1.1.4 比例

比例就是工程图纸中的图形与实物对应线型尺寸之比，比例的大小即比值的大小。如：建筑物的结构尺寸为25m，落实在图纸上的长度为0.25m，则它的比例为：

比例=图纸上线段的长度/实物上相应线段的长度=0.25/25=1/100。

比例通常注写在图名的右方，与文字的基准线平齐，字高比图名小一号或两号，如图1-6所示。

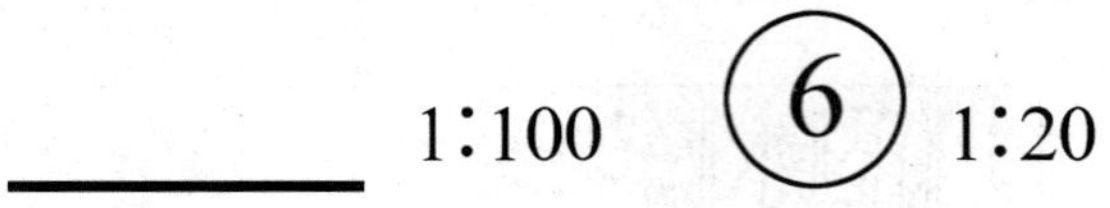


图1-6 比例的注写

图所用的比例，应根据工程图纸的用途与被绘物体的复杂程度，从表1-8中选用，并优先选用常用比例。

**表1-8 绘图所用的比例**

| | |
|---|---|
| 常用比例 | 1∶1、1∶2、1∶5、1∶10、1∶20、1∶50、1∶100、1∶150、1∶200、1∶500、1∶1000、1∶2000、1∶5000、1∶10000、1∶20000、1∶50000、1∶100000、1∶200000 |
| 可用比例 | 1∶3、1∶4、1∶6、1∶15、1∶25、1∶30、1∶40、1∶60、1∶80、1∶250、1∶300、1∶400、1∶600 |

### 1.1.5 尺寸标注

工程图纸必须严格遵守国家标准中尺寸注法的有关规定，准确、详尽、清晰地标注出各部分的实际尺寸。

图样上的尺寸由尺寸线、尺寸界线、尺寸起止符号和尺寸数字组成，如图1-7所示。

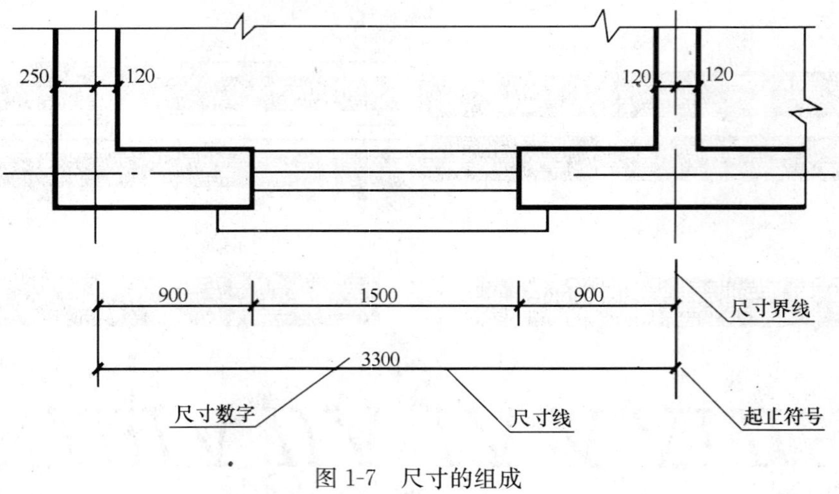


图1-7 尺寸的组成

1. 尺寸界线

尺寸界线用细实线绘制。线型尺寸的尺寸界线应垂直于尺寸线，其一端离开图样轮廓线不小于2mm，另一端超出尺寸2～3mm。图样轮廓线、轴线和中心线可以作为尺寸界线。

2. 尺寸线

尺寸线也用细实线绘制，应与所要标注的轮廓线平行，且不能超出尺寸界线。尺寸线与图样最外轮廓线的间距不应小于 10mm，相互平行的尺寸线应从被注图样轮廓线由近向远整齐排列，小尺寸在内，大尺寸在外，间距应大于 7mm。

3. 尺寸起止符号

尺寸起止符号一般为 45°倾斜的中粗短线，其长度一般为 2～3mm，方向为尺寸界线顺时针方向旋转 45°。半径、直径、角度和弧长的尺寸起止符号应用箭头表示，箭头的画法如图 1-8 所示。

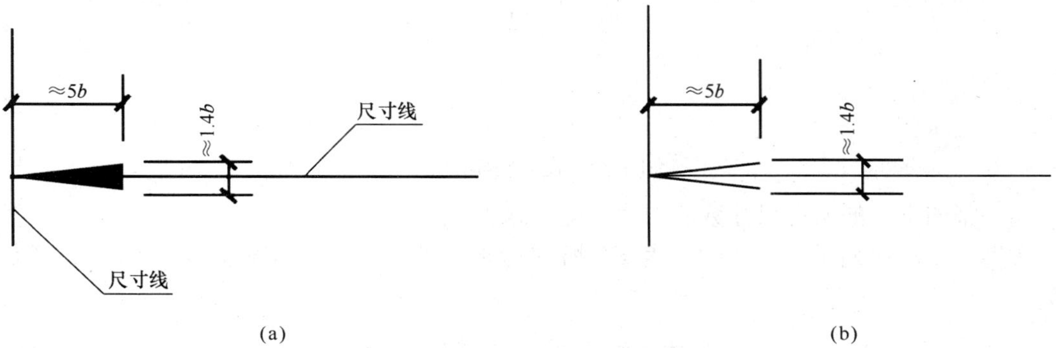


图 1-8 箭头的画法

（a）涂黑箭头；（b）不涂黑箭头

4. 尺寸数字

尺寸数字必须用阿拉伯数字注写。“国标”规定，总平面图上的尺寸标注和标高标注以“m”为单位，其余尺寸标注均以“mm”为单位。尺寸线为水平线时，尺寸数字注写在尺寸线的上方，字头向上；尺寸线是竖线时，尺寸数字注写在尺寸线的左方，字头向左。其他方向的尺寸线注写方向如图 1-9 所示。

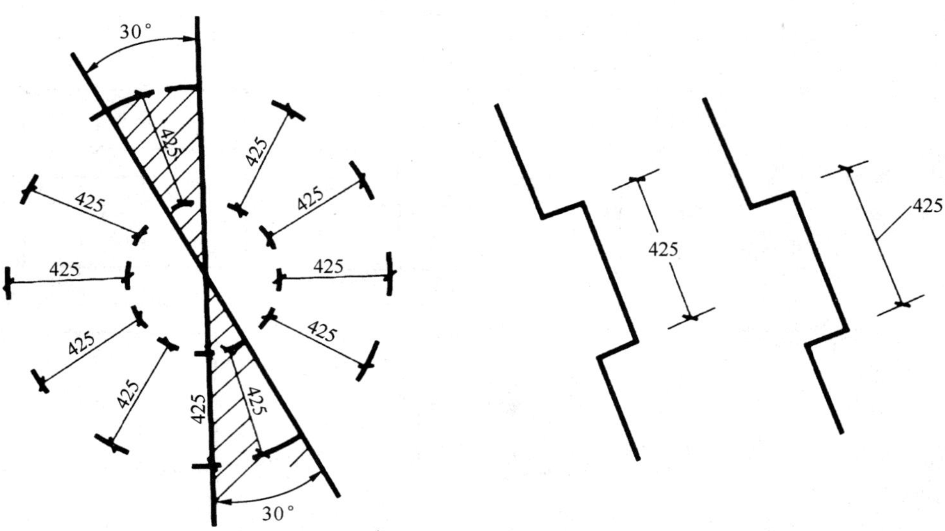


图 1-9 尺寸数字的注写方向

尺寸数字应标注在图样轮廓线之外，不得与图线、文字及符号等相交；图线不得穿过尺寸数字，若不可避免时，应将尺寸数字处的图线断开，如图 1-10 所示。

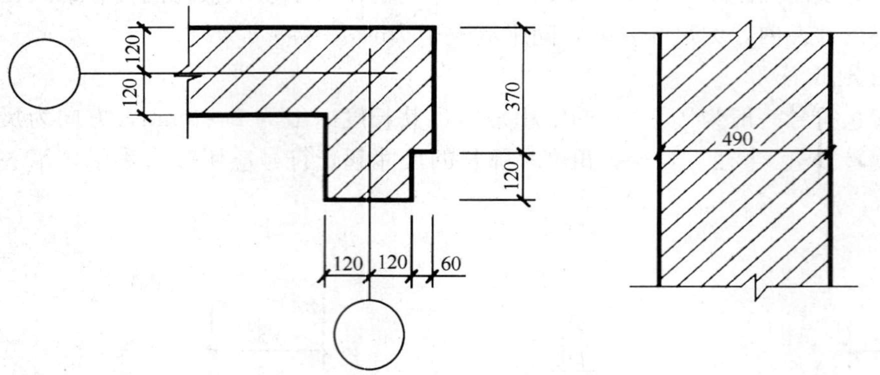


图 1-10　尺寸数字的注写

同一张图纸上的所有尺寸数字的大小应一致。

常用尺寸注法列于表 1-9 中。表 1-9 所列为常见的尺寸标注错误，标注时应注意加以避免。

**表 1-9　尺寸标注的常见错误**

| 说　明 | 正　确 | 错　误 |
|---|---|---|
| 轮廓线、中心线不能用作尺寸线 | 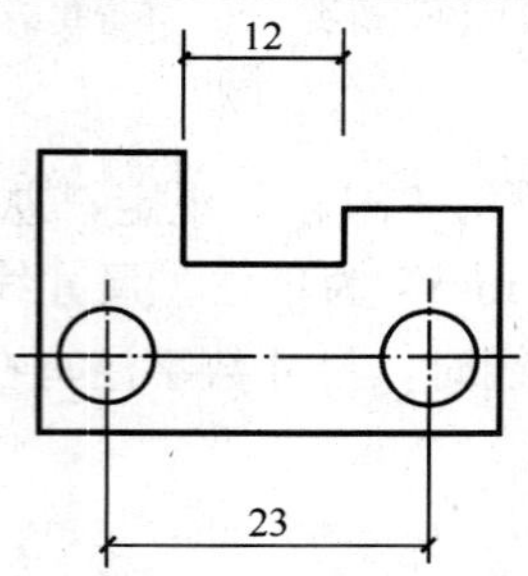 | 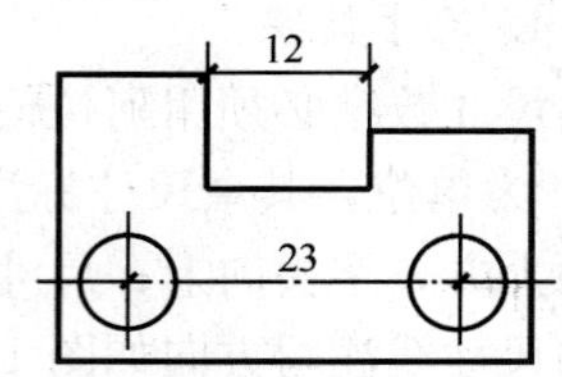 |
| 不能用尺寸界线作尺寸线 | 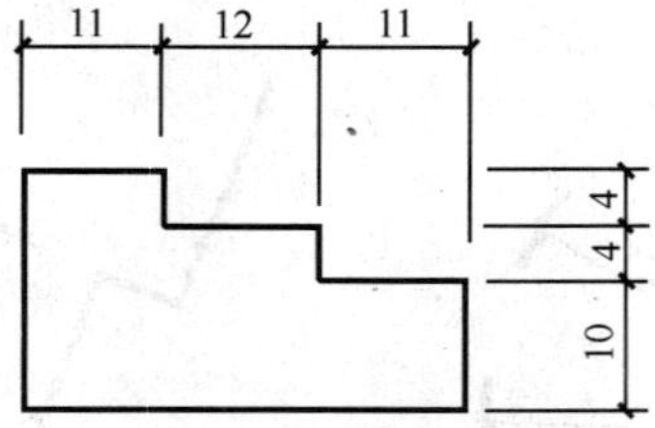 | 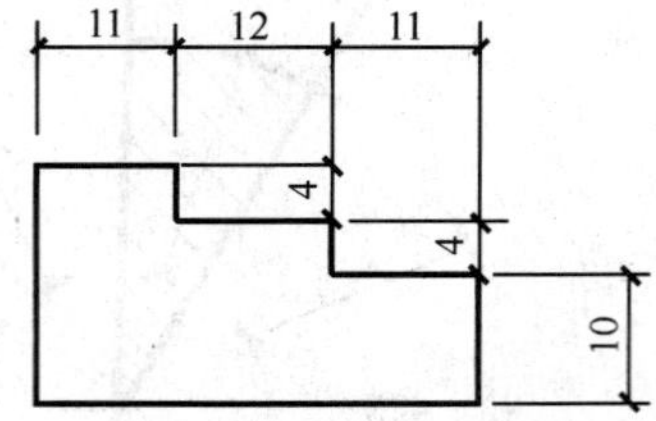 |
| 应将大尺寸标注在外侧，小尺寸标在内侧 | 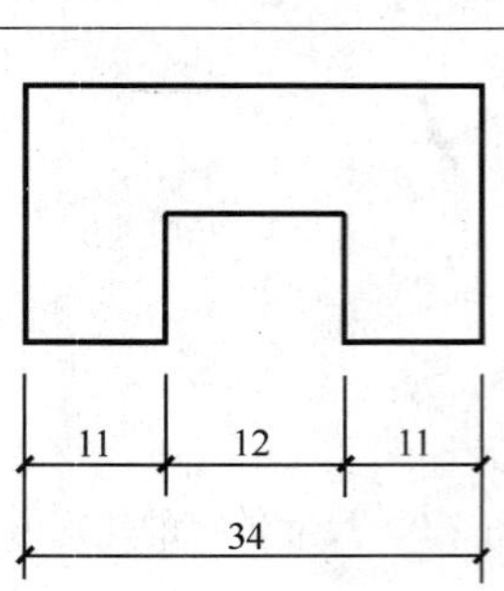 | 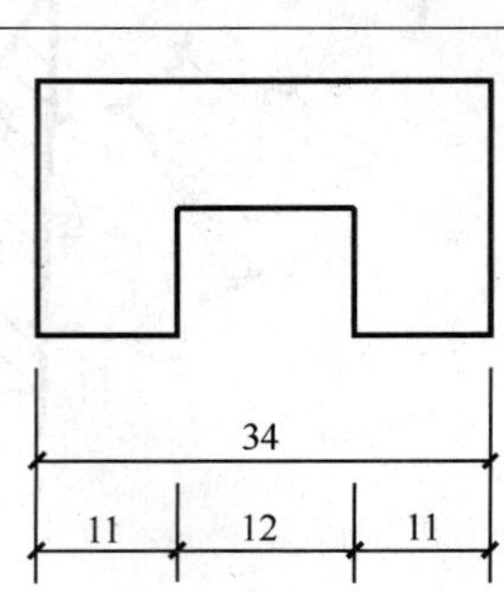 |

续表

<table>
<tr><th>说　明</th><th>正　确</th><th>错　误</th></tr>
<tr><td>尺寸线为水平线，尺寸数字应在尺寸线上方中部；尺寸线为竖线，尺寸数字应在尺寸线左侧</td><td>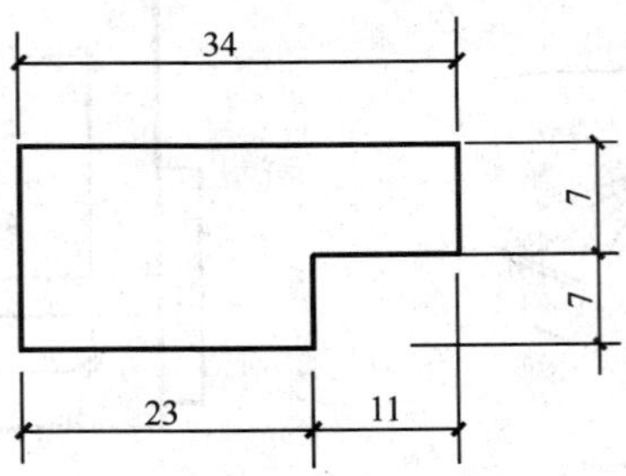
</td><td>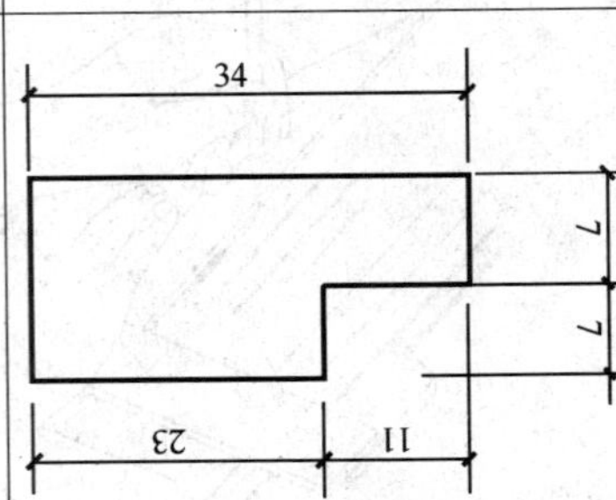
</td></tr>
</table>

## 1.2　常用制图工具

### 1.2.1　图板、丁字尺

图板的作用是固定图纸，图板面应光滑平整且有一定的弹性，边框必须平直。常用的图板规格有 0 号、1 号、2 号等，可根据需要选用。

丁字尺由尺头和尺身组成，主要用于画水平线。使用时，左手紧握尺头使其紧贴板边，上下推移至所需位置，右手自左至右画出不同位置的水平线。图 1-11 所示为图板与丁字尺的用法。

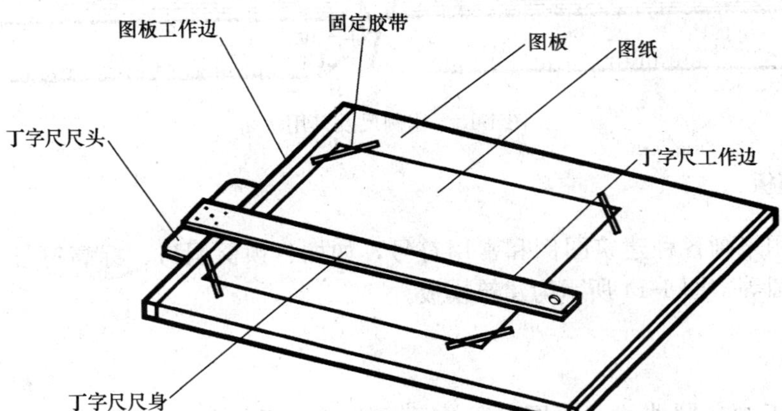


图 1-11　图板与丁字尺

### 1.2.2　三角板

每副三角板有两块，常与丁字尺配合使用。使用时，左手按住三角板和丁字尺，右手画线。图 1-12 所示为三角板的用法。

### 1.2.3　比例尺

比例尺为三棱柱状，每一面刻有两种不同比例的刻度。绘图时，可按所需的比例，用尺身上标注的刻度直接量取。比例尺上的数字以米为单位，绘图时应先选定比例。尺面上的比例还可以缩小或放大来使用。图 1-13 所示为比例尺及其用法。

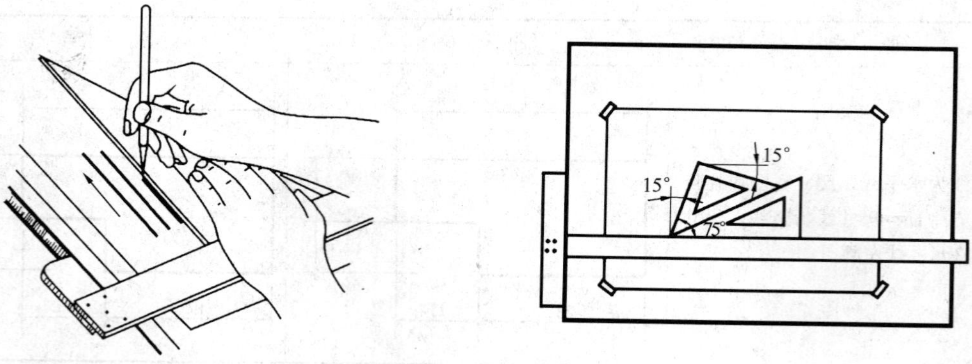


(a)　　　　　　　　　　(b)

图 1-12　三角板与丁字尺的配合使用

（a）三角板和丁字尺配合使用画竖线；（b）三角板和丁字尺配合使用画斜线

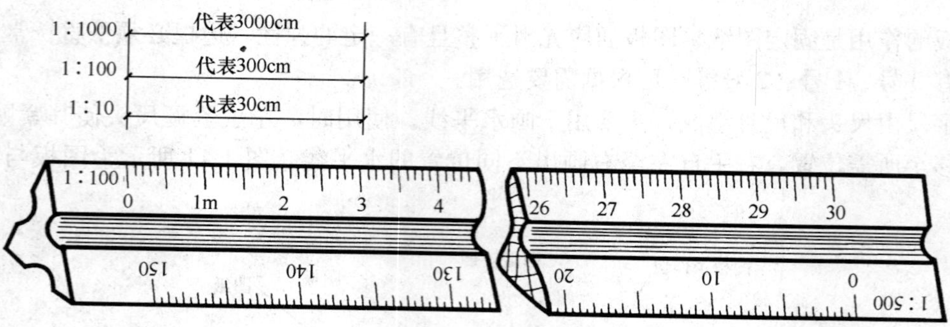


图 1-13　比例尺及其用法

### 1.2.4　建筑模板

建筑模板用来画各种建筑图例和常用符号，如柱、预留洞口、标高符号、详图牵引符号、定位轴线圆等。图 1-14 所示为建筑模板。

### 1.2.5　曲线板

曲线板用于画非圆曲线。绘图时，先画出曲线上足够的点，用铅笔徒手轻轻连成曲线，然后在曲线板上选取与其最吻合的曲线段，为使整段曲线光滑连接，至少要通过曲线上三个以上的点，且前后两段曲线之间应有一小段重合。图 1-15 所示为曲线板及其用法。

### 1.2.6　圆规和分规

圆规的铅芯应磨削成约 65°斜面，并使斜面向外，如图 1-16（a）所示。图 1-16（b）为圆规的针，一端为锥形，一端带有针尖。圆规使用时，应注意调整铅芯与针尖的长度，使圆规两脚靠拢时，两尖对齐。画较大的圆时，要使圆规两脚基本与纸面垂直，如图 1-16（c）所示。

分规的两脚均为针，其作用是截取长度或等分线段。

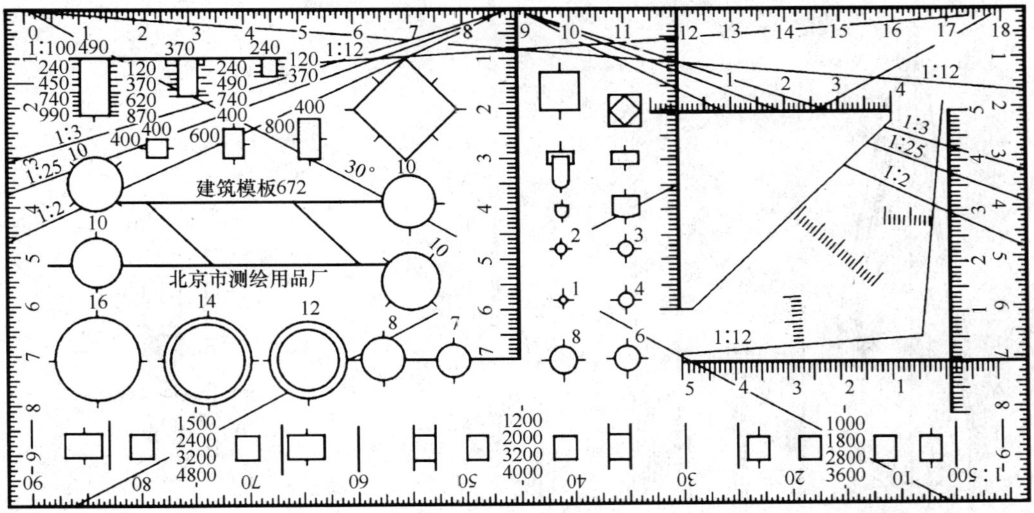


图 1-14　建筑模板

(a)

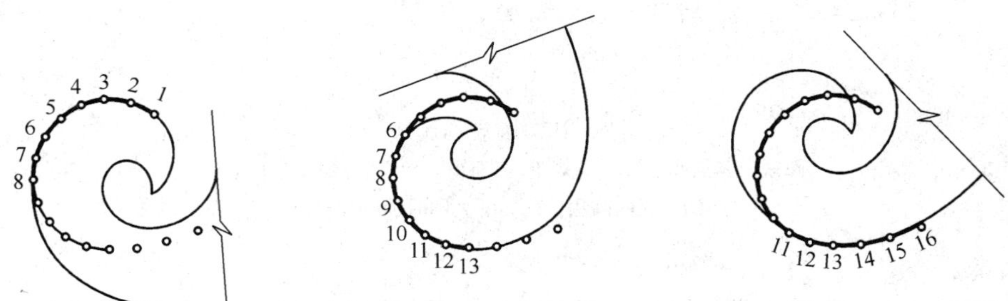

①连1~8点　　②连6~13点　　③连11~16点

(b)

图 1-15　曲线板的使用

(a) 复式曲线板；(b) 用曲线板连接点

## 1.3　作图的方法和步骤

### 1. 作图方法

作图的基本方法是从整体到细部，先作出图样中各构件的定位轴线，再绘制细部轮廓和构造线，先打底再加重。

为了提高绘图速度，保证绘图质量，使图面干净、整齐、匀称、美观，绘图前应仔细阅读图样，做到心中有数，并准备好必备的工具。

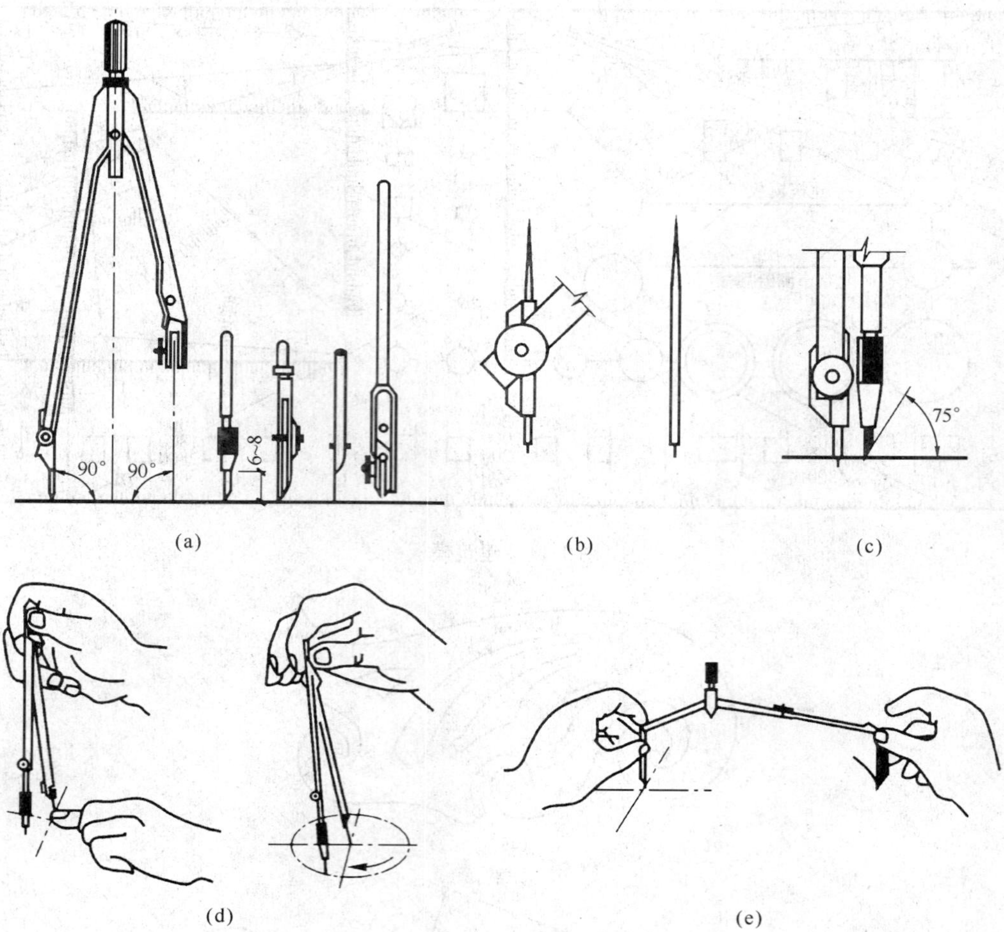


图 1-16　圆规的用法

(a) 圆规及其插脚；(b) 圆规上的钢针；(c) 圆心钢针略长于铅芯；
(d) 圆的画法；(e) 画大圆时加延伸杆

2. 打底

(1) 将选好的图纸用胶带纸固定在图板上。根据制图标准要求，先画出图框和标题栏。

(2) 根据所画图形的实际情况选择比例，合理布图，确定图样的位置。

(3) 画出图样的主要轮廓线，然后由大到小、由外到里、由整体到局部，画出图形的所有轮廓线。

(4) 画尺寸线、尺寸界线等。

(5) 检查、修改、整理底稿。

3. 加重

(1) 加重图线。同类图线按水平线从上到下、垂直线从左到右的顺序加粗。

(2) 标注尺寸、文字、图名、比例，填写标题栏，加重图框线。

# 第 2 章　投影基本知识

## 2.1　投影及投影法分类

### 2.1.1　投影的概念

如图 2-1（a）所示，在光线（阳光或灯光）的照射下，物体就会在地面上或墙面上投下影子。影子能反映物体简单轮廓，但不能反映其具体形状的实际大小。将这种现象科学地抽象总结，假设所有物体都是透明的，光线能够穿过物体，将发光的即光源称为投射中心，光线称为投影线，承影的平面称为投影面，影子则称为投影，如图 2-1（b）所示。

要产生投影必须具备三个条件：（1）光线（投影线）；（2）投影面；（3）空间几何元素或形体。这三个条件又称为投影三要素，如图 2-1（b）所示。

这种研究空间形体与其投影之间关系的方法称为投影法。工程上常用各种投影法来绘制图样。

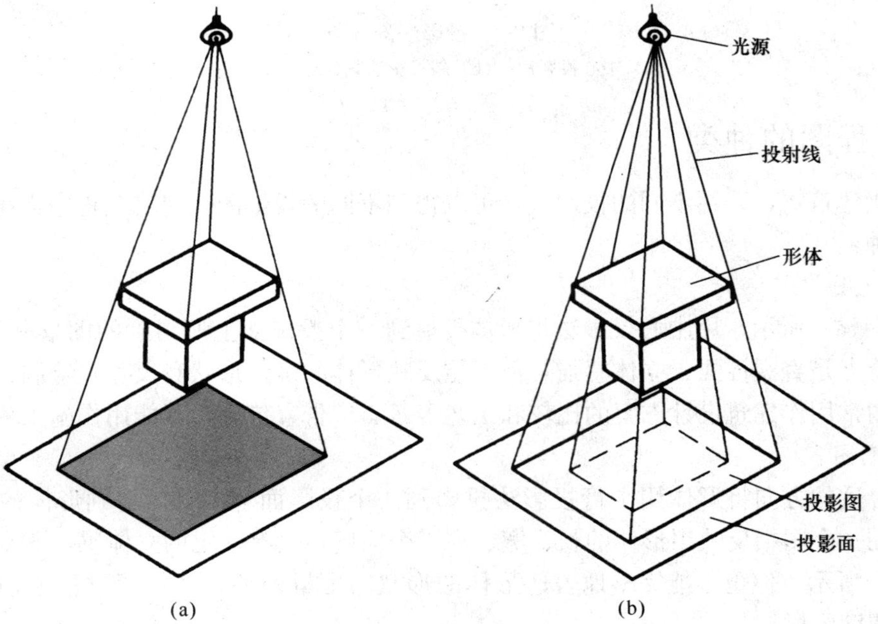


图 2-1　投影图的形成

（a）投影现象；（b）投影原理

### 2.1.2　投影法的分类

根据投影线、形体和投影面之间的关系，投影法分类如下：

1. 中心投影法

如图 2-2（a）所示，投影中心距离投影面为有限远，所有的投射线都交汇于一点（即投影中心），这种投影法称为中心投影法。中心投影法作出的投影图的大小与原形体不相等，但具有较强的立体感，常用于作透视图。

2. 平行投影法

投影中心距离投影面为无限远，所有的投射线都相互平行，这种投影法称为平行投影法，如图 2-2（b）、（c）所示。根据投射线与投影面之间角度的不同，平行投影又可分为正投影和斜投影。

斜投影的投射线倾斜于投影面，如图 2-2（b）所示；正投影的投射线与投影面垂直，如图 2-2（c）所示。

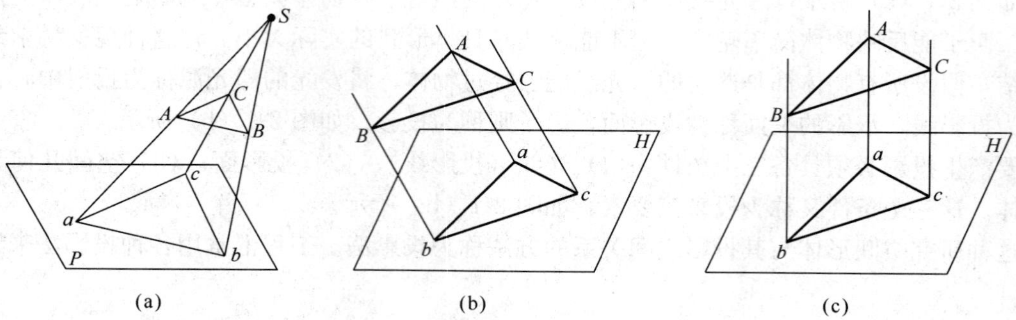


图 2-2　投影法的分类

（a）中心投影法；（b）斜投影法；（c）正投影法

## 2.2　工程图的种类

同一座建筑物，采用不同的投影法，可以得到不同的投影图。建筑工程中常用的投影图有以下四种：

1. 透视图

图 2-3（a）所示，用中心投影法将形体投射到一个投影面上所得到的图形称为透视图。透视图的特点是直观性强、立体感强，但不能反映形体的确切形状和尺寸，绘制比较繁琐。

透视图常用作建筑设计方案的比较和工艺美术、广告宣传等，不能用作施工依据。

2. 轴测图

选择合适的方向将形体用平行投影法投影到一个投影面上，就可得到形体的轴测投影图。它能在一个图中反映出形体的长、宽、高三个向度，具有一定的立体感，非常直观，如图 2-3（b）所示。但也不能完整地表达形体的形状，度量性差，且作图过程繁琐，在工程中常用作辅助图样。

3. 正投影图

用正投影法，在两个或两个以上的投影面上，作出形体的多面正投影图，即为形体的正投影图，如图 2-3（c）所示。正投影作图简便，便于度量和标注尺寸，在工程上应用最为广泛。但没有立体感，需经过训练才能看懂。

4. 标高投影图

标高投影图是一种带有数字标记的单面正投影图。在工程中常用来表示地面的形状，如

图 2-3（d）所示。

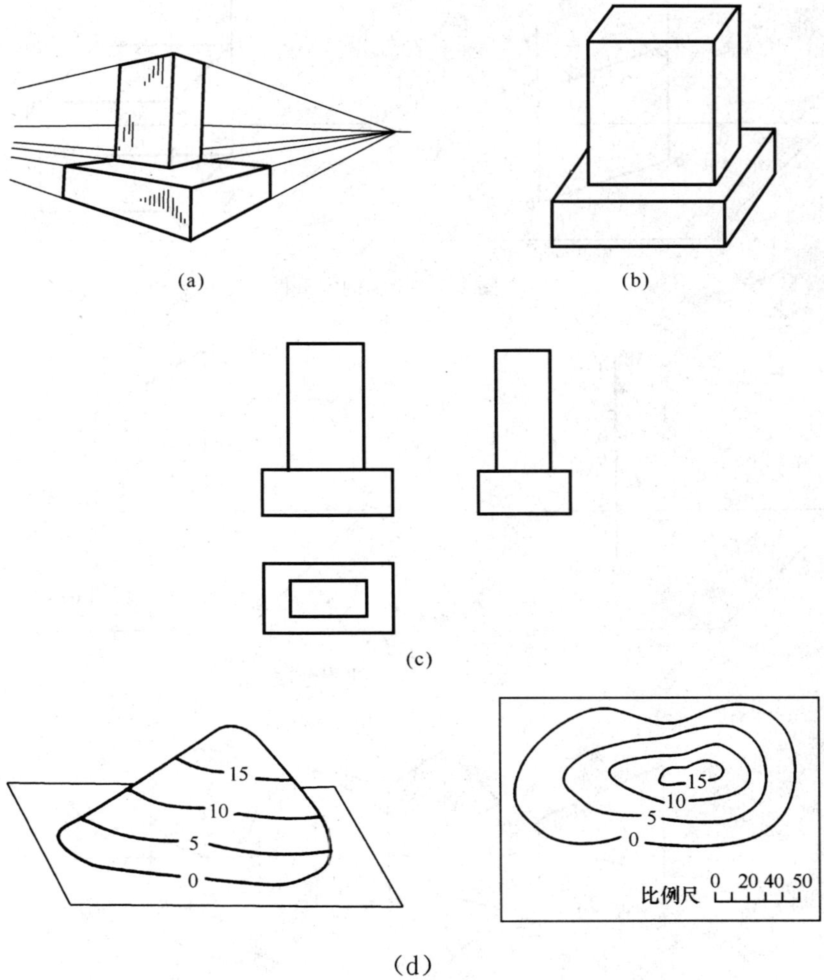


图 2-3　工程图的分类

（a）透视图；（b）轴测图；（c）正投影图；（d）标高投影图

## 2.3　正投影的特性

1. 实形性

当直线和平面图形平行于投影面时，则其在该投影面上的投影反映实长或实形，如图 2-4 所示。

2. 积聚性

当直线或平面图形垂直于投影面时，则其在该投影面上的投影积聚为一点或一条直线，如图 2-5 所示。

3. 类似性

当直线和平面图形与投影面倾斜时，直线的投影仍为直线，但比本身短；平面的投影仍为平面，但形状和大小都发生变化，如图 2-6 所示。

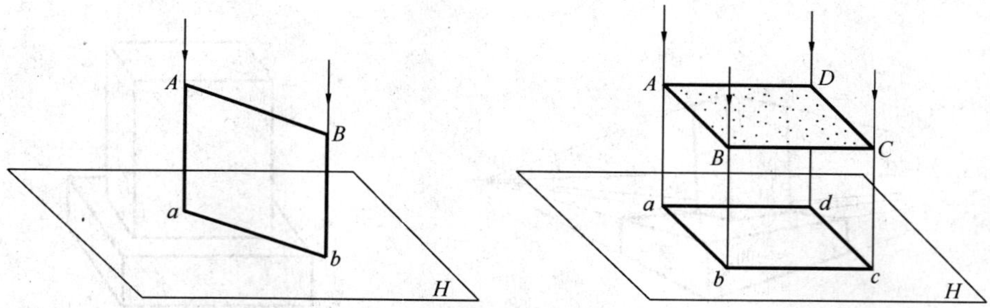

图 2-4　投影的实形性

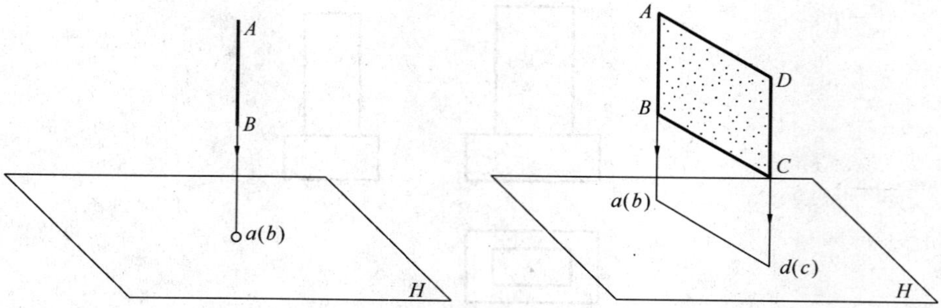

图 2-5　投影的积聚性

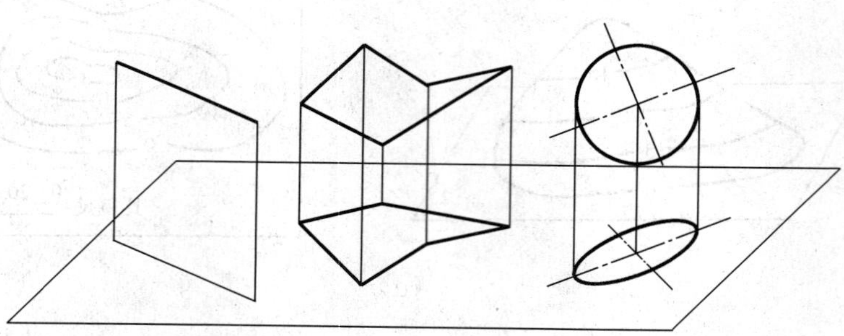
图 2-6　投影的类似性

## 2.4　三面投影图

### 2.4.1　物体三面投影体系的建立

工程上用的投影图，必须能确切、唯一地反映形体的几何形状。怎样才能在一张平面图纸上表达具有长、宽、高三个向度形体的真实形状与大小呢？

1. 形体的单面投影

如图 2-7 所示，两个不同形状的形体的水平投影是相同的，所以，形体的单面投影不能唯一确定形体的几何形状。

2. 形体的两面投影

如图 2-8 所示，在空间建立两个相互垂直的投影面，分别称为正立投影面（用 $V$ 来标记）和水平投影面（用 $H$ 标记），$V$ 面与 $H$ 面的交线 $OX$ 称为投影轴（又称 $X$ 轴），并分别作出形体的两面投影。由图可知，两面投影能够将形体的长度、宽度和高度全部反映出来，但还不能唯一确定形体的空间几何形状。

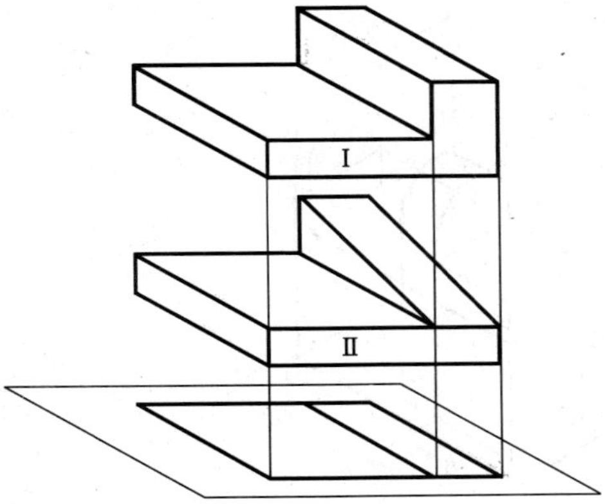


图 2-7 形体的水平投影

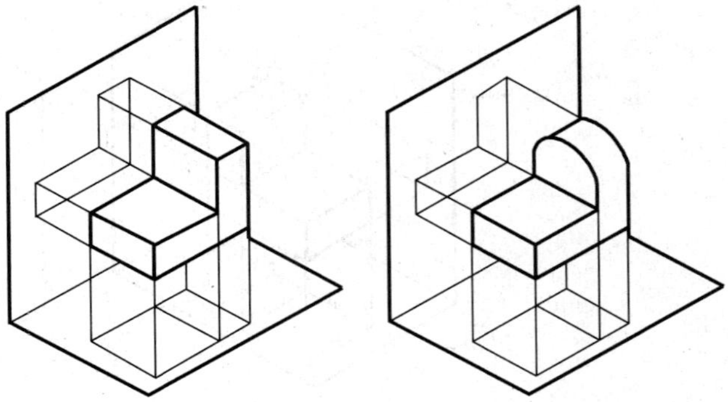

图 2-8 形体的两面投影

3. 形体的三面投影

(1) 三面投影的形成

如图 2-9 所示，用三个互相垂直的投影面（正立投影面 $V$、水平投影面 $H$、侧立投影面 $W$）构成一空间投影体系。如图 2-10 所示，把物体放在空间投影体系中，分别作出物体在三个投影面上的投影，形体的三面投影能够确定形体的长、宽、高三个方向的尺寸。又如图 2-11所示，形体的三面投影还能唯一确定形体的空间形状。

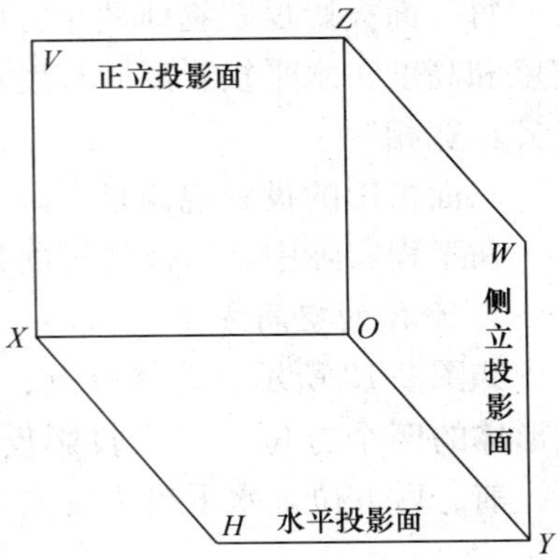


图 2-9 三面投影体系的建立

为在同一张图纸上画出物体的三个视图，国家标准规定了其展开方法：$V$ 面不动，将 $OY$ 轴一分为二，$H$ 面绕 $OX$ 轴向下旋转 90°与 $V$ 面重合；$W$ 面绕 $OZ$ 轴向后旋转 90°与 $V$ 面重合，这样，便把三个互相垂直的投影面展平在同一张图纸上了。三面投影的配置为以正面投影为基准，水平投影在正面投影的下方；侧面投影在

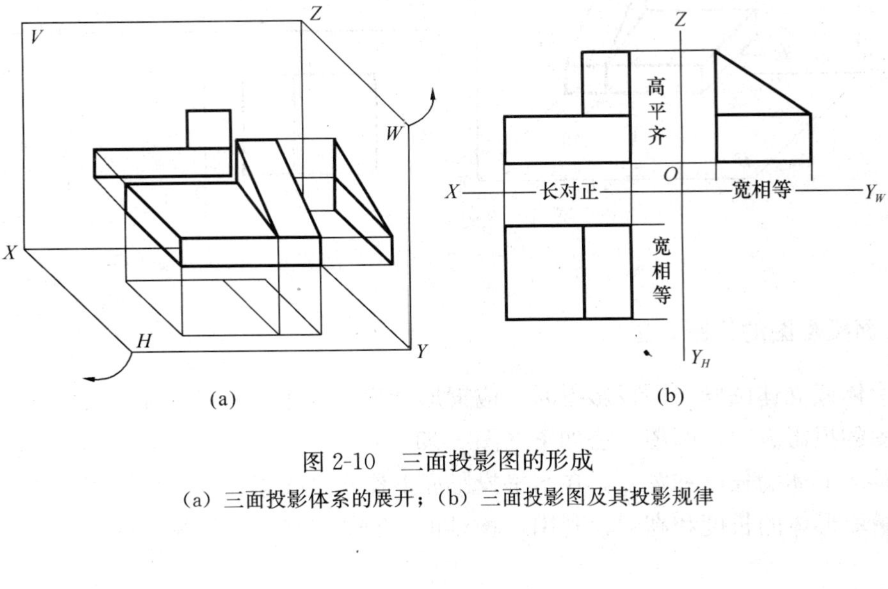


图 2-10 三面投影图的形成

(a) 三面投影体系的展开；(b) 三面投影图及其投影规律

正面投影的右方。

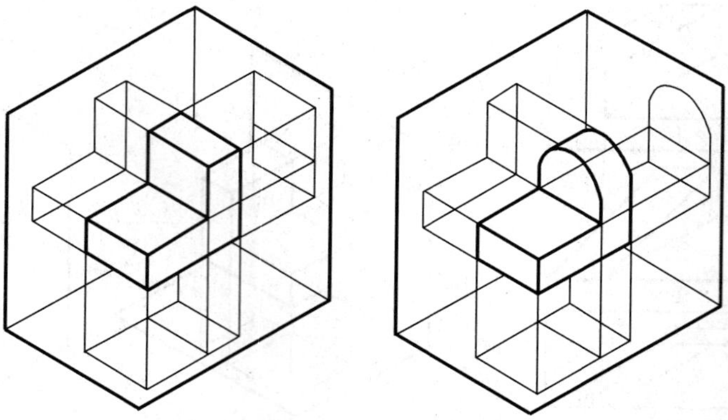

图 2-11　形体的三面投影图

（2）投影规律

每一面投影反映物体两个方向的尺寸。正面投影反映物体的长度和高度；侧面投影反映宽度和高度；水平投影反映长度和宽度。按照三面投影的配置，其投影规律为：长对正，高平齐，宽相等。

三面投影的投影规律是在画图、看图时都须严格遵守的。

在工程实际中，形体的三面投影通常称为三视图。

4. 形体的空间方位

如图 2-12 所示，形体有上、下、左、右、前、后六个方向的位置关系，每个投影图反映形体的四个方位。正面投影反映形体的上、下、左、右方位，侧面投影反映形体的上、下、前、后方位，水平投影反映形体的前、后、左、右方位。

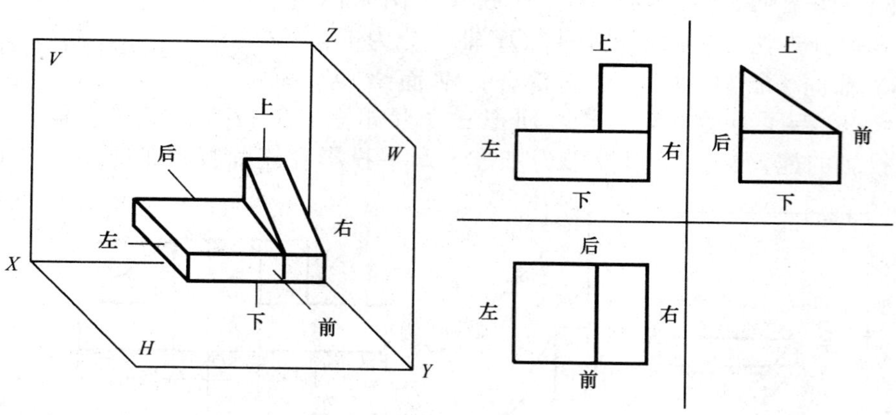


图 2-12　三面投影图的方位关系

### 2.4.2　三面投影图的作图方法

根据形体或立体图画三面投影图时，应把形体摆平放正，选择形体主要特征明显的方向作为主视图的投影方向，画图方法如下（图 2-13）：

（1）量取形体的长度和宽度，在水平投影面上作水平投影。

（2）量取形体的长度和高度，利用“长对正”的关系作正面投影。

（3）量取形体的宽度和高度，根据“高平齐、宽相等”的关系作侧面投影。

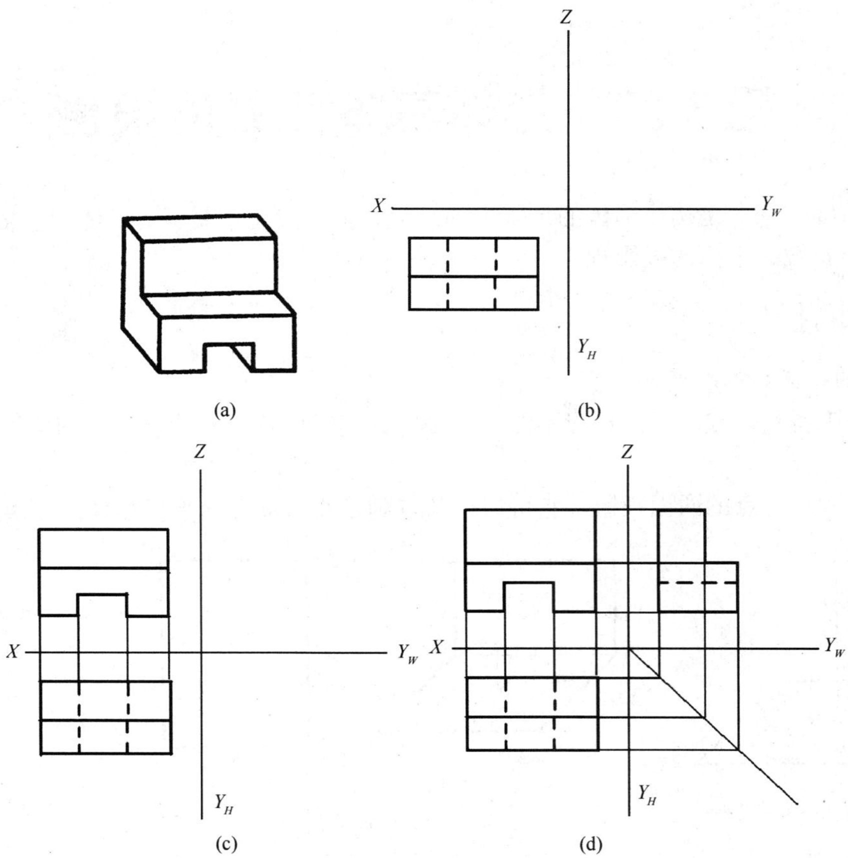


图 2-13　作形体的三面投影图

（a）立体图；（b）作水平投影；（c）作正面投影；（d）作侧面投影并加粗

# 第 3 章　形体基本元素的投影

点、直线、平面是构成形体的最基本的几何元素，因此，要了解形体的投影规律，首先应了解点、直线、平面的投影规律。

## 3.1　点的投影

### 1. 点的一面投影和两面投影

如图 3-1 所示，点的一面投影不能唯一确定其空间位置。确定点的空间位置，至少需要两面投影。

图 3-2 所示为点的两面投影，它可以反映点到正投影面和水平投影面的距离。

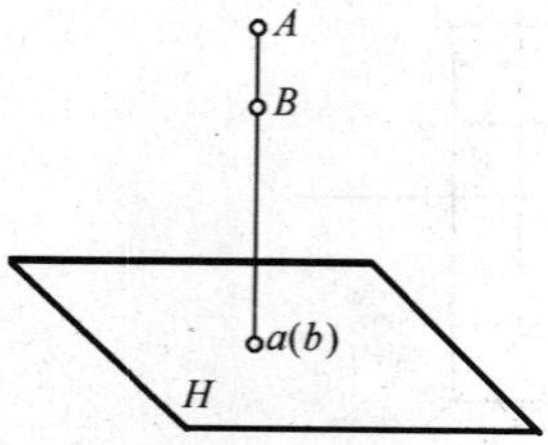


图 3-1　点的单面投影

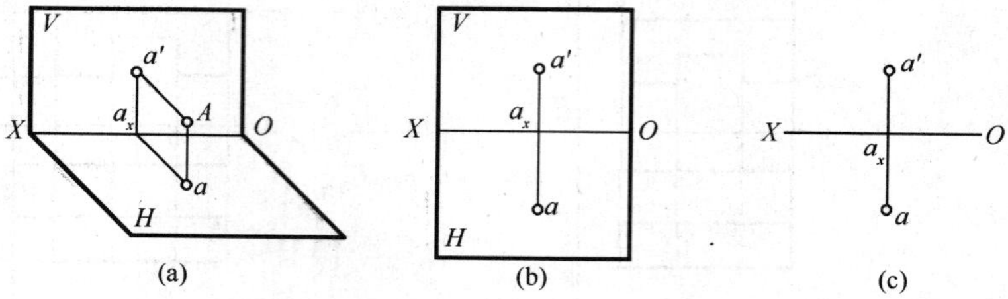


图 3-2　点的两面投影

(a) 立体图；(b) 展开图；(c) 去掉投影面边框

### 2. 点的三面投影

点的三面投影如图 3-3 所示。

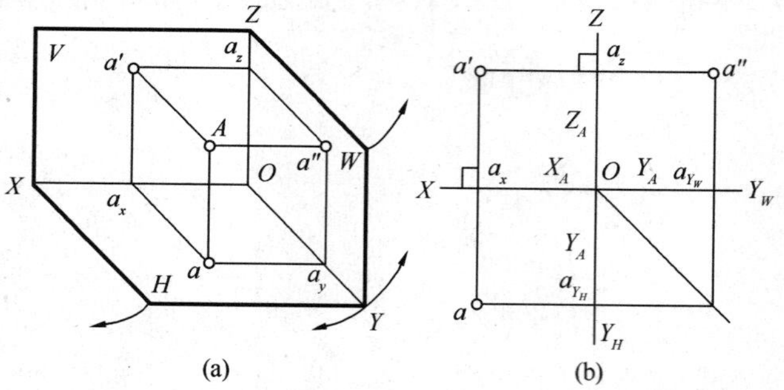


图 3-3　点的三面投影

(a) 立体图；(b) 展开投影图

在图 3-3 (a) 中，过空间点 $A$ 分别作三个投影面的投射线，投射线与投影面的交点即为 $A$ 点的三面投影。空间点用大写字母表示，如空间点 $A$；该空间点的三面投影用其同名小写字母表示，$H$、$V$、$W$ 投影分别记为 $a$、$a'$、$a''$。

图 3-3 (b) 所示为 $A$ 点的三面投影图。由图可知，点的三面投影有如下的关系：

(1) 点的投影的连线垂直于投影轴，即

$aa' \perp OX$，即“长对正”；

$a'a'' \perp OZ$，即“高平齐”；

$aa_{Y_H} \perp OY_H$，$a''a_{Y_W} \perp OY_W$，即“宽相等”。

（2）投影点到投影轴的距离等于该点到相应的投影面的距离。

可知，点的两面投影即可确定点的空间位置；只要给出点的两面投影，就可以求出其第三面投影。

3. 各种位置的点的投影

图 3-4 所示为各种位置的点及其投影。图中，$A$ 为 $V$ 投影面上的点，$B$ 为 $H$ 投影面上的点，$C$ 为投影轴上的点。由图 3-4 可知，各种位置的点的投影特性是：

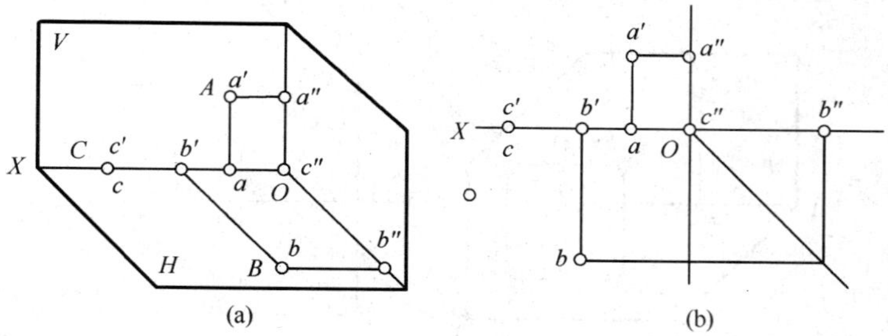


图 3-4　各种位置的点

（a）立体图；（b）投影图

（1）一般位置的点的三面投影分别在三个投影面上。

（2）投影面上的点，一面投影在该投影面上并与其自身重合，另两面投影位于投影轴上。

（3）投影轴上的点，一面投影在原点，另两面投影在该投影轴上并与自身重合。

**【例 3-1】** 如图 3-5（a）所示，已知空间点 $A$ 的两面投影 $a$、$a'$，求其侧面投影 $a''$。

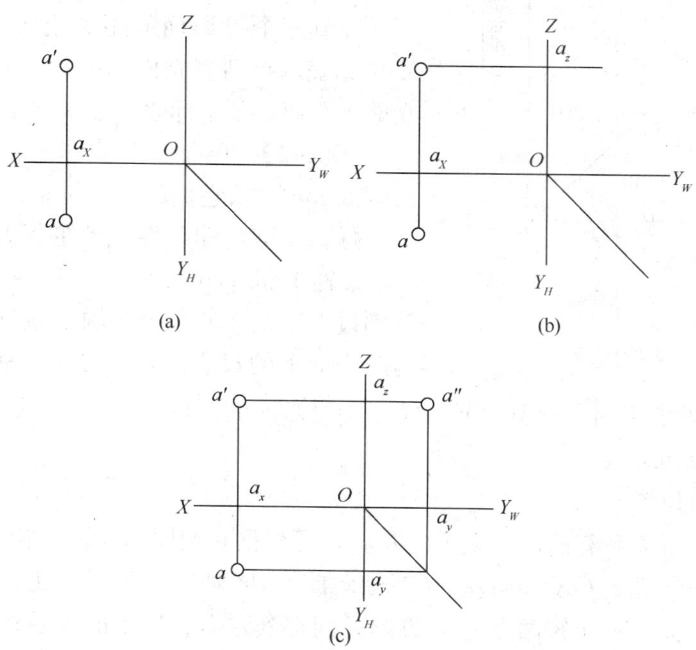


图 3-5　已知点的两面投影求第三面投影

（a）已知点 $A$ 的 $H$、$V$ 面投影；（b）过 $a'$ 作 $OZ$ 轴的垂线 $a'a_z$；

（c）在 $a'a_z$ 的延长线上截取 $a''a_z = aa_x$，$a''$即为所求

【解】 可根据点的投影规律求得点 $A$ 的第三投影。

（1）根据“高平齐”的规律，过 $A$ 点的正面投影 $a'$ 引一条直线垂直于 $OZ$ 轴［图 3-5（b）］。

（2）根据“宽相等”的规律，过 $O$ 点向右下方引 45°斜线，再过 $A$ 点的水平投影 $a$ 引一条直线垂于 $OY_H$ 轴，与 45°斜线相交，过该交点向上引直线垂直于 $OY_W$ 轴并延长与过 $a'$ 点所作的 $OZ$ 轴的垂线相交，交点即为所求［图 3-5（c）］。

4. 点的投影与直角坐标

将三面投影体系中的三个投影轴看作空间三维直角坐标系，点的三面投影即可用三维直角坐标来表示，如图 3-6 所示。

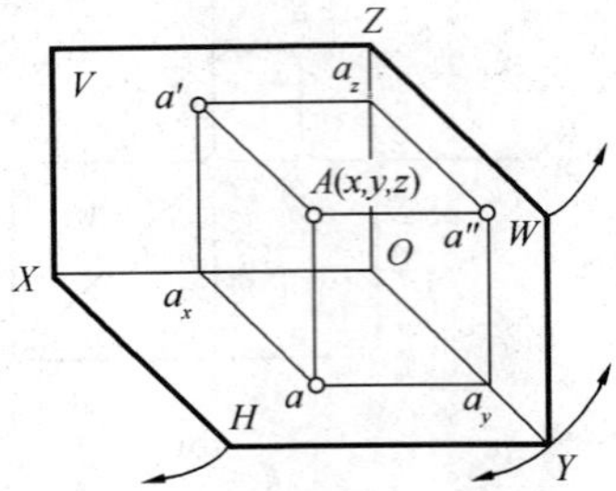


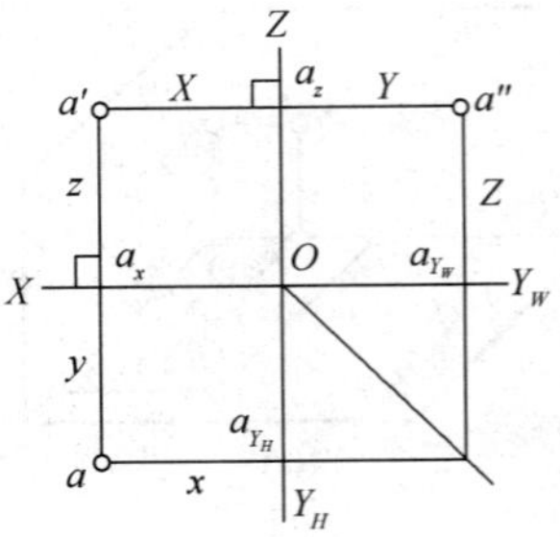


图 3-6 点的坐标

（a）直观图；（b）投影图

若空间点 $A$ 的三维直角坐标为（$x$，$y$，$z$），则它的三面投影的坐标分别为 $a$（$x$，$y$）、$a'$（$x$，$z$）、$a''$（$y$，$z$）。

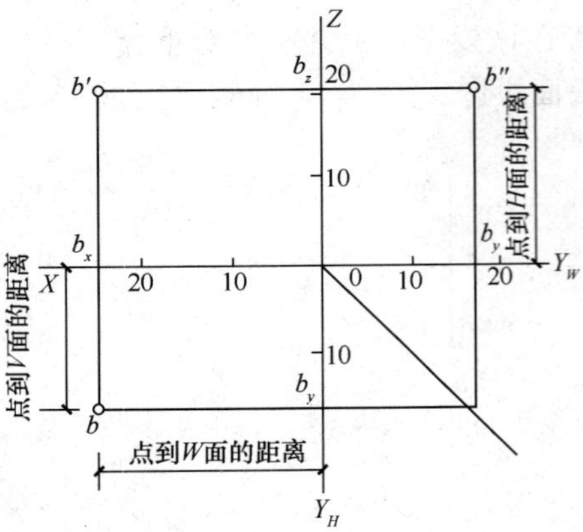


图 3-7 点的坐标

点到三个投影面的距离也可以用坐标值表示，$X$ 坐标表示点到侧立面的距离，$Y$ 坐标表示点到正立面的距离，$Z$ 坐标表示点到水平面的距离。

【例 3-2】 已知：$B$ 点坐标为（25，17，20），长度取 mm，求它们的三面投影。

【解】 据已知条件，可在 $X$ 轴上量出 25mm 得 $b_x$，$Y$ 轴上量 17mm 得 $b_y$，$Z$ 轴上量 20mm 得 $b_z$，分别过 $b_x$、$b_y$、$b_z$ 作所在轴的垂线，它们的交点即为三个面上的投影点，如图 3-7 所示。三个坐标值 $X$、$Y$、$Z$ 分别代表了空间点到 $W$、$V$、$H$ 三个投影面的距离。

5. 点的相对位置及重影点

（1）点的相对位置

空间两点的位置关系有前后、上下、左右，可根据它们同名投影的相对位置来判定。

在三面投影中，规定 $OX$ 轴向左，$OY$ 轴向前，$OZ$ 轴向上为正。比较两点的 $H$ 投影可判定其左右、前后关系；比较两点的 $V$ 投影可判定其左右、上下的关系；比较两点的 $W$ 投影可判定其前后、上下的关系。

如图 3-8 所示，由水平投影可知，$A$ 点在 $B$ 点的左、前方，由正面投影可知，$A$ 点在 $B$ 点的左、上方，因此可判定，$A$ 点在 $B$ 点的左、前、上方。

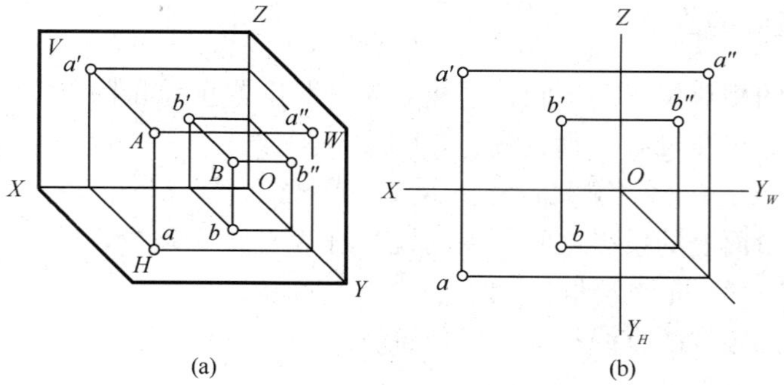


图 3-8 两点的相对位置

（a）直观图；（b）投影图

空间两点的相对位置也可以通过比较其同名投影的坐标来判定。

如有两点：$A$（10，15，5），$B$（5，10，15），则由两点的坐标判定如下：

因 $x_A > x_B$，所以 $A$ 点在 $B$ 点的左方；

因 $y_A > y_B$，所以 $A$ 点在 $B$ 点的前方；

因 $z_A < z_B$，所以 $A$ 点在 $B$ 点的下方。

可知，$A$ 点在 $B$ 点的左、前、下方（或 $B$ 点在 $A$ 点的右、后、上方）。

（2）重影点

如图 3-9 所示，$C$ 点在 $D$ 点的正上方，则它们的 $H$ 投影重合，标注为 $c$（$d$）。其可见性判定规则为：上可见，下不可见。可见性可从 $V$ 投影或 $W$ 投影上判定。

$F$ 点在 $E$ 点的正前方，则它们的 $V$ 投影重合，标注为 $f'$（$e'$）。其可见性判定规则为：前可见，后不可见。可见性可从 $H$ 投影或 $W$ 投影上判定。

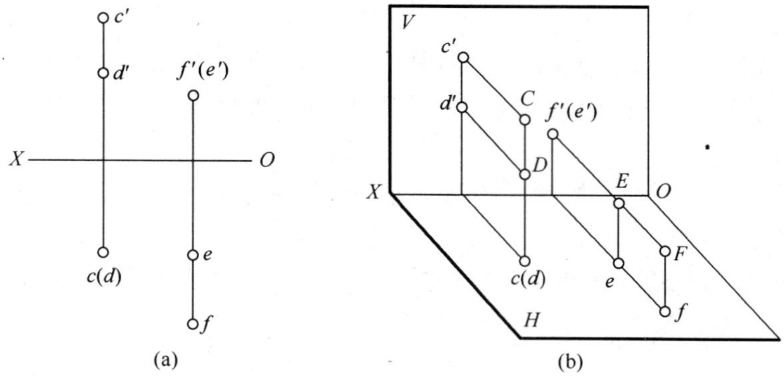


图 3-9 重影点的投影

（a）投影图；（b）立体图

## 3.2 直线的投影

空间直线是无限长的，为便于绘图，在投影图中一般用有限长的线段来表示直线。直线的投影一般仍为直线，特殊情况下为一点。根据几何定律，两点决定一条直线，所以，只要作出直线上任意两点的投影，将其同名投影相连，即可求得直线的投影。

在投影图中，直线的投影应用粗实线表示，投影轴及投射线用细实线表示。

### 3.2.1　各种位置直线的投影

根据与投影面的相对位置的不同，直线分为一般位置直线和特殊位置直线，特殊位置直线又分为投影面平行线和投影面垂直线。

1. 直线的倾角及一般位置直线

直线与它在投影面上的投影之间所夹的锐角称为直线对该投影面的倾角。分别用 $\alpha$、$\beta$、$\gamma$ 表示直线对 $H$、$V$、$W$ 面的倾角。

对三个投影面都倾斜的直线称为一般位置直线。

一般位置直线的投影如图 3-10 所示。

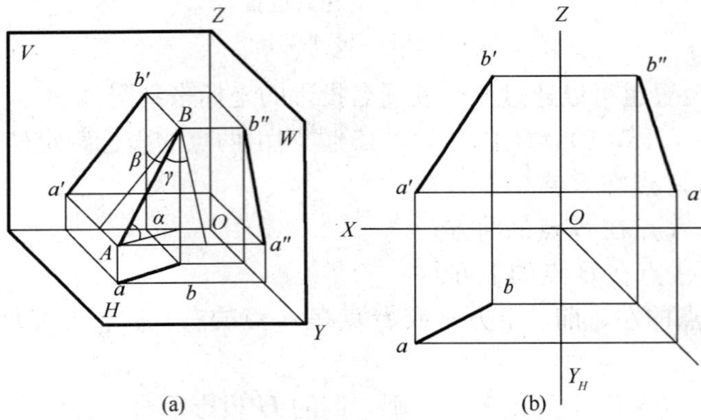


图 3-10　一般位置直线的投影

（a）立体图；（b）投影图

一般位置直线的投影特性是：

（1）三面投影均短于实长；

（2）三面投影均倾斜于投影轴，与投影轴的夹角不反映直线对投影面的倾角。

只要直线的任意两面投影呈倾斜状态，就可以判定该直线为一般位置直线。

2. 投影面平行线

对投影面的倾角为 0°的直线称为投影面平行线。投影面平行线平行于一个投影面，但倾斜于另两个投影面。

平行于 $H$ 面的直线称水平线；平行于 $V$ 面的直线称正平线；平行于 $W$ 面的直线称侧平线。它们的投影见表 3-1。

**表 3-1　投影面平行线**

| 名称 | 正平线 | 水平线 | 侧平线 |
|---|---|---|---|
| 直观图 | 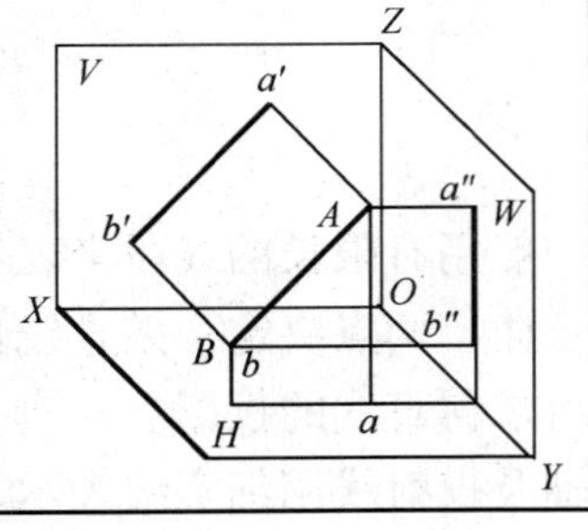 | 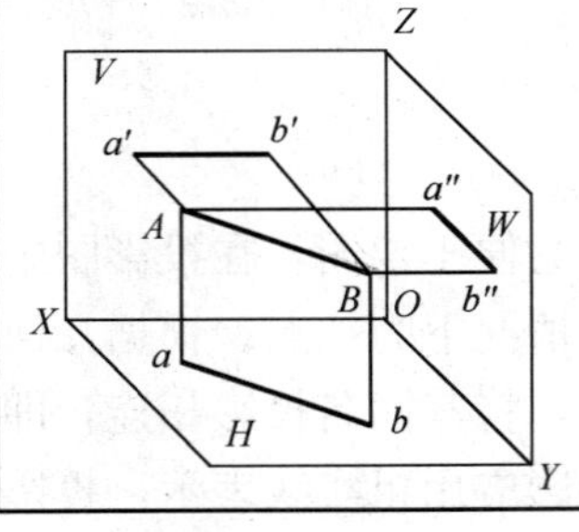 | 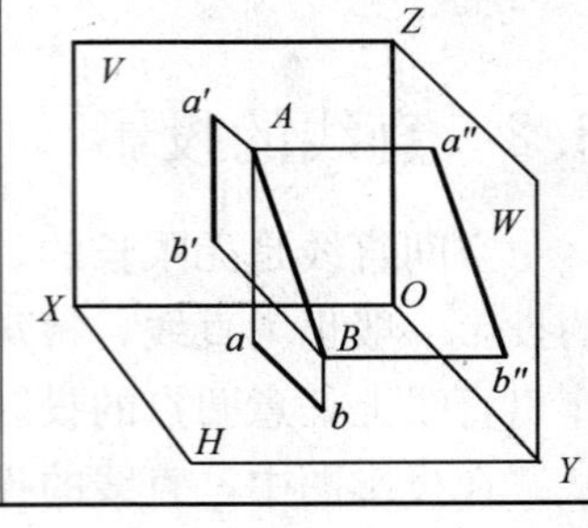 |

续表

| 名称 | 正平线 | 水平线 | 侧平线 |
| --- | --- | --- | --- |
| 投影图 | 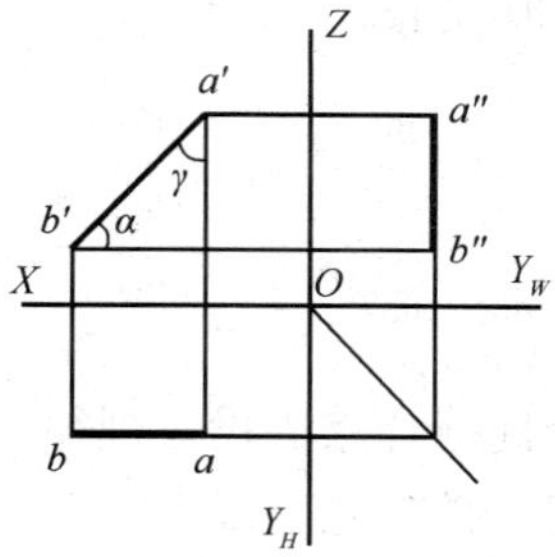 | 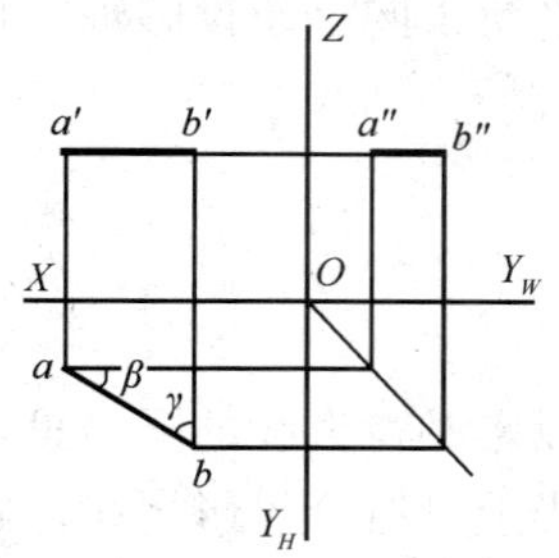 | 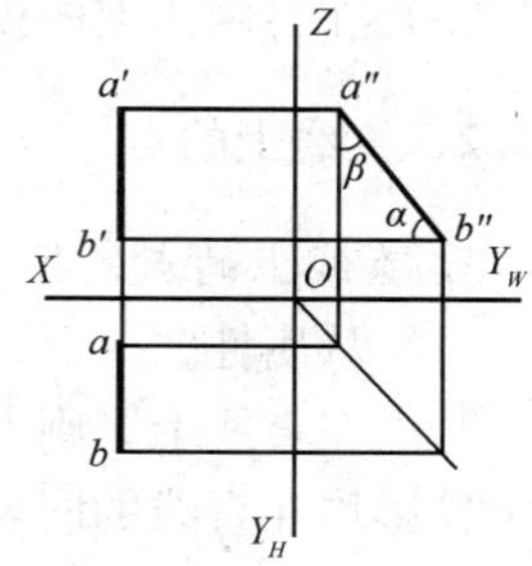 |
| 投影特性 | 1. $ab // OX$<br>$a''b'' // OZ$<br>2. $a'b' = AB$<br>3. 反映 $\alpha$、$\gamma$ 夹角 | 1. $a'b' // OX$<br>$a''b'' // OY_W$<br>2. $ab = AB$<br>3. 反映 $\beta$、$\gamma$ 夹角 | 1. $a'b' // OZ$<br>$ab // OY_H$<br>2. $a''b'' = AB$<br>3. 反映 $\alpha$、$\beta$ 夹角 |

由表 3-1 分析总结可知，投影面平行线的投影特性是：

（1）投影面平行线在与其平行的投影面上的投影反映实长及对其他两个投影面的倾角；

（2）在其他两个投影面上的投影平行于相应的投影轴。

3. 投影面垂直线

对投影面的倾角为 90°的直线称为投影面垂直线。投影面垂直线垂直于一个投影面，平行于另两个投影面。

垂直于 $H$ 面的直线称铅垂线；垂直于 $V$ 面的直线称正垂线；垂直于 $W$ 面的直线称侧垂线。它们的投影见表 3-2。

**表 3-2　投影面垂直线**

| 名称 | 正垂线 | 铅垂线 | 侧垂线 |
| --- | --- | --- | --- |
| 直观图 | 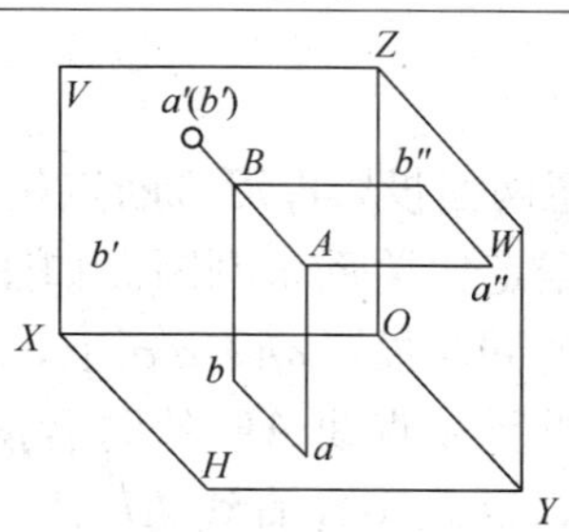 | 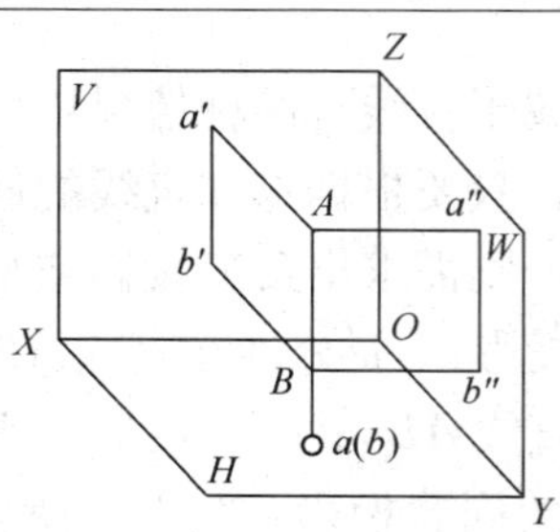 | 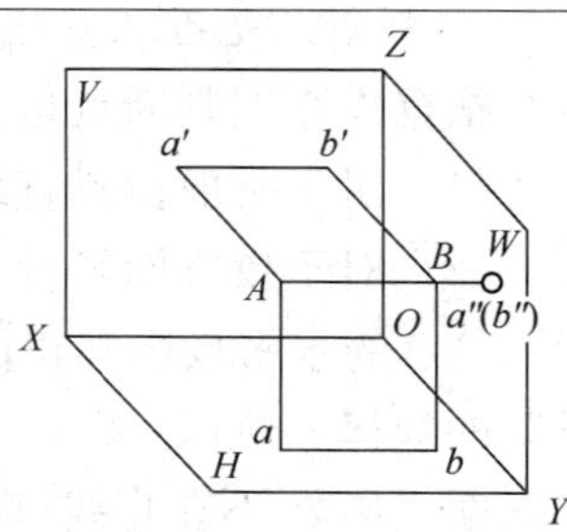 |
| 投影图 | 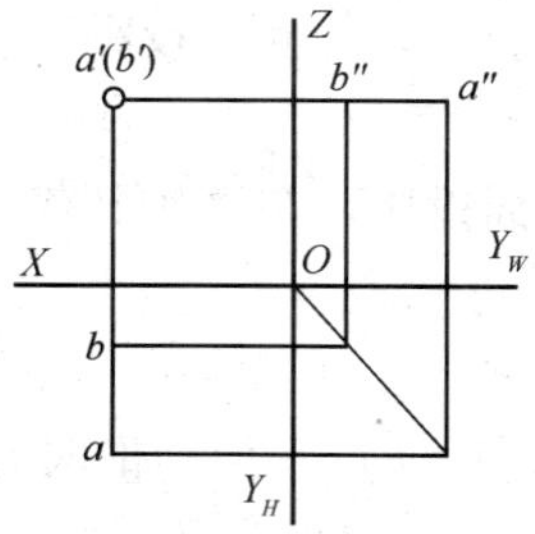 | 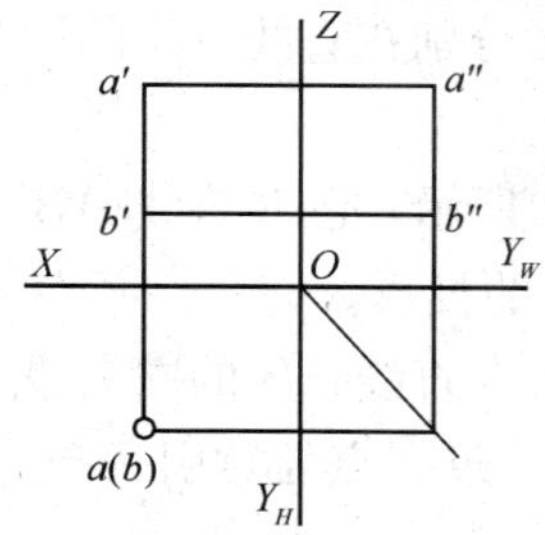 | 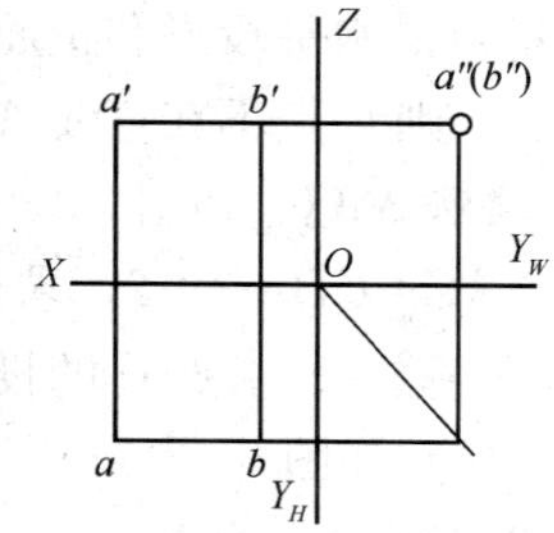 |
| 投影特性 | 1. $a'b'$积聚为一点<br>2. $ab \perp OX$<br>$a''b'' \perp OZ$<br>3. $ab = ca''b'' = AB$ | 1. $ab$ 积聚为一点<br>2. $a'b' \perp OX$<br>$a''b'' \perp OY_W$<br>3. $a'b' = a''b'' = AB$ | 1. $a''b''$积聚为一点<br>2. $ab \perp OY_H$<br>$a'b' \perp OZ$<br>3. $ab = a'b' = AB$ |

由表 3-2 分析可得投影面垂直线的投影特性：

（1）投影面垂直线在与其垂直的投影面上的投影积聚为一点；

（2）在另两面上的投影平行于同一条投影轴，且反映实长。

### 3.2.2 直线上的点

1. 直线上的点的投影

（1）从属性

若点在直线上，则点的投影必在直线的同名投影上且符合点的投影规律。反之，若点的各个投影均在直线的同名投影上且符合投影规律，则该点必在此直线上。

（2）定比性

直线上两线段的长度之比等于它们的同名投影长度之比。

直线上的点的投影如图 3-11 所示。

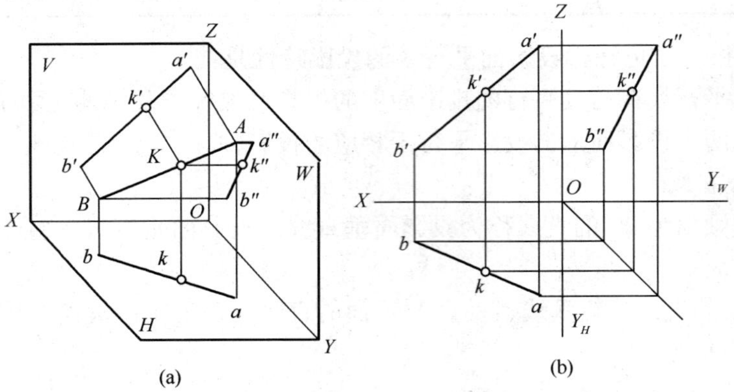


图 3-11　直线上点的投影

（a）直观图；（b）投影图

2. 判断点是否在直线上

根据投影图判断点是否属于直线有两种情况：

（1）对于一般位置直线，只要根据点和直线的任意两面投影即可判断点是否在直线上。

（2）对于投影面平行线，则需求出第三投影或根据定比关系来判断。如图 3-12（a）所示，$C$ 点的水平投影和正面投影 $c$、$c'$ 分别在直线 $AB$ 的同名投影 $ab$、$a'b'$ 上，且符合“长对正”的规律，所以，$C$ 点在直线 $AB$ 上；$D$ 点的水平投影在直线 $AB$ 的同名投影 $ab$ 上，但其正面投影 $d'$ 不在直线 $AB$ 的同名投影 $a'b'$ 上，所以，$D$ 点不在直线 $AB$ 上。图 3-12（b）中 $C$ 点的水平投影和正面投影分别在直线 $AB$ 的同名投影上，但侧面投影不在 $AB$ 的侧面投影上，则 $C$ 点不在直线 $AB$ 上。

**【例 3-3】** 如图 3-13（a）所示，已知直线 $AB$ 的两面投影，在 $AB$ 上有一点 $C$，且 $AC:CB=3:2$，求点 $C$ 的投影。

**【解】** 所求点 $C$ 的投影必在直线 $AB$ 的同名投影上，且 $ac:cb=a'c':c'b'=3:2$。

（1）如图 3-13（b）所示，过 $a$ 点任意引一条直线，从 $a$ 点开始，量取五个等份，得点 1、2、3、4、5，连 $5b$。

（2）如图 3-13（c）所示，过 3 点作 $5b$ 的平行线，与 $ab$ 交于点 $c$。根据长对正的关系，过 $c$ 作 $OX$ 轴垂线，作出 $C$ 点的 $V$ 面投影 $c'$。

**【例 3-4】** 如图 3-14（a）所示，已知侧平线 $EF$ 的两面投影及线上一点 $K$ 的正面投影

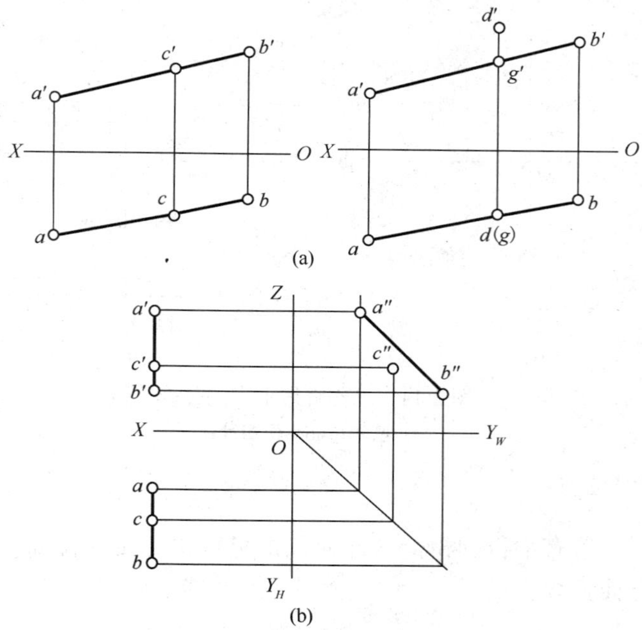


图 3-12　判断点是否在直线上

（a）一般位置直线；（b）侧平线

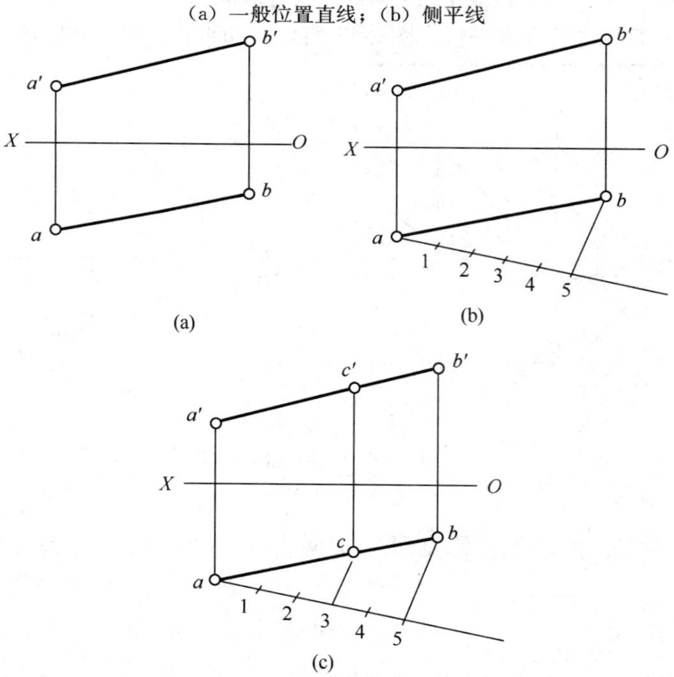


图 3-13　求直线 $AB$ 上分点 $C$ 的投影

（a）已知条件；（b）作图过程；（c）作图结果

$k'$，求点 $K$ 的水平投影 $k$。

**【解】** 侧平线 $EF$ 的水平投影和正面投影均垂直于 $OX$ 轴，所以，不能利用直线的点的从属性求 $K$ 的水平投影，可利用第三投影求解。

如图 3-14（b）所示，作出直线 $EF$ 的侧面投影 $e''f''$，利用“高平齐”的规律求出 $K$ 的侧面投影 $k''$，再利用“宽相等”的规律求作 $K$ 的水平投影 $k$。

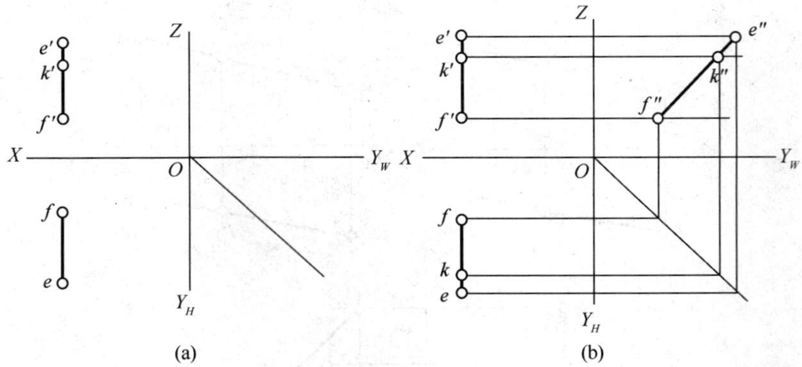


图 3-14　求作直线上点的投影

(a) 已知；(b) 作图过程

### 3.2.3　两直线的相对位置

空间直线的相对位置有平行、相交（含垂直相交）和交叉（含垂直交叉）。前两种为共面直线，后一种为异面直线。

1. 平行两直线

由平行投影特性可知：若两直线平行，则其同名投影必相互平行。反之，若有两直线的各组同名投影相互平行，则这两条直线平行。图 3-15 所示为两平行直线的投影及平行关系的判断。

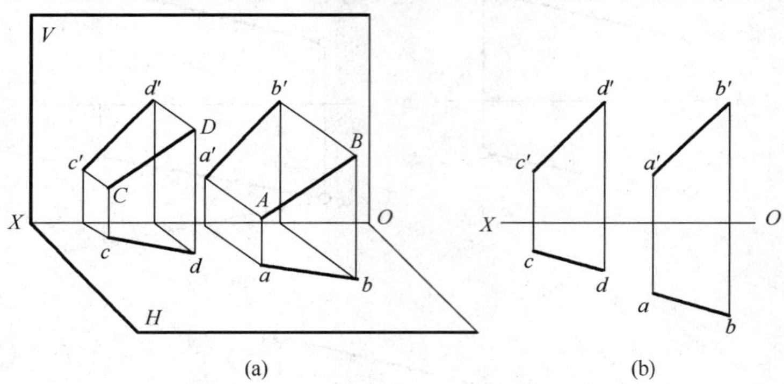


图 3-15　两平行直线的投影

(a) 立体图；(b) 投影图

一般情况下，由直线的两组投影即可判定两直线是否平行。但也有例外，如图 3-16 所示，两条侧平线 $DE$、$FG$ 的水平投影和正面投影均相互平行，从作出的侧面投影来看，$d''e''$ 与 $f''g''$ 并不平行，所以 $DE$、$FG$ 并非两平行直线，它们为异面直线即交叉直线。

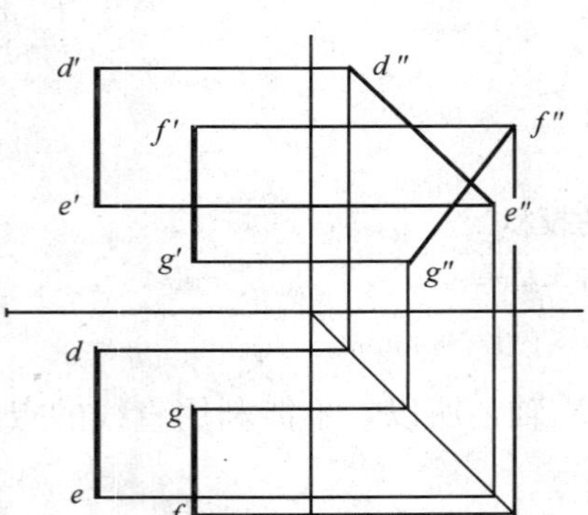


图 3-16　两直线平行关系判断

2. 相交两直线

两直线相交，必有一个交点，且交点的投影必是两直线同名投影的交点，且符合点的投影规律。如图3-17 (a)、图 3-17 (b) 所示，直线 $AB$、$CD$ 交于 $K$ 点，$ab$ 与 $cd$ 交于 $k$ 点，$a'b'$ 与 $c'd'$ 交于 $k'$ 点，且 $k$ 与 $k'$ 点之间符合长对正的投影规律。

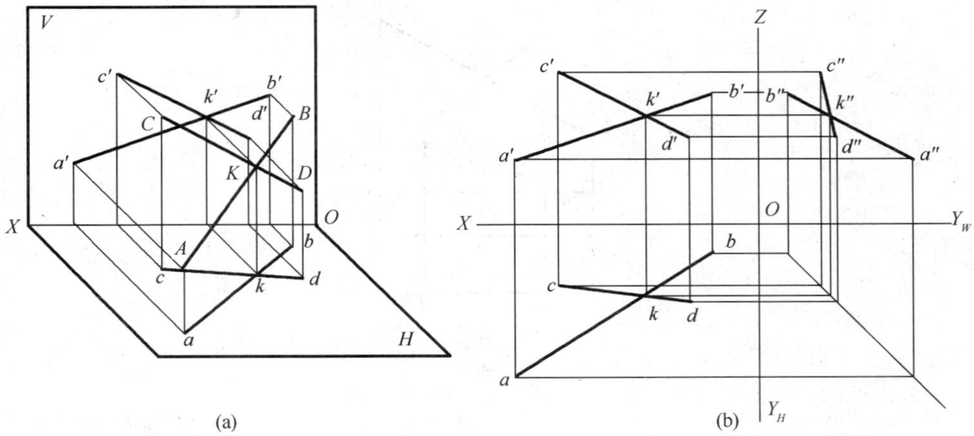


图 3-17　相交两直线

（a）直观图；（b）投影图

在图 3-18 中，一般位置直线 $CD$ 和侧平线 $AB$ 的水平投影和正侧投影均相交于 $E$ 点，但从侧面投影来看，$E$ 点只属于 $CD$ 而不属于 $AB$，所以，$AB$ 和 $CD$ 不相交（也不平行，是交叉两直线）。

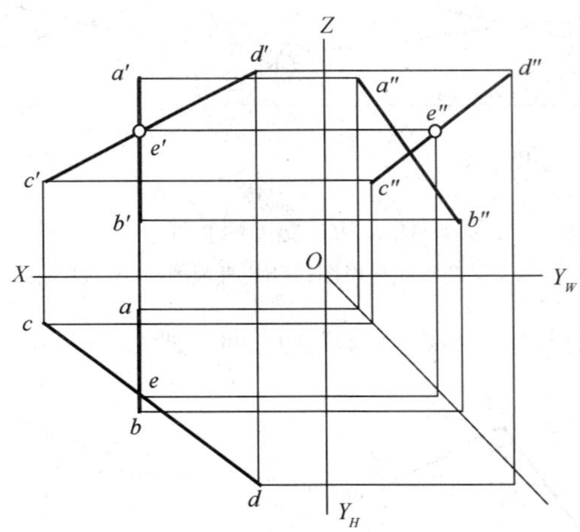


图 3-18　判断 $AB$ 和 $CD$ 两直线相对位置

3. 交叉两直线

如图 3-19（a）所示的两条直线 $AB$ 和 $CD$，其水平投影相互平行，但正面投影相交于一点；如图 3-19（b）所示的两条直线 $AB$ 和 $CD$，其水平投影和正面投影均相交，但交点的投影不符合投影规律，所以它们既不符合平行直线的投影规律，也不符合相交直线的投影规律，故应为交叉关系，即为异面直线。

### 3.2.4　直角定理

相互垂直的两直线，不管是相交还是交叉，其中一条平行于某投影面时，则两直线在该投影面上的投影仍然垂直，这就是直角定理。反之，若两直线在某投影面上的投影相互垂直，且其中一条直线平行于该投影面，则此两直线必相互垂直。

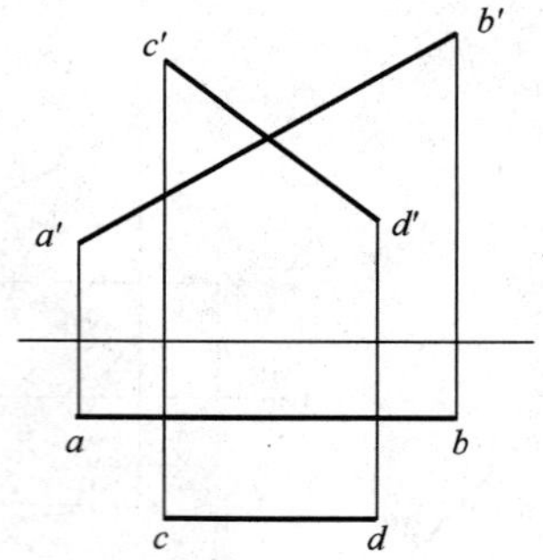


(a)

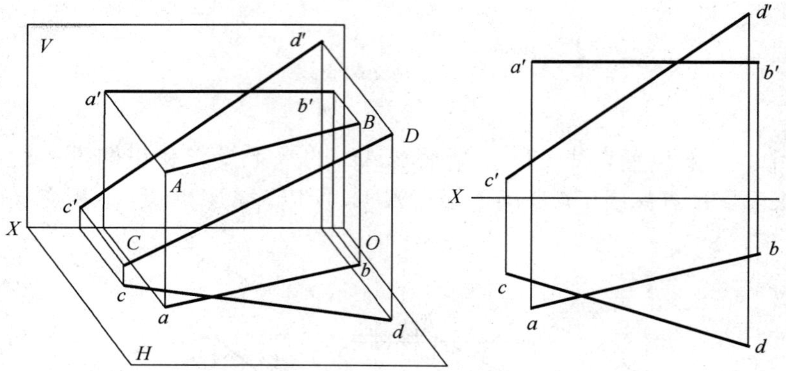


(b) (c)

图 3-19 交叉两直线

(a) 交叉两直线投影图；(b) 直观图；(c) 投影图

如图 3-20 所示，直线 $AB \perp AC$，且 $AB /\!/ H$ 面，则有 $ab \perp ac$。

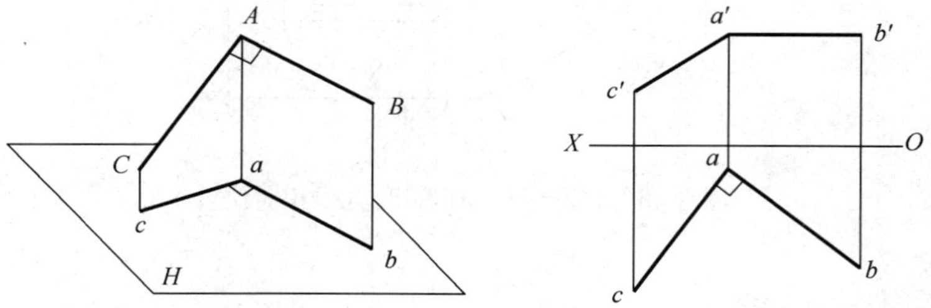


(a) (b)

图 3-20 直角定理

(a) 直观图；(b) 投影图

## 3.3 平面的投影

### 3.3.1 平面的表示法

用几何元素表示平面的方法有以下几种：

（1）用不在同条一直线上的三个点表示［图 3-21（a)］；
（2）用一条直线和直线外一点表示［图 3-21（b)］；
（3）用两条相交直线表示［图 3-21（c)］；
（4）用两条平行直线表示［图 3-21（d)］；
（5）用平面图形表示［图 3-21（e)］。

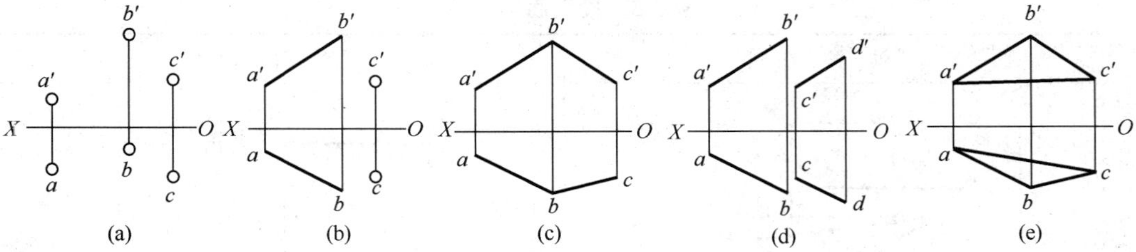


图 3-21　用几何元素表示平面

（a）不在同一直线上的三点；（b）一直线和直线外一点；

（c）相交两直线；（d）平行两直线；（e）平面图形

平面还可以用迹线来确定其空间位置。迹线就是平面与投影面的交线，平面与水平面的交线称为水平迹线，用 $P_H$ 标记；与正立面的交线称为正面迹线，用 $P_V$ 标记。用迹线来确定其位置的平面称为迹线平面，如图 3-22 所示。

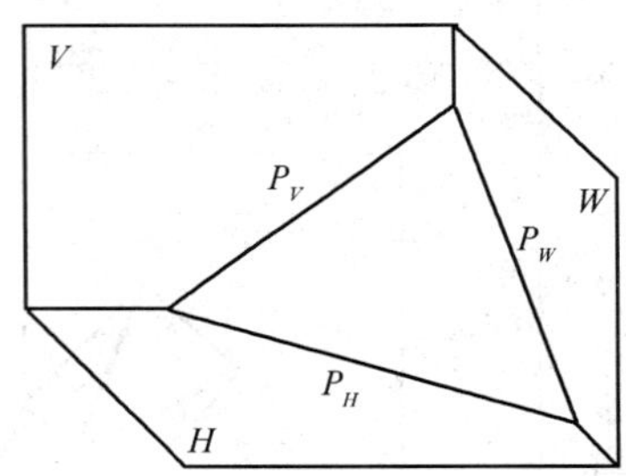


图 3-22　用迹线表示平面

### 3.3.2　各种位置平面的投影特性

平面按相对于某一投影面的位置分为一般位置平面和特殊位置平面，特殊位置又分为投影面垂直面和投影面平行面。

平面对水平面、正立面、侧立面的倾角分别用 $\alpha$、$\beta$、$\gamma$ 来表示。

1．一般位置平面

一般位置平面是指对三个投影面均倾斜的平面，其 $\alpha$、$\beta$、$\gamma$ 角均在 0°～90°之间。

如图 3-23 所示为一般位置平面的投影。由图 3-23 可知，一般位置平面的投影特性为：

（1）三面投影均保持原几何形状不变，但面积均小于实形；

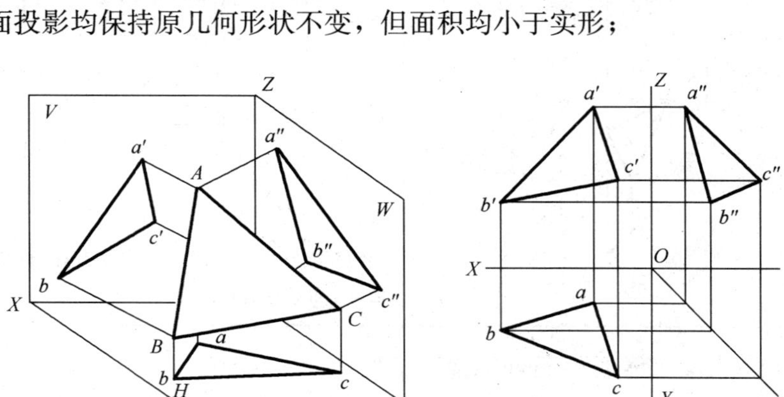


图 3-23　一般位置平面的投影

(2) 三面投影都不能反映平面对投影面的倾角。

2. 投影平行面

投影面平行面平行于某一投影面而与另两个投影面垂直。平行于水平面、正立面、侧立面的投影面平行面分别称为水平面、正平面、侧平面。

投影面平行面的投影特性列于表 3-3 中。

**表 3-3　投影面平行面**

| 名称 | 轴　测　图 | 投影图及其特性 |
|---|---|---|
| 水平面 | 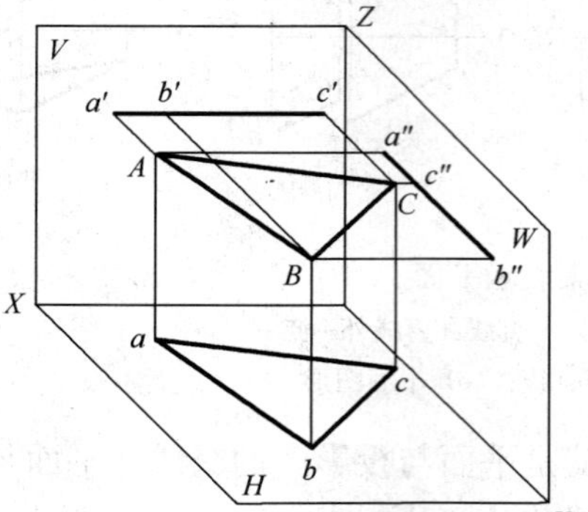 | 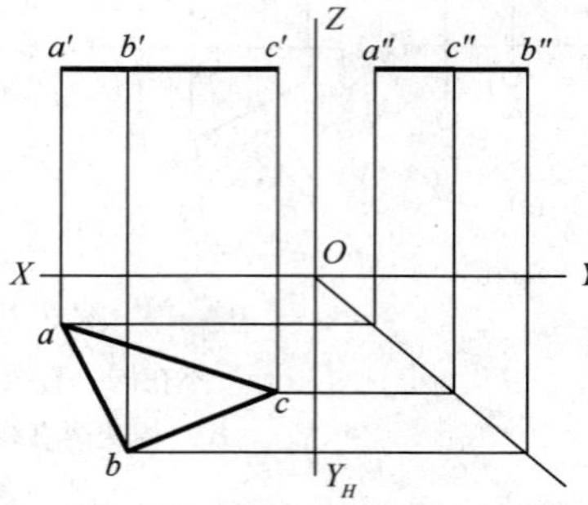<br>水平投影反映实形，正面投影有积聚性，且平行 $OX$ 轴，侧面投影有积聚性且平行 $OY_W$ 轴 |
| 正平面 | 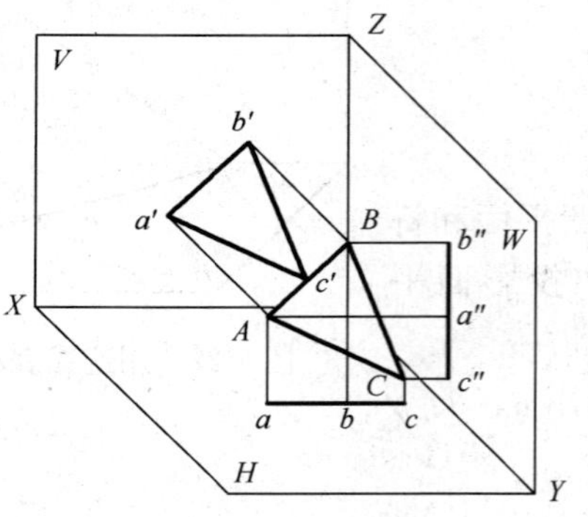 | 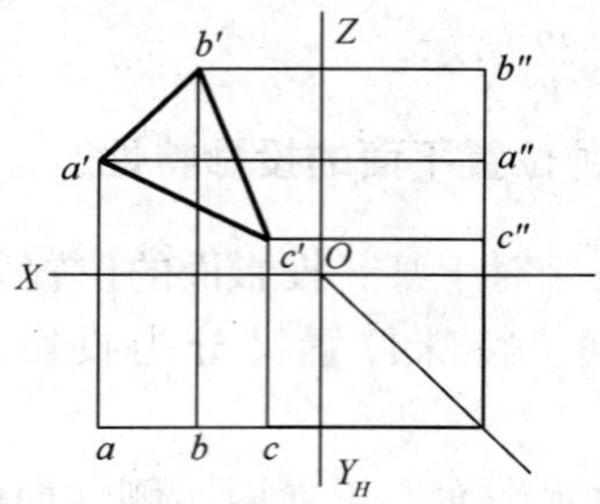<br>正面投影反映实形，水平投影有积聚性且平行 $OX$ 轴，侧面投影有积聚性且平行 $OZ$ 轴 |
| 侧平面 | 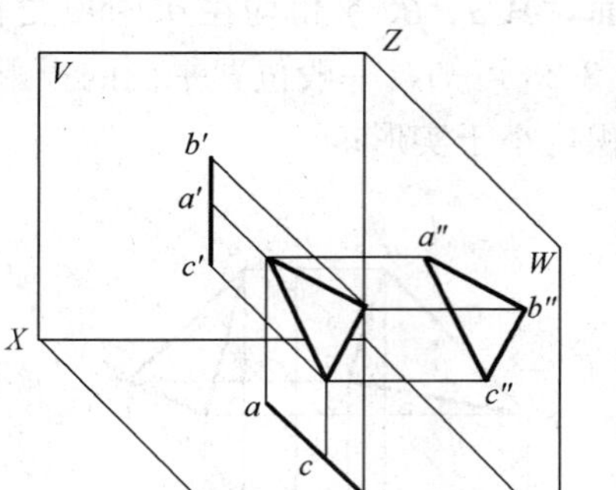 | 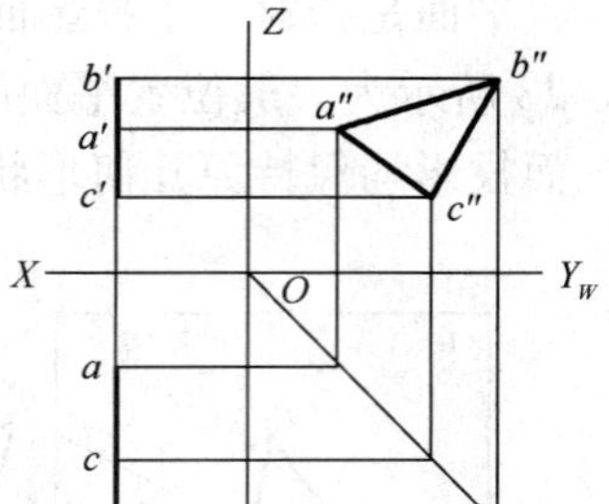<br>侧面投影反映实形，水平投影有积聚性且平行 $OY_H$ 轴，正面投影有积聚性且平行 $OZ$ 轴 |

由表 3-3 总结可知，投影面平行面的投影特性是：

(1) 投影面平行面在与它平行的投影面上的投影反映该面的实形；

(2) 另两面投影积聚成一条直线并平行于相应的投影轴。

3. 投影面垂直面

投影面垂直面垂直于某一投影面而倾斜于另两个投影面。垂直于水平面、正立面、侧立面的投影面垂直面分别称为铅垂面、正垂面、侧垂面。

投影面垂直面的投影特性列于表 3-4 中。

**表 3-4　投影面垂直面**

| 名称 | 轴　测　图 | 投影图及其特性 |
| --- | --- | --- |
| 铅垂面 | 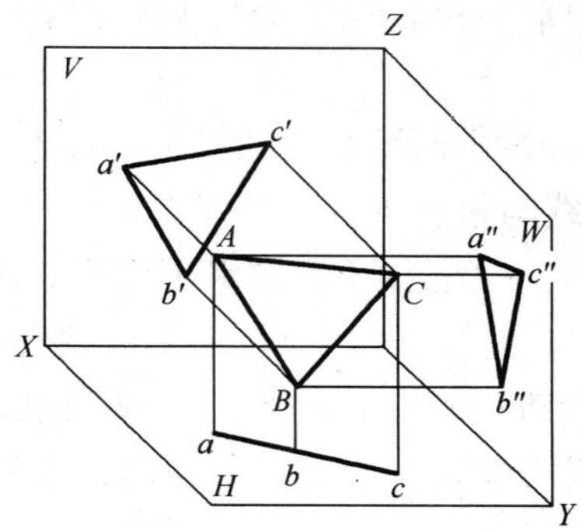 | 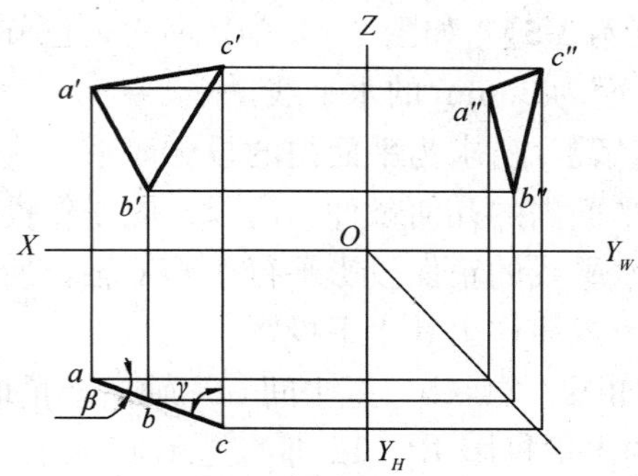 水平投影有积聚性且反映 $\beta$、$\gamma$ |
| 正垂面 | 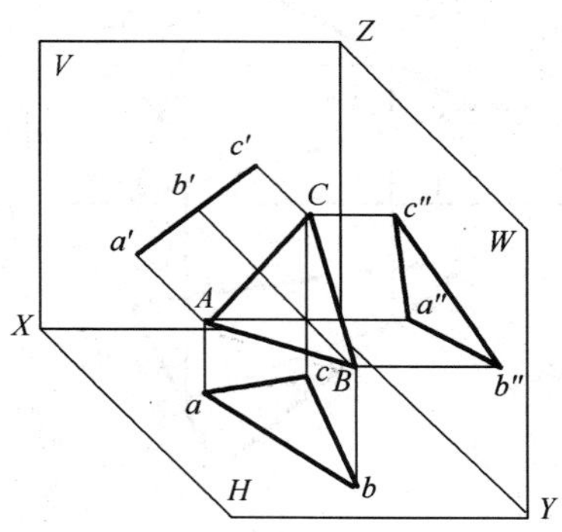 | 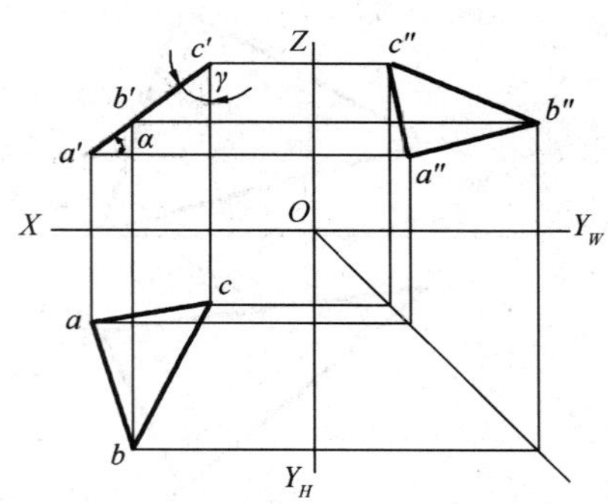 水平投影有积聚性且反映 $\alpha$、$\gamma$ |
| 侧垂面 | 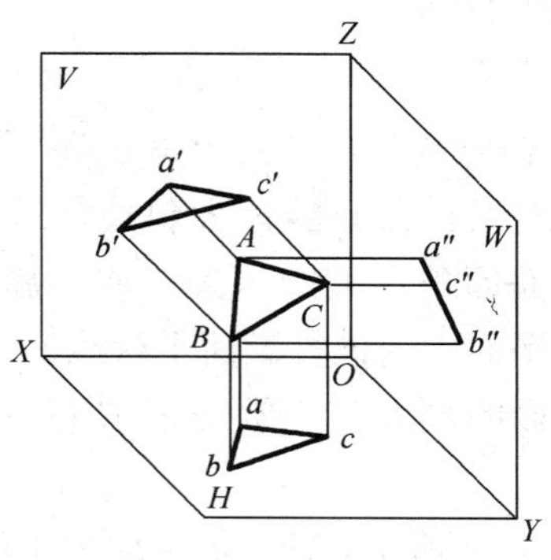 | 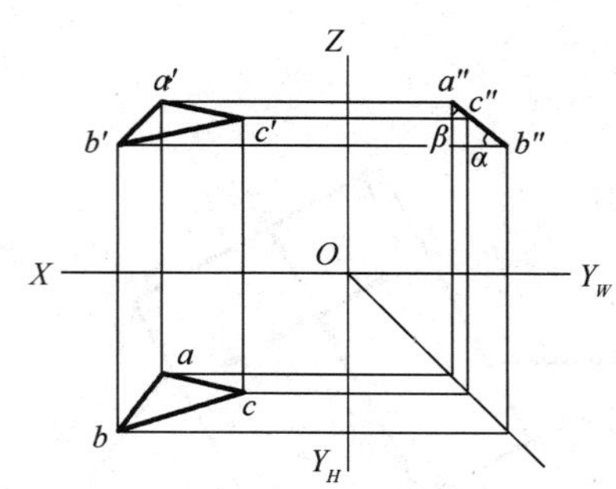 侧面投影有积聚性且反映 $\alpha$、$\beta$ |

由表 3-4 总结可知，投影面垂直面的投影特性是：

(1) 投影面垂直面在与它垂直的投影面上的投影积聚成一条直线，且反映了对其他两个投影面的倾角；

(2) 另两面投影保持原基本几何图形不变。

### 3.3.3 平面内的点和线

1. 平面内的点和线

直线在平面上的几何条件是：

(1) 若直线经过平面上的两个点，则此直线必在该平面上；

(2) 若直线经过平面上的一点且平行于平面上的一直线，则此直线必在该平面上。

点在平面上的几何条件是：若点在平面上的一条直线上，则此点必在该平面上。

**【例 3-5】** 如图 3-24（a）所示，已知△*ABC* 的水平投影和正面投影，在其内求作一条距 *H* 面为 20mm 的水平线。

**【解】** 所求为平面内的投影面平行线，既要符合投影面平行线的投影特性，又要满足直线在平面内的几何条件。所以，应先作投影面平行线与投影轴平行的投影。

水平线的正面投影平行于 *OX* 轴，所以，先作出一条△*ABC* 内水平线的正面投影，再用投影规律作出其水平投影。

如图 3-24（b）过中间 *OX* 轴向上量取 20mm 作投影线 $1'2'$ // *OX* 轴，$1'$点在 $a'b'$上。作 $1'2'$的水平投影 12。12 即为△*ABC* 内的一条水平线的投影。

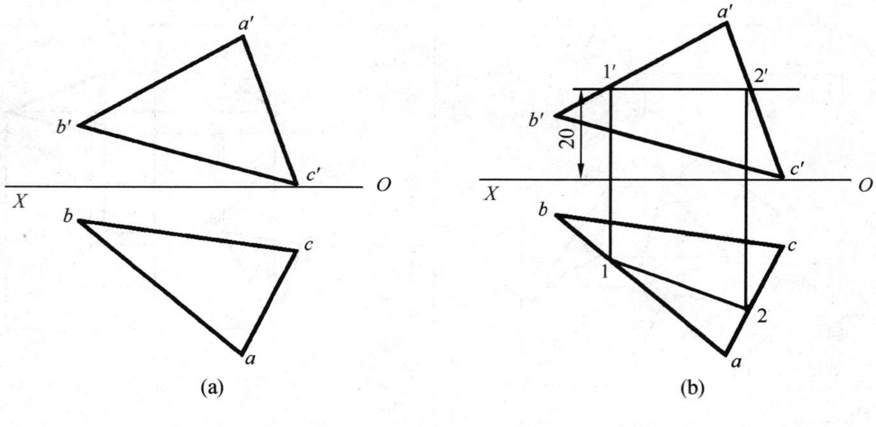


图 3-24 求作平面内的水平线

（a）已知条件；（b）作图过程

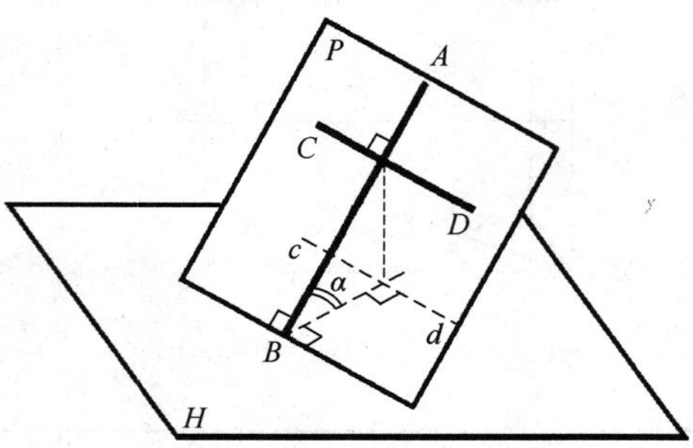


图 3-25 平面的最大斜度线

2. 平面对投影面的最大斜度线

平面对某投影面的最大斜线，就是在该面内对某投影面倾角最大的一条（或一簇）直线，它必垂直于平面内的该投影面平行线。

投影面的最大斜线常用来求平面对该投影的倾角。

如图 3-25 所示，*AB* 是平面 *P* 内水平线，该面内另一条直线 *CD*⊥*AB*，*AB* 即是一条平面 *P* 内对 *H* 面的最大斜度线。

# 第 4 章　建筑形体的投影

任何建筑形体都是由基本几何形体组成，如图 4-1 所示的纪念碑和水塔，分别由棱柱、棱锥、棱台和圆柱、圆锥、圆台等组成。组成建筑形体的最简单的几何形体称为基本体。基本体根据其表面的不同又分为平面立体和曲立面体。

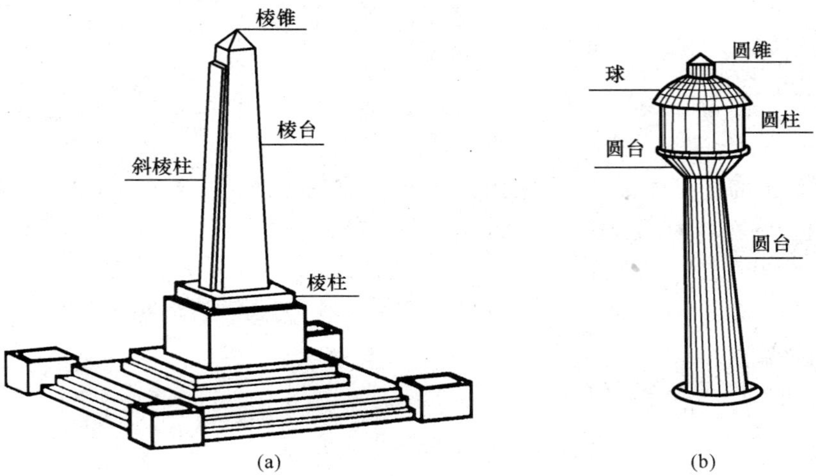


图 4-1　建筑形体的组成

(a) 纪念碑；(b) 水塔

## 4.1　平面立体的投影

表面由平面围成的形体称为平面立体，其表面称为棱面，棱面与棱面的交线称为棱线。

### 4.1.1　棱柱体的投影

当底面为多边形，棱线垂直于底面时称为棱柱体，如底面为三角形、四边形、五边形……、$n$ 边形，称为三棱柱、四棱柱、五棱柱……、$n$ 棱柱。当棱柱体底面为正多边形时，称为正棱柱。

图 4-2 所示为正六棱柱的三面投影，正六棱柱的顶面和底面放置为水平面，前、后棱面放置为正平面，其余四个棱面为铅垂面，各棱线均为铅垂线。由图 4-2 可知正棱柱体的投影特性是：

(1) 在与底面平行的投影面上的投影反映底面实形；

(2) 另两面投影为一个或 $n$ 个矩形。

### 4.1.2　棱锥体的投影

当底面为多边形，棱线相交于一点时称为棱锥体，如底面为三角形、四边形、五边

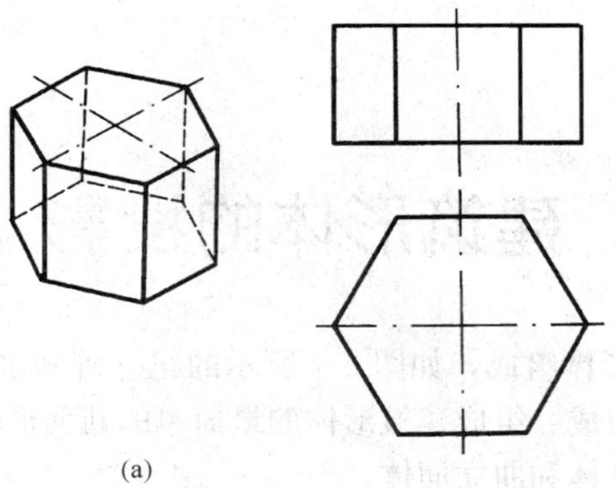

图 4-2　正六棱柱的三面投影

(a) 直观图；(b) 投影图

形……、$n$ 边形，称为三棱锥、四棱锥、五棱锥……、$n$ 棱锥。当棱锥体底面为正多边形时，称为正棱锥。

如图 4-3 所示为正五棱锥的三面投影，正五棱锥的底面放置为水平面，后棱面放置为侧垂面，其余四个棱面均为一般位置平面，五条棱线均为一般位置直线。由图 4-3 可知，正棱锥体的投影特性为：

(1) 当底面平行于某一投影面时，在该面上的投影为正多边形实形及其内部的 $n$ 个共顶点的等腰三角形；

(2) 另两面投影为 1 个或 $n$ 个三角形。

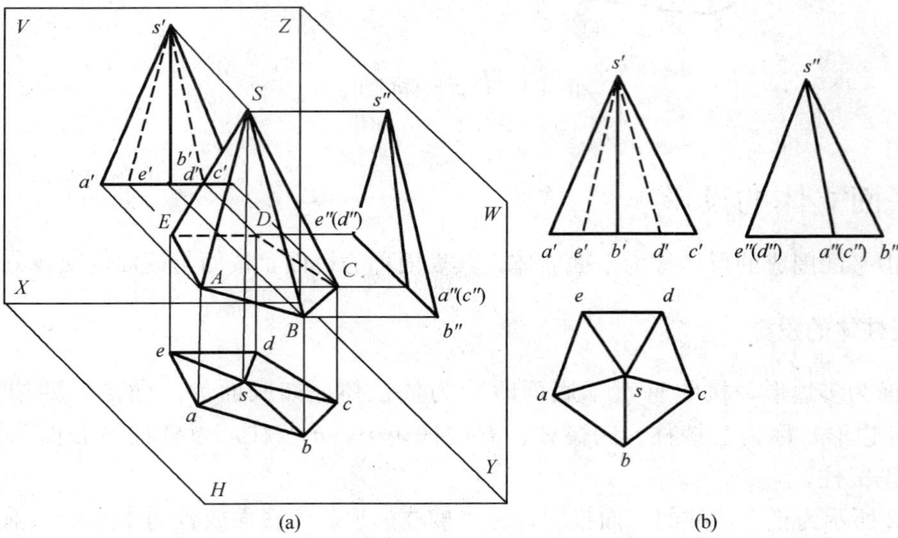


图 4-3　正五棱锥的三面投影

(a) 直观图；(b) 投影图

### 4.1.3　棱台的投影

用平行于底面的平面切割棱锥的顶部后形成棱台。棱台的两个底面为相互平行且相似的平面图形。所有的棱线延长后仍交汇于一公共顶点即锥顶。

如图 4-4 所示为正四棱台的立体图和三面投影图。由图可知，上、下底面为水平面，水平投影反映实形，正面投影和侧面投影积聚为上、下两条水平直线；左、右棱面为正垂面，它们的正面投影积聚为左、右两条直线，水平投影为左、右对称的两个梯形，侧面投影为等腰梯形；前、后棱面为侧垂面，其侧面投影积聚为前、后两条直线，水平投影为上、下对称的两个梯形，正面投影为等腰梯形（正面投影前后重合）。

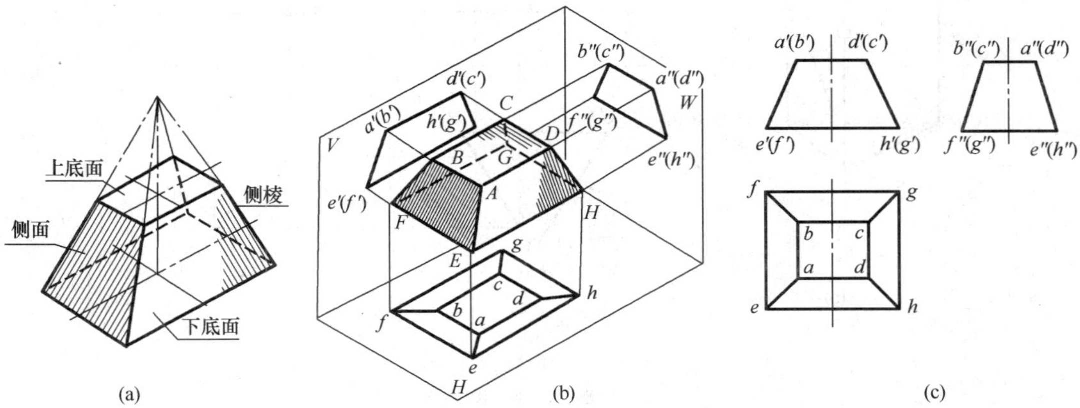


图 4-4　正四棱台及正投影

（a）四棱台；（b）直观图；（c）投影图

### 4.1.4　平面立体表面定点

平面立体表面定点与平面上定点的方法相同，但必须确定点是在立体的哪个表面上，以便确定其可见性。平面立体的任意面投影均有立体的两个表面重叠在一起，一为可见，一为不可见。凡位于可见表面上的点都可见，凡位于不可见表面上的点都不可见。

平面立体表面定点的方法一般三种：从属法、积聚性法和辅助线法。

1. 从属性法和积聚性法

若点或直线的位置在平面立体的侧棱上或在有积聚性的表面上，则可用从属性法和积聚性法作图。

**【例 4-1】** 如图 4-5 所示，已知三棱柱的三面投影及其棱线 $AD$ 上一点 $K$、棱面 $ABED$ 上的线段 $MN$ 的正面投影 $k'$、$m'n'$，求 $K$ 点和线段 $MN$ 的另两面投影。

**【解】** 三棱柱的顶面和底面为水平面，左前、右前两个棱面为铅垂面，后棱面为正平面。三条棱线为铅垂线。

（1）$K$ 点在棱线 $AD$ 上，$AD$ 为铅垂线，则 $K$ 点的水平投影 $k$ 必在 $AD$ 的积聚投影上，再根据投影规律作出侧面投影 $k''$。

判定可见性：$K$ 点在前棱线 $AD$ 的顶点 $A$ 之下，其的水平投影不可见，侧面投影可见。

（2）直线 $MN$ 在棱面 $ABED$ 上，$ABED$ 为铅垂面，直线 $MN$ 的水平投影必在 $ABED$ 的积聚投影上，利用投影规律可作出 $MN$ 的水平投影 $mn$，再利用投影规律作出 $MN$ 的侧面投影 $m'n'$。

判定可见性：线段 $MN$ 在右前棱面 $ABED$ 上，其侧面投影不可见。

2. 辅助线法

若点或直线所在的棱面为一般位置平面，无法利用从属性和积聚性法，则可利用辅助线

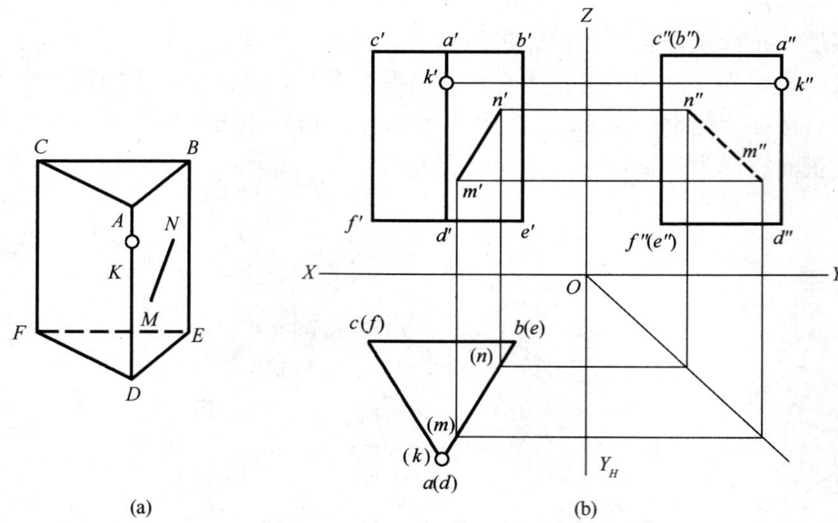


图 4-5 三棱柱投影图

(a) 直观图；(b) 投影图

法作图。

【例 4-2】 如图 4-6 所示，为三棱锥 $S$-$ABC$ 及其左前棱面上一点 $K$ 的 $V$ 面投影 $k'$，求点 $K$ 的另两面投影。

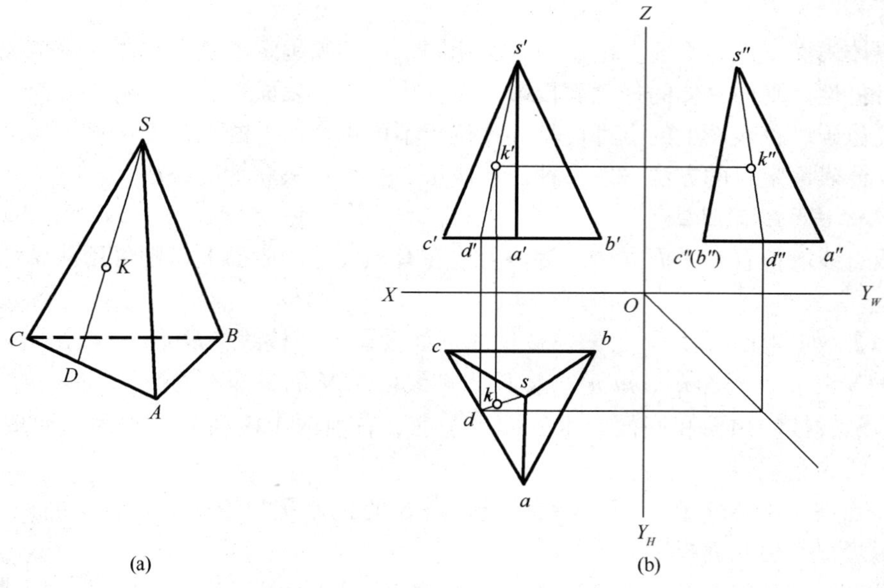


图 4-6 三棱锥投影过程

(a) 直观图；(b) 投影图

【解】 由图 4-6 可知，$K$ 点在三棱锥的左前棱面上。

(1) 在正面投影上，连 $s'$、$k'$ 并交 $c'b'$ 于 $d'$。因 $K$ 点在左前棱面上，所以 $D$ 点在棱锥的底面△$ABC$ 的 $AC$ 边上。$SD$ 即为所作辅助线。

(2) 作出 $D$ 点水平投影 $d$，即得 $SD$ 的水平投影 $sd$。

(3) $K$ 点在 $SD$ 上，作出 $K$ 点的水平投影 $k$。

(4) 根据投影规律作出 $K$ 点的侧面投影 $k''$。

(5) 判定可见性：因 $K$ 点在左前棱面上，所以其水平投影和侧面投影均可见。

### 4.1.5 平面立体的尺寸标注

平面立体标注时，应标注其长度、宽度和高度。常用平面立体的尺寸标注如图 4-7 所示。

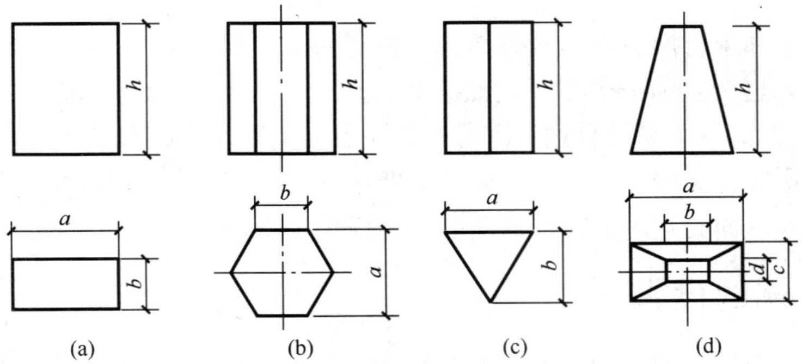


图 4-7 平面体的尺寸标注

(a) 四棱柱；(b) 六棱柱；(c) 三棱柱；(d) 四棱台

### 4.1.6 同坡屋面交线

为了排水需要，屋面均有坡度，坡度大于 10%时称为坡屋面，有单坡、两坡和四坡等。当各坡面与地面（$H$ 面）的倾角都相等时，称为同坡屋面。

坡屋面的交线即为两平面体相贯的相贯线。图 4-8 所示为坡屋面各种交线的名称。与檐口线平行的二坡屋面交线称为屋脊线，如坡面Ⅰ—Ⅲ的交线 $AB$；凸墙角处檐口线相交的二坡屋面交线称斜脊线，如坡面Ⅰ—Ⅱ、Ⅲ—Ⅱ交线 $AE$ 和 $AF$；凹墙角处檐口处相交的二坡屋面交线称天沟线，如图中交线 $CG$。

同坡屋面交线的特点如下：

(1) 两个坡屋面的檐口线平行且等高时，交成的水平屋脊线的 $H$ 面投影与两条檐口线

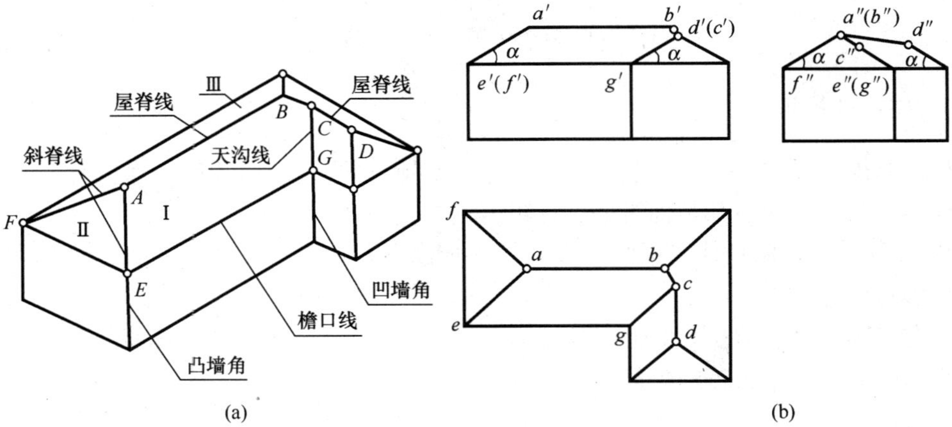


图 4-8 同坡屋顶交线

(a) 直观图；(b) 投影图

的 $H$ 面投影平行且等距。如图 4-8 中的Ⅰ面和Ⅲ面的檐口线 $CD$ 和 $EF$ 平行且等高，在图 4-8 中，两面交成的水平屋脊线 $AB$ 的 $H$ 面投影 $ab$ 与两檐口线的 $H$ 面投影 $cd$、$ef$ 平行且等距。

（2）相邻的且檐口线相交的两个坡屋面交成的斜脊线或天沟线的 $H$ 面投影为两檐口线 $H$ 面投影夹角的平分线。如图 4-8 中，Ⅰ面和Ⅱ面相邻且两面的檐口线 $EF$、$EG$ 垂直相交，图 4-8 中，两面交成的斜脊线 $AE$ 的 $H$ 面投影 $ae$ 与两条檐口线的 $H$ 面投影 $cf$、$eg$ 的夹角为 45°。

（3）在屋面上如果有两斜脊、两天沟或一斜脊一天沟相交于一点，则该点上必有第三条线即屋脊线通过，这个点为三个相邻屋面的共有点。如图 4-8 中，两斜脊线 $AE$ 和 $AF$ 相交于 $A$ 点，在 $A$ 点上又有水平屋脊线 $AB$ 通过，$A$ 点为Ⅰ面、Ⅱ面和Ⅲ面的共有点。

同坡屋面投影特性如图 4-8 所示，可知，四个坡屋面对 $H$ 面的倾角 $\alpha$ 是相等的。四坡屋面的左右两斜坡屋面为正垂面，前后两斜坡屋面为侧垂面。

## 4.2 曲面立体的投影

由曲面或曲面与平面围成的形体称为曲面体。曲面是由直母线或曲母线绕一轴线旋转而形成，又称回转面，不同位置的母线称为素线。母线上每一个点的运动轨迹都是一个圆，称为曲面上的纬圆。

常见的基本曲面体有圆柱体、圆锥体、球体等，如图 4-9 所示。

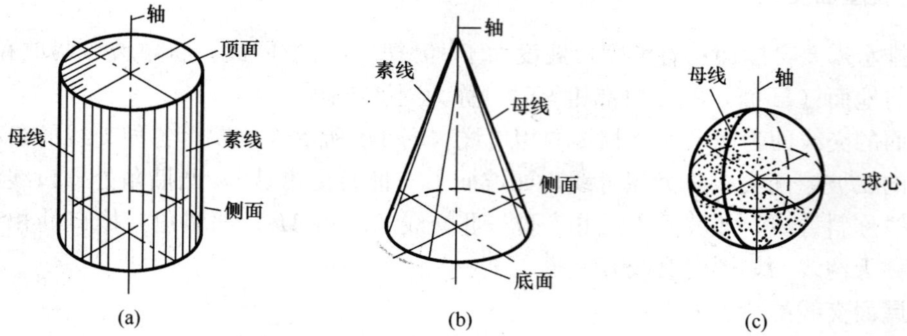


图 4-9 基本曲面立体

（a）圆柱体；（b）圆锥体；（c）圆球体

### 4.2.1 圆柱体的投影

圆柱体是由直母线绕与其平行的轴线旋转一周而形成，它由顶圆、底圆和圆柱面所围成。圆柱面上所有的素线都与轴线平行且距离相等。

如图 4-10 所示，圆柱体的顶圆和底圆放置成水平面，圆柱面为铅垂面。由图可知，圆柱体的投影特性是：

（1）在与轴线垂直的投影面上的投影积聚为一个圆，并反映顶圆和底圆的实形；

（2）另两面投影是相等的矩形。

### 4.2.2 圆锥体的投影

圆锥体是由直母线 $SA$ 绕与它相交于 $S$ 点的轴线 $S$-$O$ 旋转一周而形成，$S$ 点即为锥顶，

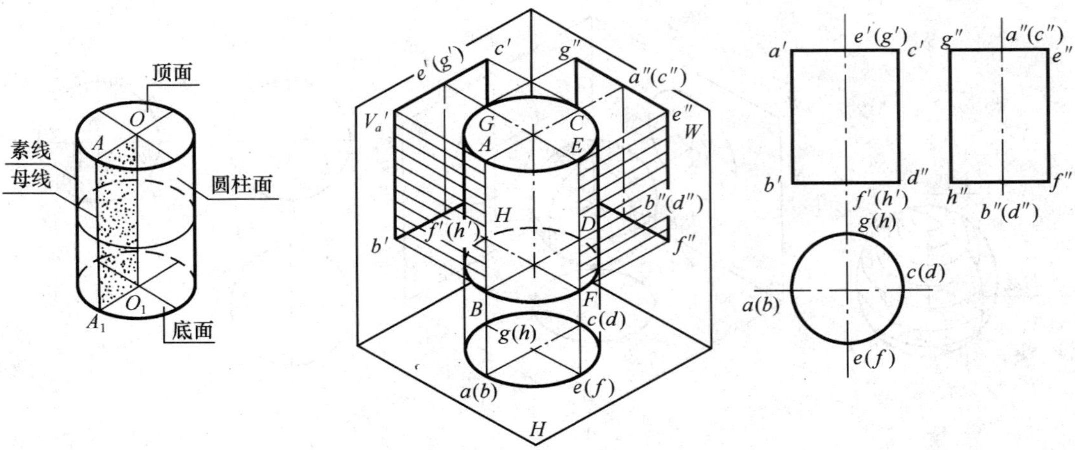


(a) (b) (c)

图 4-10　圆柱体的投影

（a）圆柱体的形成；（b）直观图；（c）投影图

它由圆锥面和底圆围成，圆锥面上的素线是相交于锥顶 S 点的共面直线。

如图 4-11 所示，圆锥体的底圆放置成水平面，圆锥顶的水平投影为其底圆水平投影中圆心，其投影特性是：

（1）在与轴线垂直的投影面上的投影底圆的实形；

（2）另两面投影是相等的等腰三角形。

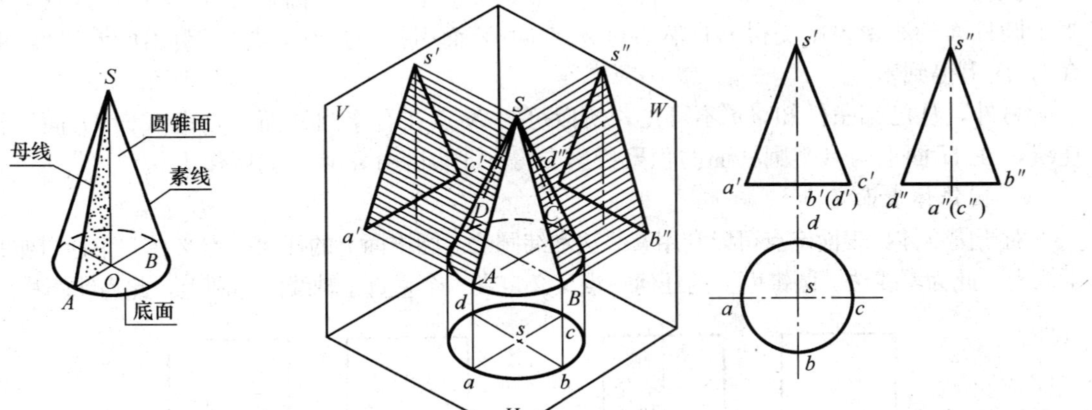


(a) (b) (c)

图 4-11　圆锥体的投影

（a）圆锥体的形成；（b）直观图；（c）投影图

### 4.2.3　球体的投影

球体是由圆以自身的任意条直径为轴旋转一周而形成。如图 4-12 所示，圆球的三面投影是直径相等的三个圆。这三个投影圆分别为通过球心且平行于水平面、正平面和侧平面的三个投影面平行面。

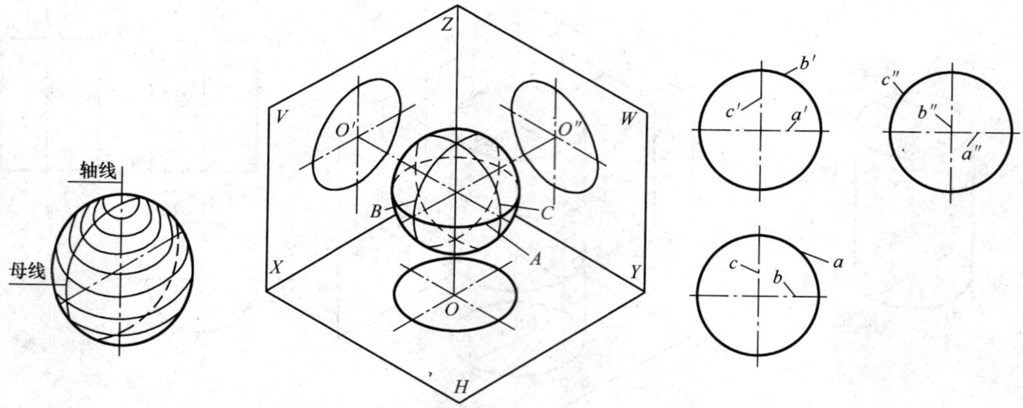


(a)　　(b)　　(c)

图 4-12　球体的投影

(a) 球体的形成；(b) 直观图；(c) 投影图

### 4.2.4　曲面立体表面定点

1. 圆柱体表面定点

对于圆柱体，可以利用圆柱面的积聚投影作图。

**【例 4-3】** 如图 4-13（a）所示为圆柱体及其表面上 $m'$、$n''$，求作 $M$、$N$ 两点的另两面投影。

**【解】** 由于 $m'$可见，所以 $M$ 点在前半个圆柱面上，由 $m'$向 $H$ 投影引投影连线，与前半个圆柱面的积聚投影交得 $m$；然后过 $m$ 点向 $W$ 面引投影连线，与 $m'$引出的水平线相交，在 $W$ 面上得到 $m''$。

另外，从已知条件知，$n''$不可见，所以可知 $N$ 点在右半圆柱面上，由 $n''$向 $H$ 面引投影连线，在 $H$ 面上与有半圆柱面的积聚投影交得 $n$，然后由 $n''$和 $n$ 就可作出 $n''$。

2. 圆锥体表面定点

对于圆锥体，表面定点可以利用素线法和纬圆法。圆锥面上的任何一点必在一条通过锥顶的素线上，此为素线法。圆锥面上的任何一点又必定在一个垂直于轴线的纬圆上，此为纬圆法。

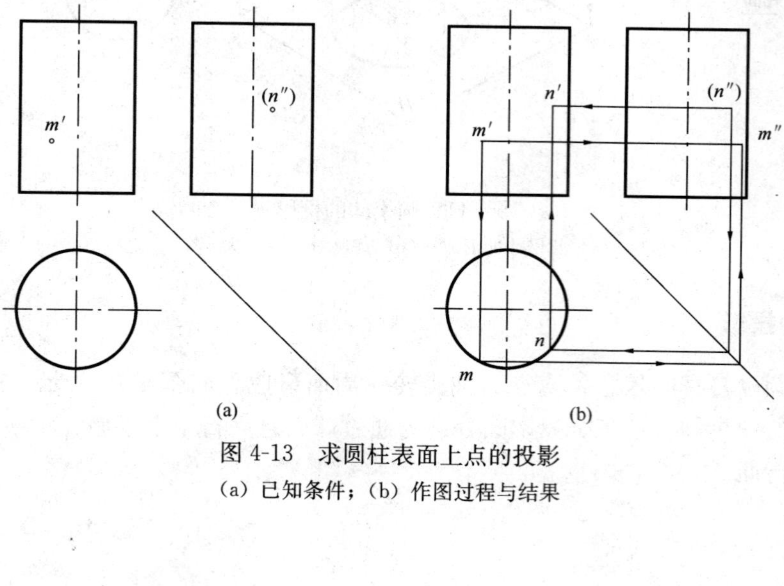


(a)　　(b)

图 4-13　求圆柱表面上点的投影

(a) 已知条件；(b) 作图过程与结果

**【例 4-4】** 如图 4-14（a）所示，已知圆锥体及其表面上的点 $M$ 和 $N$ 的正面投影 $m'$、$n'$，求作 $M$、$N$ 两点的另两面投影。

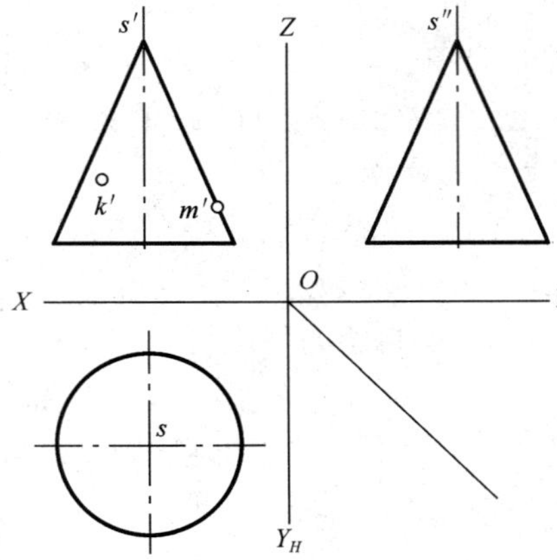


(a)

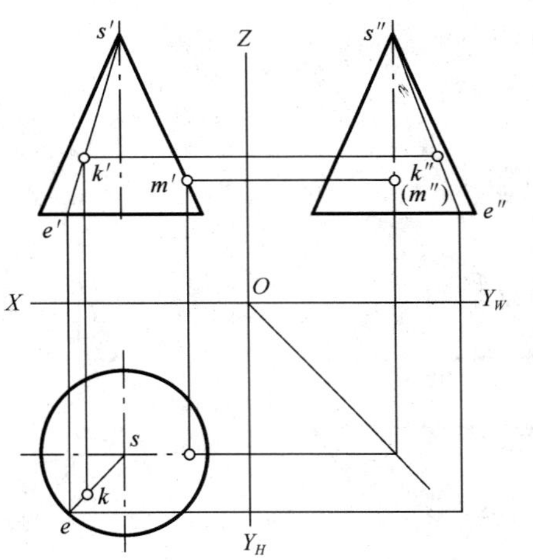


(b)

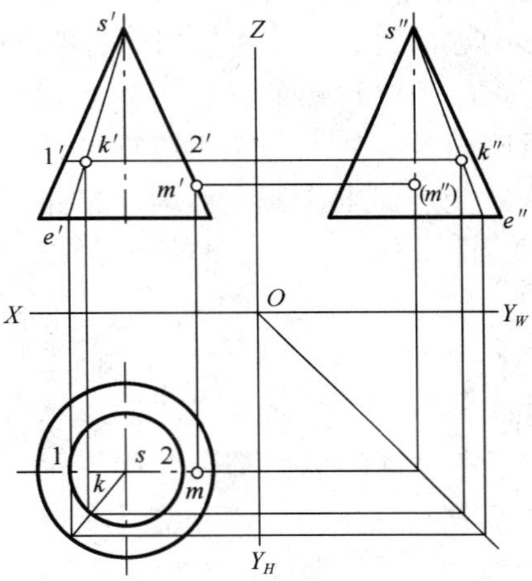


(c)

图 4-14　求圆锥面上点的投影

（a）已知；（b）素线法；（c）纬圆法

**【解】** 从立体图来看，$K$ 点在圆锥体的左前锥面上，$M$ 点在圆锥体的最右素线上。

（1）纬圆法

①如图 4-14（c）所示，在正面投影上作出经过 $k'$ 点的纬圆，该纬圆为一个水平圆。作出 $K$ 点的水平投影 $k$。再根据 $K$ 点的位置和投影规律作出它的侧面投影 $k''$。

②根据 $M$ 点的位置和投影规律作出它的 $H$ 水平投影 $m$ 和侧面投影 $m''$。

③可见性判定。

水平投影：圆锥体的形状为上小下大，所以，圆锥面上所有点的水平投影均可见。

侧面投影：从两点的位置来看，$K$ 点的侧面投影 $k''$ 可见，$M$ 点的 $W$ 面投影 $m''$ 不可见。

（2）素线法

①如图 4-14（b）所示，连 $s'$、$k'$ 并交底圆于 $e'$ 点，$SE$ 为经过 $K$ 点的素线。作出 $SE$ 的水平投影 $se$。$K$ 点在素线 $SE$ 上，根据投影规律作出其水平投影 $k$ 和侧面投影 $k''$。

②$M$点在最右素线上，根据投影规律作出它的水平投影 $m$ 和侧面投影 $m''$。

## 4.3 平面与立体相交

平面与立体相交，可看作平面截割立体，此平面称为截平面，所得交线称为截交线，由截交线围成的封闭图形称为断面或截面，如图 4-15 所示。

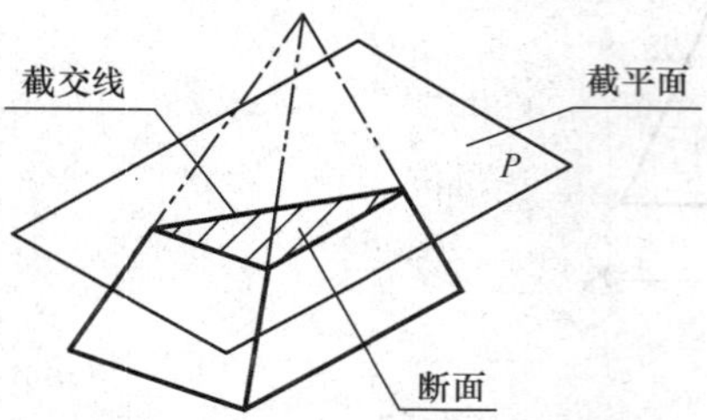

图 4-15 平面截割立体

截交线的特性是：

(1) 由于立体都有一定的范围，所以截交线一定是封闭的平面折线；

(2) 截交线是平面和立体的共有部分。

截交线的性质即是求解截交线问题的依据。

### 4.3.1 平面与平面立体相交

平面与平面立体相交的截交线是封闭的平面折线，截交线围成的断面形状是平面多边形。多边形的边数由立体上参与相交的棱线或边线的数目决定，或由参与相交的棱面或底面的数目决定。平面多边形的每条边即是截面与棱面或底面的交线，每个折点即是截平面与棱线的交点。求作截交线时，常用线面交点法，即求作出截平面与棱线的交点，然后依次相连。

**【例 4-5】** 如图 4-16 (a) 所示，正三棱锥被正垂面 $P$ 所截，求截交线。

**【解】** 正三棱锥的棱面都是一般位置平面。截平面 $P$ 与三条棱线都相交，有三个交点，断面为三角形，因 $P$ 面为正垂面，所以断面的正面投影与截平面 $P$ 的正面投影重合，只需求出它的水平投影即可。

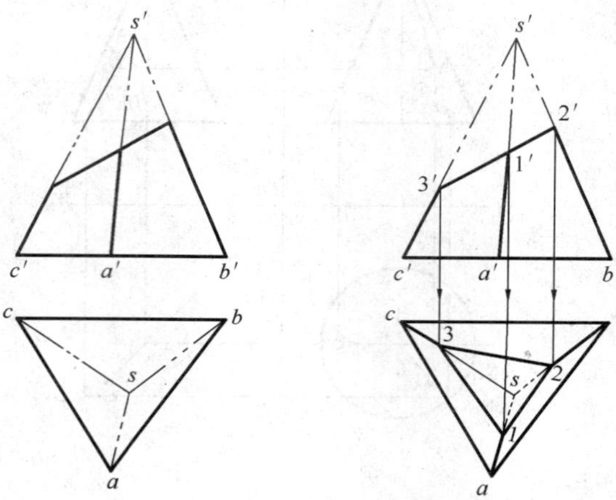

图 4-16 三棱锥被正垂面切割后投影

(a) 已知条件；(b) 作图过程

如图 4-16 (b) 所示，$P$ 面为正垂面，其正面投影为积聚投影，由此可得 $P$ 面与三长棱线 $SA$、$SC$、$SB$ 的交点的正面投影 $1'$、$2'$、$3'$，并作出相应的水平投影 1、2、3，连 1、2、3，即得所求截交线。

可见性判定：因棱锥的形状为上小下大，所以各棱面的水平投影均可见。

### 4.3.2 平面与曲面立体相交

平面与曲面立体相交的截交线是闭合的平面图形，多为平面曲线，特殊情况下为一个平面多边形。截交线的形状与曲面立体表面的性质和截平面与曲面体的相对位置有关。

截交线是截平面与曲面立体表面的共有线。截交线上的每一个点，都是截平面与曲面体表面的共有点。

求截交线的基本方法是：用形体表面定点的方法求得足够的共有点，将各个共有点依次光滑连接。应注意求截交线上的特殊点。

1. 平面与圆柱相交

根据截平面与圆柱轴线相对位置的不同，截交线有圆、椭圆、矩形三种形状，如图4-17所示。

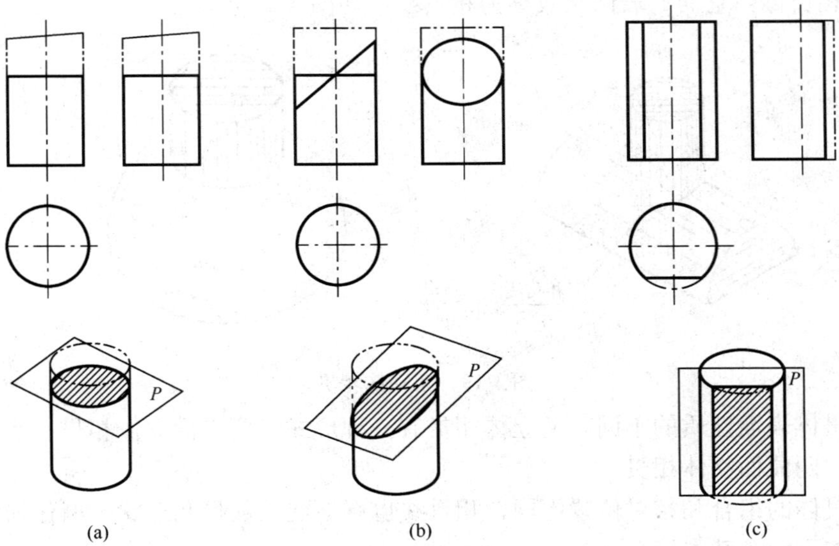


图 4-17　圆柱被不同平面截割

（a）截平面垂直于圆柱的轴线时；（b）截平面倾斜于圆柱的轴线时；

（c）截平面平行于圆柱的轴线时

2. 平面与圆锥相交

根据截平面与圆锥轴线相对位置的不同，截交线有圆、椭圆、直线、抛物线、双曲线等几种形状，如图 4-18 所示。

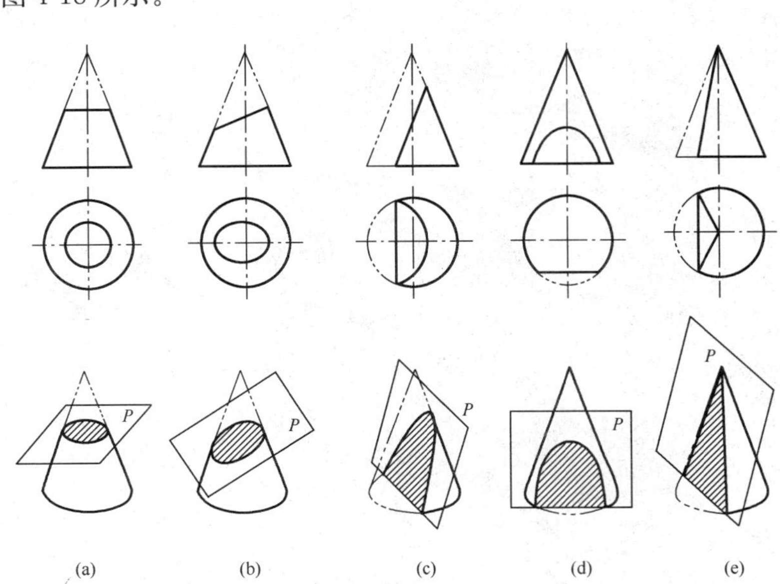


图 4-18　圆锥被不同平面截割

（a）截平面垂直于圆锥的轴线时；（b）截平面倾斜于圆锥的轴线时；

（c）截平面平行于一条素线时；（d）截平面平行于两条素线时；（e）截平面通过锥顶时

## 4.4　两立体相贯

有些形体是由两个或两个以上的基本形体相交组合而成。两立体相交称为相贯，两相交的立体称为相贯体，它们的表面交线称为相贯线，如图 4-19 所示。

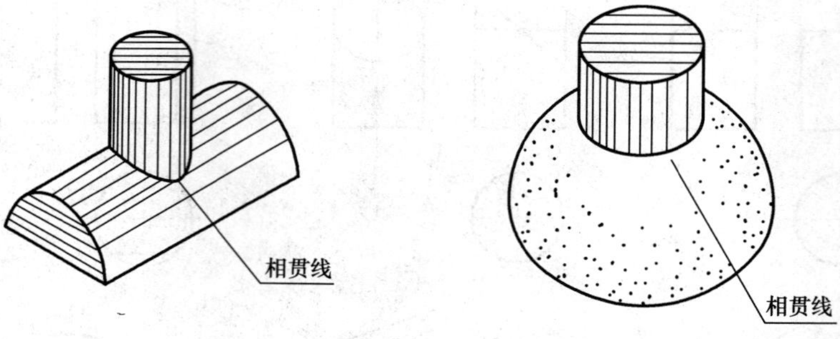


图 4-19　两立体相贯

根据相贯体表面性质的不同，两立体相贯有三种形式：两平面立体相贯、平面立体与曲面立体相贯、两曲面立体相贯。

由于相贯体的组合和相对位置不同，相贯线也有不同的数目和形状。但任何两立体的相贯线都具有如下两个基本特性：

（1）相贯线是由两相贯体表面上一系列共有点（或共有线）所组成的；

（2）由于立体都具有一定的范围，所以相贯线一般都是闭合的。

# 第 5 章　建筑形体常用的表达方法

三面正投影图一般只能表达比较简单的建筑构件，但工程实际中的建筑物和构件往往很复杂，仅用三面投影难以表达清楚，所以制图标准规定了各种表达方法。

## 5.1　基本视图与辅助视图

工程上将表达形体形状的投影图称为视图。视图的种类通常有基本视图和辅助视图等。

### 5.1.1　基本视图

在工程制图中，把从上向下观看形体在 $H$ 面上得到的视图称为平面图；从前向后观看形体在 $V$ 面上得到的视图称为正立面图；从左向右观看形体在 $W$ 面上得到的视图称为左侧立面图。对于某些形状复杂的形体，还需要从下向上看、从后向前看、从右向左看的视图，因此，还要增设三个新投影面 $H_1$、$V_1$、$W_1$，如图 5-1 所示，并在其上分别形成从下向上看、从后向前看、从右向左看时所得的投影，分别称为底面图、背立面图和右侧立面图。将所有的投影图都展开在正平面上，便得到六个投影图，这六个投影称为基本视图，相应的六个投影面称为基本投影面。

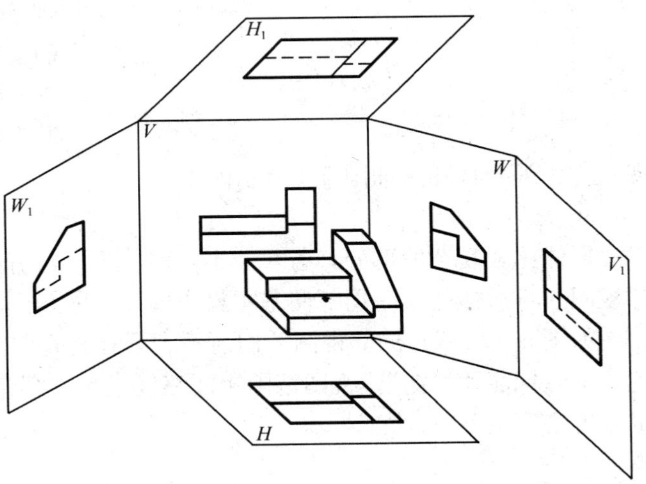


图 5-1　基本投影图的展开

每个视图一般均应标注图名，但若六个视图在同一张图纸上按图 5-2 所示的位置排列时，则可省略各视图的名称。

图 5-2 所示为在同一张图纸上有多个视图时，各视图的投影方向和配置顺序。

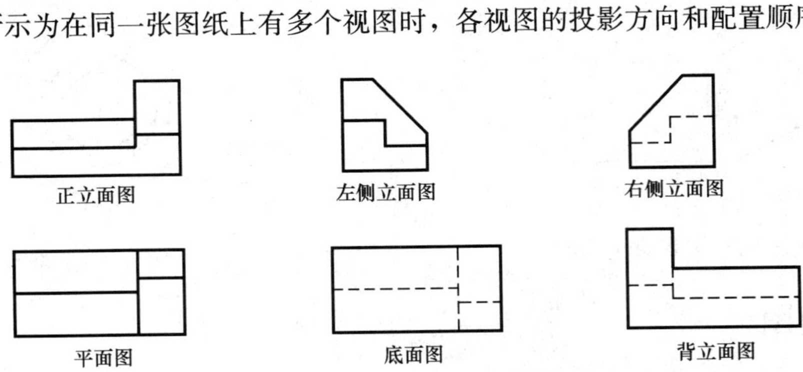


图 5-2　基本投影图的配置

### 5.1.2　辅助视图

1. 镜像视图

当用正投影法不易表达清楚时，可采用镜像投影法。如图 5-3（a）所示，将镜面放在形体下方，代替水平投影面，形体在镜面中反射得到的图像称为镜像视图。当采用镜像视图时，应在图名后加注“镜像”二字，如图 5-3（b）所示。

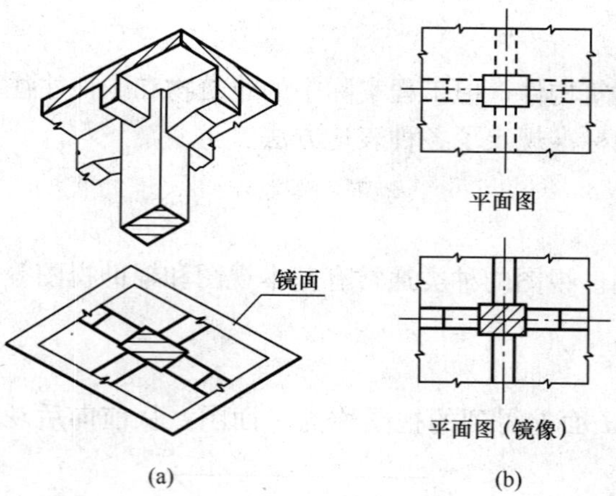


图 5-3　镜像投影图的画法

（a）镜像示意图；（b）镜像投影与平面图的比较

镜像投影图与正投影图在方向上前后相反，但更符合视觉习惯。装饰施工图中顶棚的投影图常用镜像投影图表示。

2. 展开视图

有些形体的各个面之间并不都是垂直的，一些面与基本投影面平行，而另一些面则倾斜于基本投影面，为了能同时表达出倾斜面的实形，画立面图时，可将该部分展开至与基本投影面平行，再按正投影法绘制，并在图名后加注“展开”二字，这样得到的视图称为展开视图。如图 5-4 所示。

3. 局部视图

形体比较复杂的部分，若表达不够清楚，又没有必要加画一张整体投影图时，可采用局部视图。将形体的某一局部向基本投影面投影所得到的视图称为局部视图。

如图 5-5 所示，局部视图需用箭头表示观看方向，并用大写英文字母编号，在所得局部视图下方标注“×向”，视图范围用波浪线表示。局部结构完整，外轮廓又封闭时，波浪线也可省略不画。

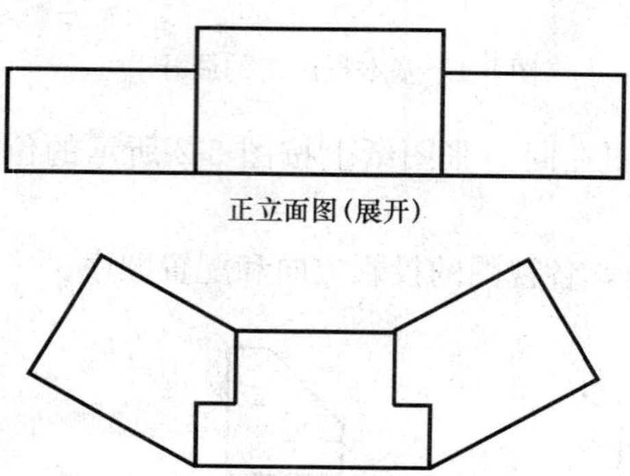


图 5-4　展开视图

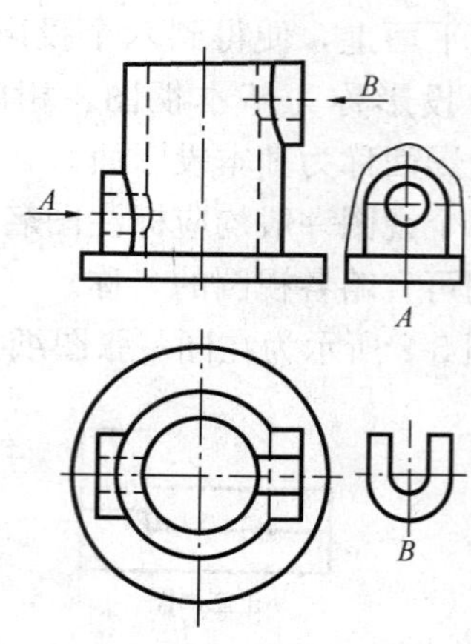


图 5-5　局部视图

## 5.2　剖面图

投影图中不可见的部分中用虚线画出。对于结构复杂的形体，不仅要表达其外形，还要表达其内部结构。若用虚线表示形体的内部结构，在投影图上就会出现很多虚线，造成图面虚、实线纵横交错，混淆不清，难以标注尺寸和阅读。

可以采用剖面图和断面图解决这个问题，即假设将形体剖切开来，再对剖切以后的形体进行正投影，作为对表面正投影的必要补充。

### 5.2.1 剖面图的形成

如图 5-6 所示，假想用一个剖切平面将形体剖开，然后移走视图与剖切平面之间的部分，作出剩余部分形体的正投影图，即为剖面图。

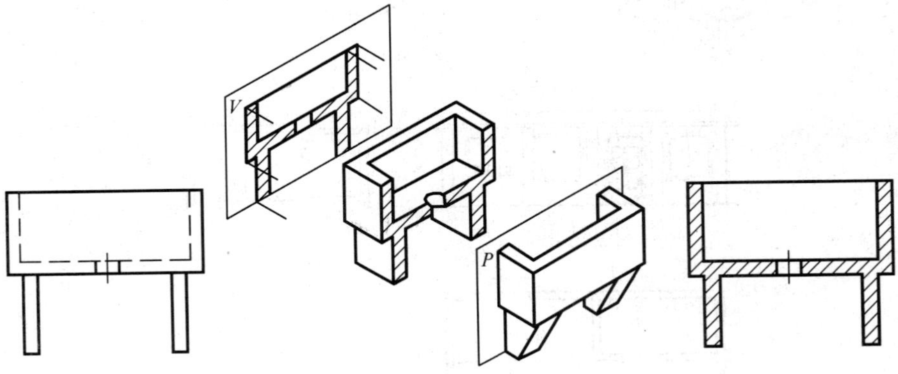


(a) (b) (c)

图 5-6 建筑形体正投影图与剖面图的比较

(a) 正投影图；(b) 剖面图的形成；(c) 剖面图

### 5.2.2 剖面图的标注

1. 剖切位置

作剖面图时，一般使剖切面平行于基本投影面，则剖切面在它所垂直的投影面上的投影积聚为一条直线，这条直线表示剖切的位置，称为剖切位置直线，简称剖切线。在投影图中用断开的两段短粗实线表示，长度为 6～10mm。

2. 剖视方向

为了表明剖切后余下部分形体的投影方向，在剖切线的外侧各画一段与之垂直的短粗实线表示投影方向，长度为 4～6mm。

3. 剖切编号

用阿拉伯数字对剖切线从左至右、由下至上连续编号，注写在表示投影方向的短线一侧，在所得剖面图的下方，写上“1—1 剖面图”字样，并在图名下方画一条等长的粗实线。若剖切线必须转折，如阶梯剖，则应在转折处外侧加注剖切编号。

对习惯使用的和通过构件对称平面的剖切符号，可不作标注。

### 5.2.3 剖面图的种类

1. 全剖面图

假设用一个剖切平面将形体全部剖开，然后画出它的剖面图，称为全剖面图，如图 5-7 所示。

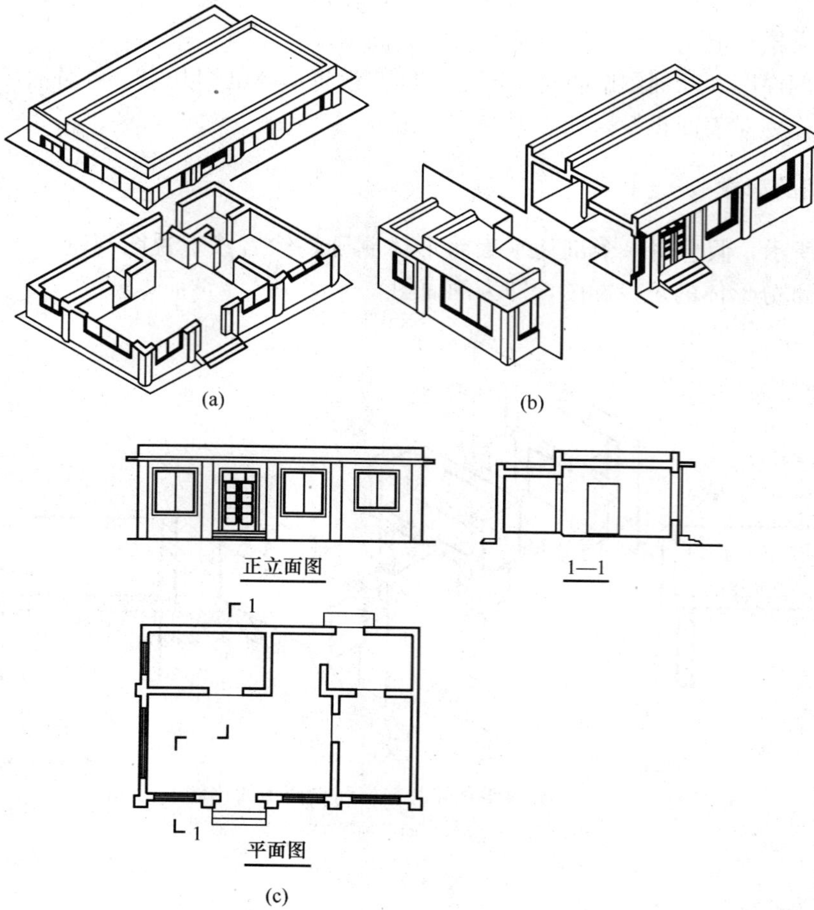


图 5-7　房屋的全剖面图

（a）水平剖切示意图；（b）阶梯剖切示意图；

（c）房屋的平面图、立面图、剖面图

2. *半剖面图*

当形体的形状左右对称或前后对称时，而外形又比较复杂时，可将其投影的一半画成表示形体外部形状的正投影图，另一半画成表示内部结构的剖面图，中间用点画线分界，称为半剖面图。

当对称中心线为竖直时，将外形正投影图画在中心线左方，剖面图画在中心线右方；当对称中心线为水平时，将外形正投影图画在中心线上方，剖面图画在中心线下方，如图 5-8 所示。

3. *局部剖面图*

当只需剖开表达形体的某一个局部时，将这一局部画成剖面图即可，称为局部剖面图。

局部剖面图只是形体投影图中的一个部分，因此不标注剖切线，但需将局部剖面与外形之间用波浪线分开，波浪线不得与轮廓线重合，也不得超出轮廓线之外。

图 5-9 所示为局部剖面图。图 5-10 所示为建筑工程中常用来表达楼面、地面和屋面构造的分层局部剖面图。

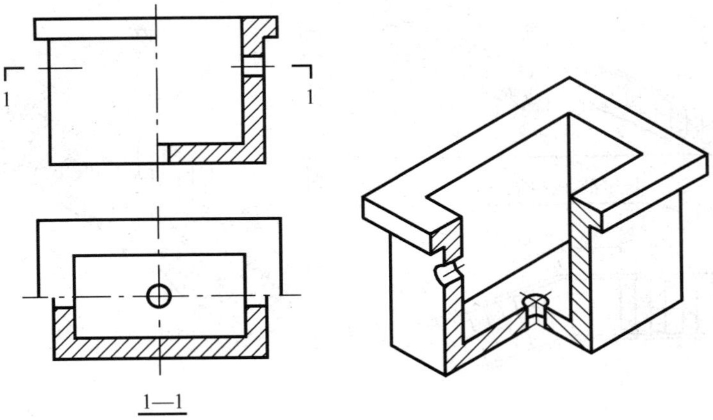


图 5-8　形体的半剖面图

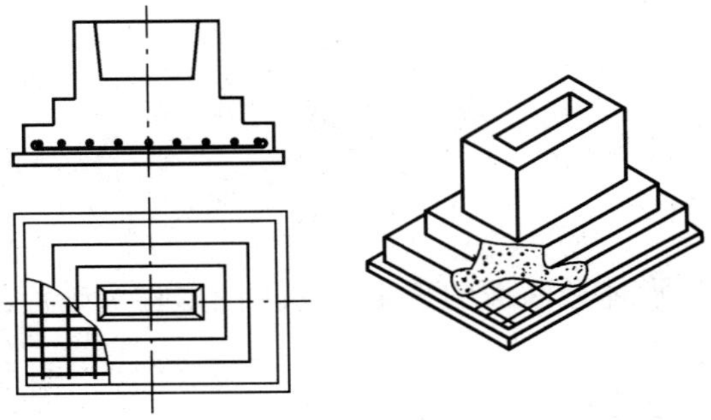

图 5-9　基础的局部剖面图

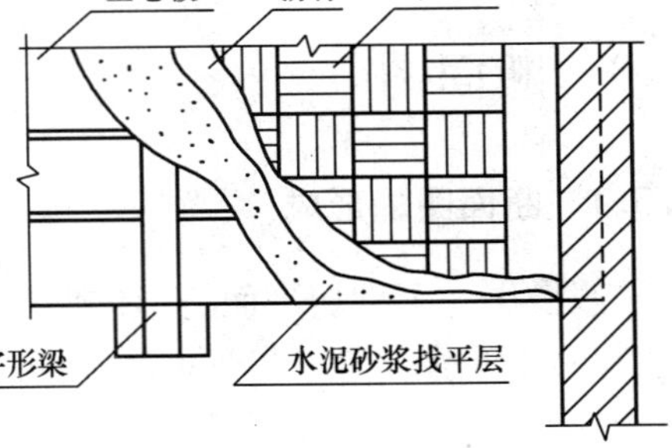


图 5-10　木地面的分层局部剖面图

4. 阶梯剖面图

当形体的内部结构复杂，用一个平面无法都剖切到时，可假设用几个相互平行的剖切平面来剖切形体，这样的剖面图称为阶梯剖面图，如图 5-11 所示。

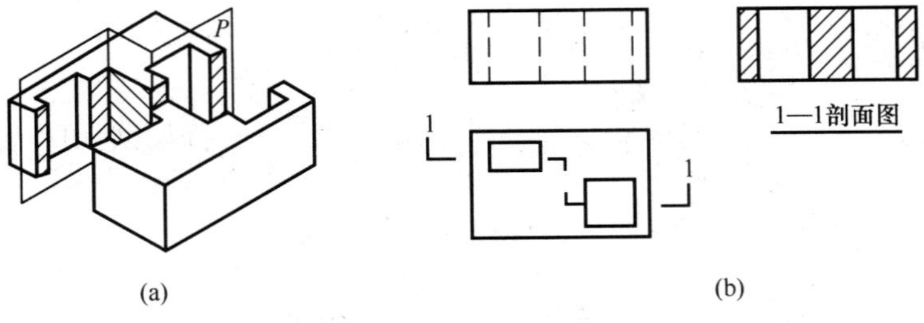


图 5-11　阶梯剖面图

（a）直观图；（b）剖面图

5. 展开剖面图

用两个或两个以上相交的剖切平面剖切形体得到的剖面图称为展开剖面图。

图 5-12 所示为楼梯的展开剖面图。

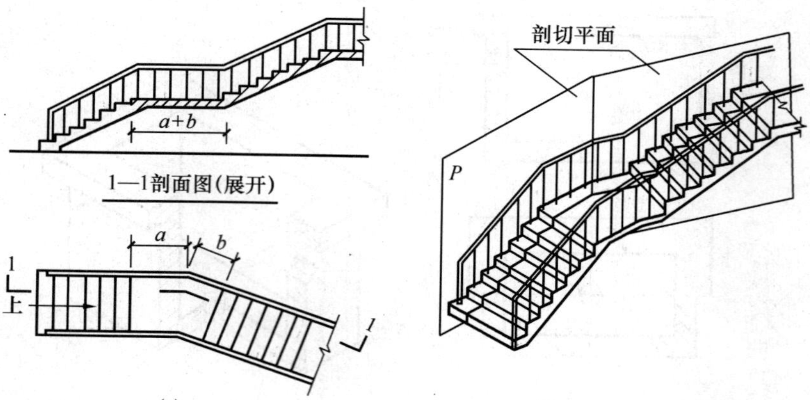

(a)　　(b)

图 5-12　楼梯的展开剖面图
（a）水平投影图；（b）直观图

## 5.3　断面图

### 5.3.1　断面图的形成

假设用一个剖切平面将形体切开来，仅画出形体截断面的投影，这种图形称为断面图。如图 5-13 所示。

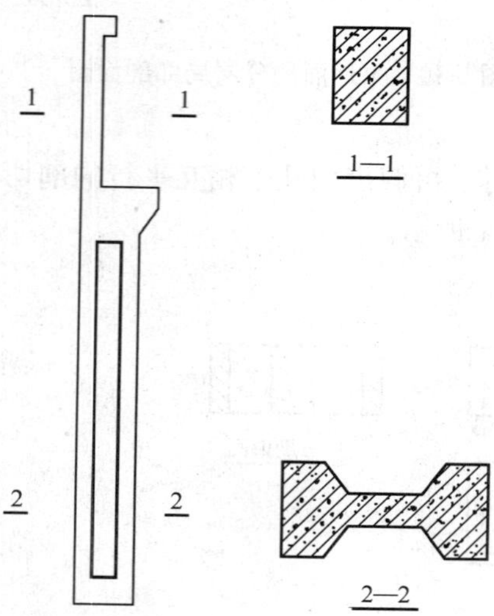

图 5-13　断面图

### 5.3.2　断面图与剖面图的区别

断面图与剖面图的区别主要有：

1. 表达的内容不同

断面图只画出形体被剖切后剖切平面与形体接触的那部分，即截断面的图形［图 5-14（a）］，而剖面图是画出被剖切后剩余部分的图形，它是形体的投影图［图 5-14（b）］。

2. 标注不同

断面图的剖切符号只画出剖切位置线，长度为 6～10mm 的粗实线，不画剖视方向线，编号写在投影方向一侧。

### 5.3.3　断面图的种类

1. 移出断面

将形体的某一部分剖切后形成的断面图移出画于视图一侧的断面图称为移出断面图，如图 5-15 所示。断面图的位置应靠近相应的视图，并可以适当的比例放大以利于尺寸标注和表达清楚。

如图 5-15 所示，当移出断面对称，其位置又紧靠原视图而无其他视图，即断面图的对称轴线为剖切平面迹线的延长线时，也可省略剖切符号和编号。

2. 重合断面

将断面旋转 90°并直接画于视图中的断面图称为重合断面图，如图 5-16 所示。

重合断面图的比例应与原视图一致。断面轮廓线可能是闭合的，如图 5-16 所示；也可能是不闭合的，此时应在断面轮廓线的内侧加画图例符号，如图 5-17 所示。

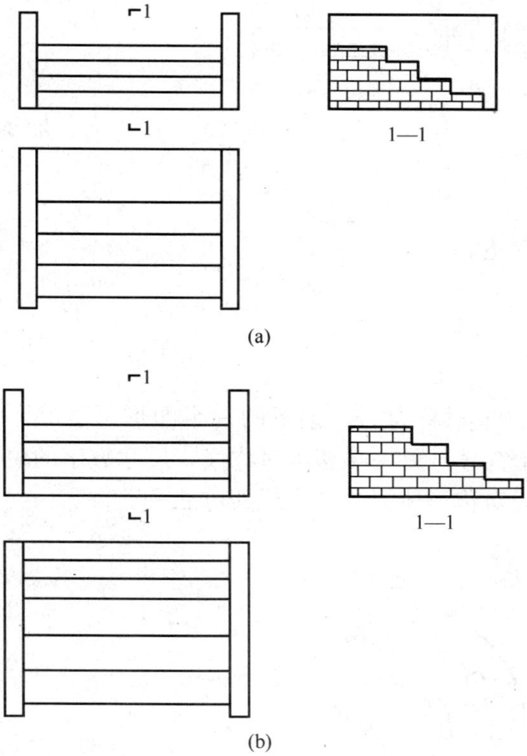


图 5-14　台阶的剖面图与断面图比较

（a）台阶剖面图；（b）台阶断面图

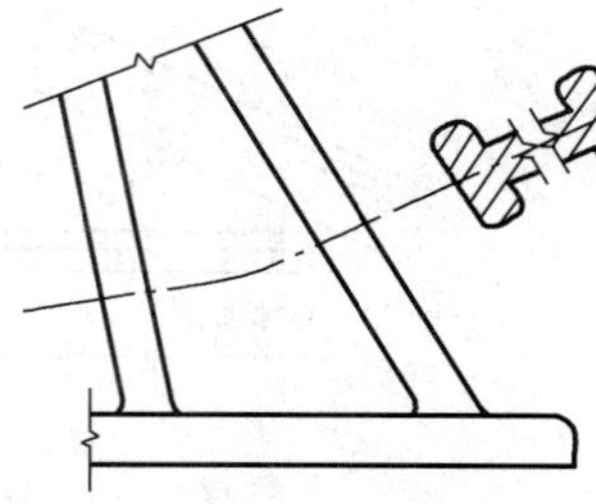

图 5-15　移出断面图

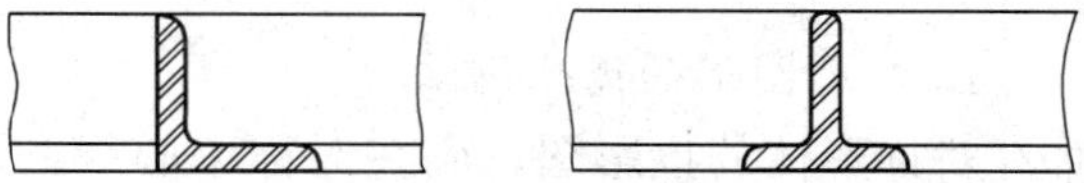

图 5-16　重合断面图

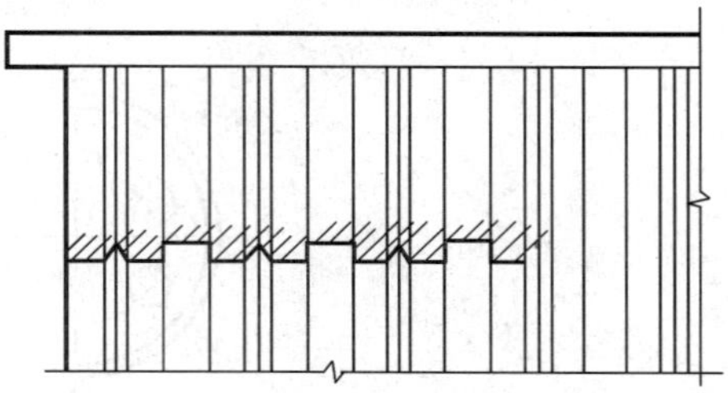

图 5-17　墙面装饰断面图

3. 中断断面

对于某些长构件，也可在形体的某一处用折断线断开，然后将断面图画于其中，如图 5-18、图 5-19 所示。

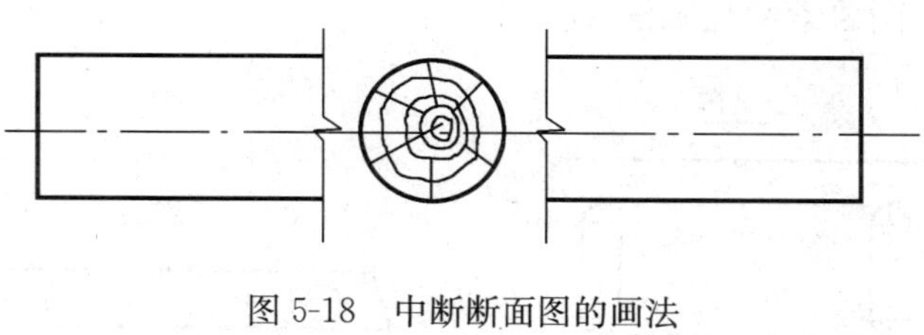

图 5-18　中断断面图的画法

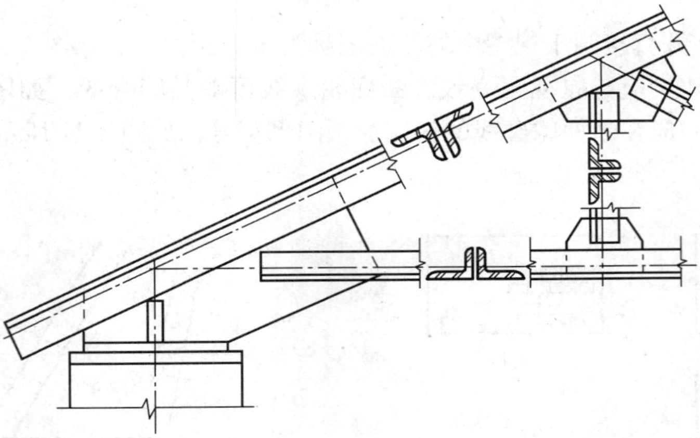

图 5-19　中断断面在钢屋架施工图中的应用

## 5.4　简化画法

1. 对称图形的简化画法

对称形体的投影图，应在对称中心线的两端画上对称符号，余下的一半图形可省略不画，但尺寸要按全尺寸标注。尺寸线的一端画起始符号，另一端超出对称线，尺寸数字的位置要与对称符号对齐。如图 5-20（a）、（b）所示为对称形体只画一半或四分之一。

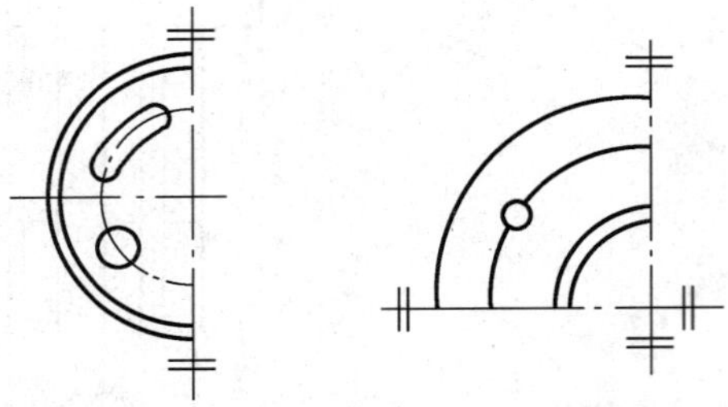

(a)　(b)

图 5-20　对称图形的简化画法

（a）只画一半；（b）只画四分之一

2. 相同要素简化画法

当形体上有多个形状相同且连续排列的结构要素时，可只在两端或适当位置画少数几个要素的完整形状，其余的用中心线或中心交叉点来表示，以确定其位置。

图 5-21 所示为相同要素简化画法

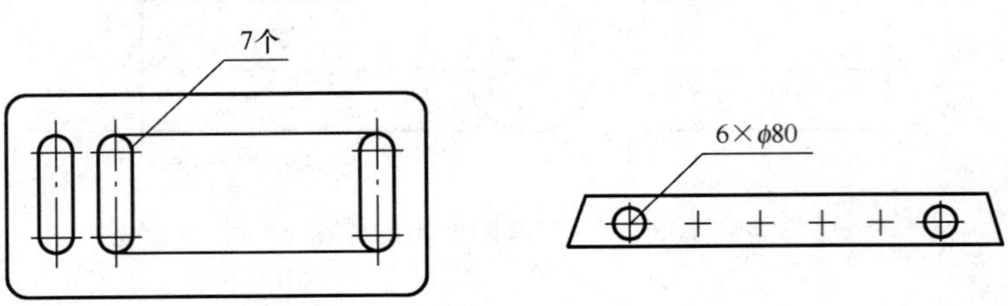


图 5-21　相同构造简化画法

3. 用折断省略画法

当形体较长、沿长度方向的形状相同或按一定规律变化时，可采用折断的方法，将折断的部分省略不画。断开处以折断线表示，折断线超出轮廓线 2～3mm，但尺寸要按原长度标注。

折断画法如图 5-22 所示。

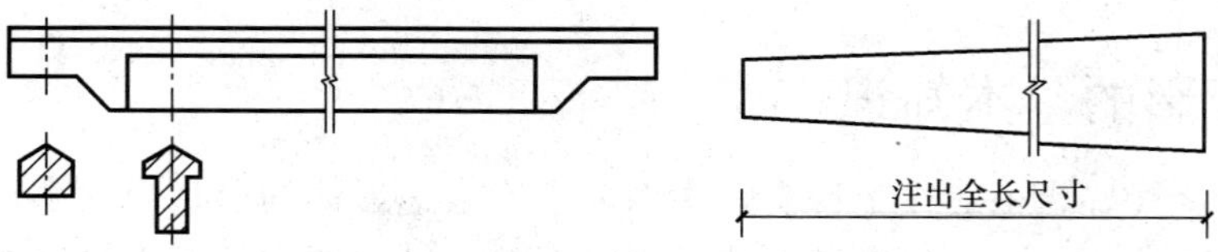


(a)　　(b)

图 5-22　折断画法

（a）断面形状相同；（b）断面按一定规律变化

# 第6章 轴测投影

## 6.1 轴测投影的基本知识

正投影图度量性好，一般在工程实际中用来准确表达形体的形状与大小，并作为施工的依据，但它缺乏立体感，且不易读懂形体的空间形状。轴测图弥补了正投影的不足，常用作实际工程中的辅助图样和用于表达设计意图等。图 6-1 所示为正投影图与轴测投影的比较。

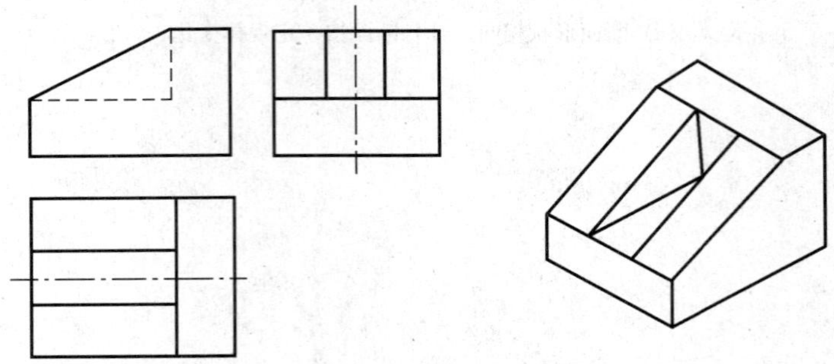

图 6-1　正投影图与轴测投影比较

### 6.1.1 轴测投影的形成

如图 6-2（a）所示，将形体连同确定它的空间位置的直角坐标轴（$OX$、$OY$、$OZ$）一起，沿着不平行于这三条坐标轴和由这三条坐标轴组成的任意坐标面的方向（$S_1$ 或 $S_2$）投影到新的投影面（$P$ 面或 $R$ 面）上所得的投影，称为轴测投影。

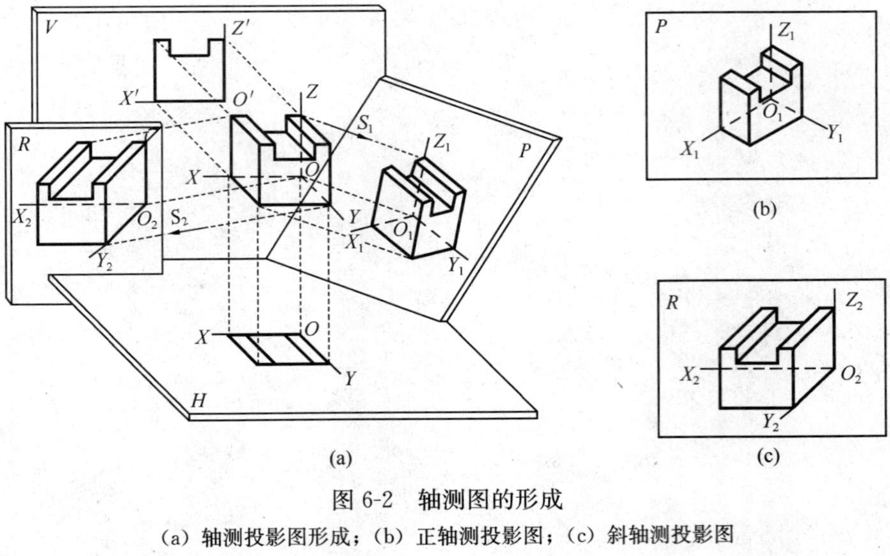


图 6-2　轴测图的形成

（a）轴测投影图形成；（b）正轴测投影图；（c）斜轴测投影图

### 6.1.2　轴测投影的分类

当投影方向垂直于轴测投影面时，所得的新投影称为正轴测投影［图 6-2（b）］。

当投影方向不垂直于轴测投影面时，所得的新投影称为斜轴测投影［图 6-2（c）］。

### 6.1.3　轴测投影的基本概念

在轴测投影中，新投影面称为轴测投影面。

三条直角坐标轴 $OX$、$OY$、$OZ$ 的轴测投影 $O_1X_1$、$O_1Y_1$、$O_1Z_1$ 称为轴测投影轴，简称轴测轴。在画轴测投影图时，通常把轴测轴 $O_1Z_1$ 放置为铅直方向。

两相邻轴测轴之间的夹角 $\angle X_1O_1Z_1$、$\angle X_1O_1Y_1$、$\angle Y_1O_1Z_1$ 称为轴间角。轴测轴上某线段的长度与它的实长之比称为该轴的轴向变形系数。轴向变形系数和轴间角是轴测投影中的两个基本要素。在画轴测投影之前，必须首先确定这两个要素，才能确定平行于三个坐标轴的线段在轴测投影中的长度和方向。画轴测投影时，只能沿着轴测轴或平行于轴测轴的方向用轴向变形系数来确定形体的长、宽、高三个方向上的线段，即沿轴测轴去测量长度，所以这种投影称为轴测投影。

### 6.1.4　轴测投影的特性

轴测投影是根据平行投影原理作出的一种立体图，因此它必定具有平行投影的一切特性。

1. 平行性

空间相互平行的两条直线，它们的轴测投影仍然相互平行。形体上平行于三个坐标轴的线段，其轴测投影都分别平行于相应的轴测轴。

2. 定比性

空间相互平行的两线段长度之比，等于它们的轴测投影长之比。形体上平行于坐标轴的线段的轴测投影与其实长之比，等于该轴的轴向变形系数。

## 6.2　正等轴测（正等测）投影

### 6.2.1　轴间角和轴向变形系数

如图 6-3 所示为正等轴测投影。其轴间角均为 120°，三个轴测轴 $O_1X_1$、$O_1Y_1$、$O_1Z_1$ 上的轴向变形系数均为 0.82，为使作图简便，常简化为 1，这样画出的正等测图各轴向尺寸比实际情况大 1.22 倍。

### 6.2.2　平面体的正等测图画法

正等测图最基本的画法是坐标法，即根据形体的坐标值确定平面体上各特征点的轴测投影并依次连线，得到形体的轴测图的方法。

**【例 6-1】** 根据图 6-4（a）所示正投影图，画四棱台的正等测图。

作图步骤：

（1）如图 6-4（a）所示，在正投影图上定出原点和坐标轴的位置；

（2）如图 6-4（b）所示，画轴测轴，在 $O_1X_1$ 和 $O_1Y_1$ 上分别量取 $a$ 和 $b$，画出四棱台底面轴测图；

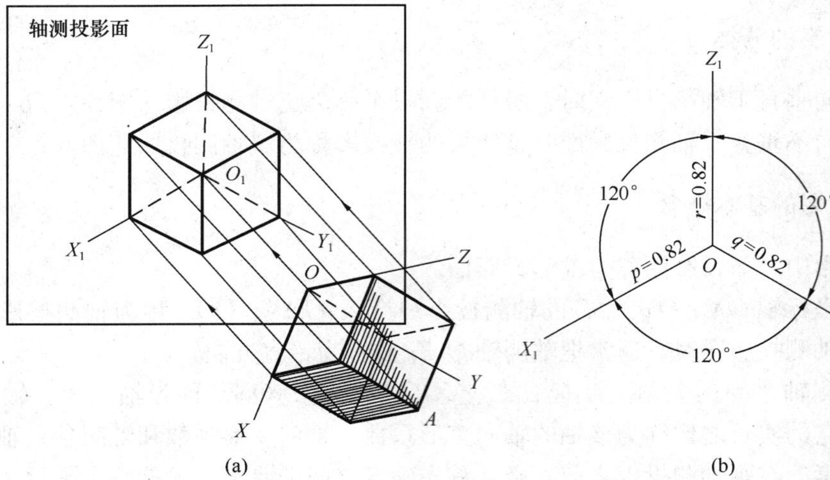


图 6-3　正等测轴测图投影

(a) 正等测轴测投影的形成；(b) 轴间角和轴向伸缩系数

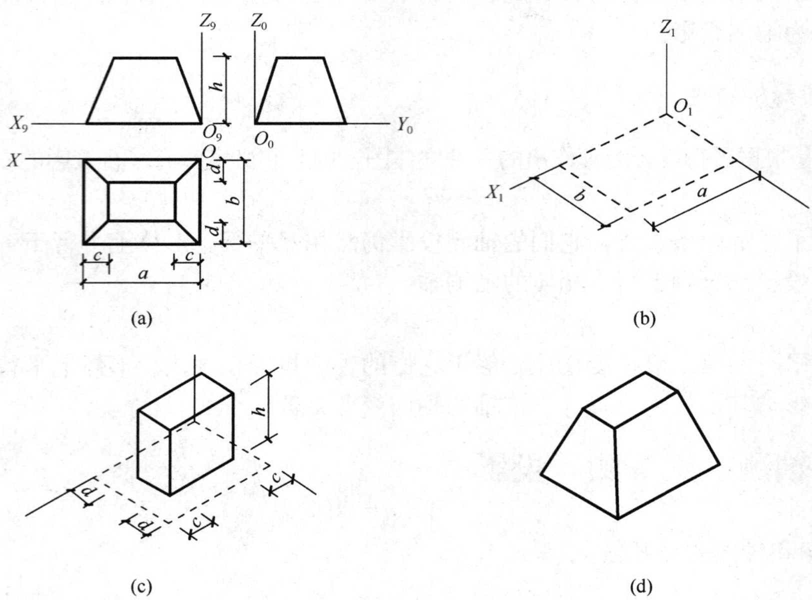


图 6-4　四棱台的正等测图画法

(3) 如 6-4 (c) 所示，在底面上用坐标法根据尺寸 $c$、$d$ 和 $h$ 作棱台各角点的轴测图；

(4) 如 6-4 (d) 所示，依次连接各点，擦去多余的线并加粗，即得四棱台的正等测图。

**【例 6-2】** 画如图 6-5 所示形体的正等测图。

作图步骤：

(1) 分析该物体的形状，可认为是由一个棱柱体经多次切割后形成的，如图 6-5 (a) 所示；

(2) 先根据物体的总长 $X_1$、总宽 $Y_1$、总高 $Z_1$ 作一长方体，如图 6-5 (b) 所示；

(3) 切去长方体的左上角，如图 6-5 (c) 所示；

(4) 再切去左边前后各一斜块，如图 6-5 (d) 所示；

(5) 再切去下部前后各一长条，图 6-5 (e) 即为所求。

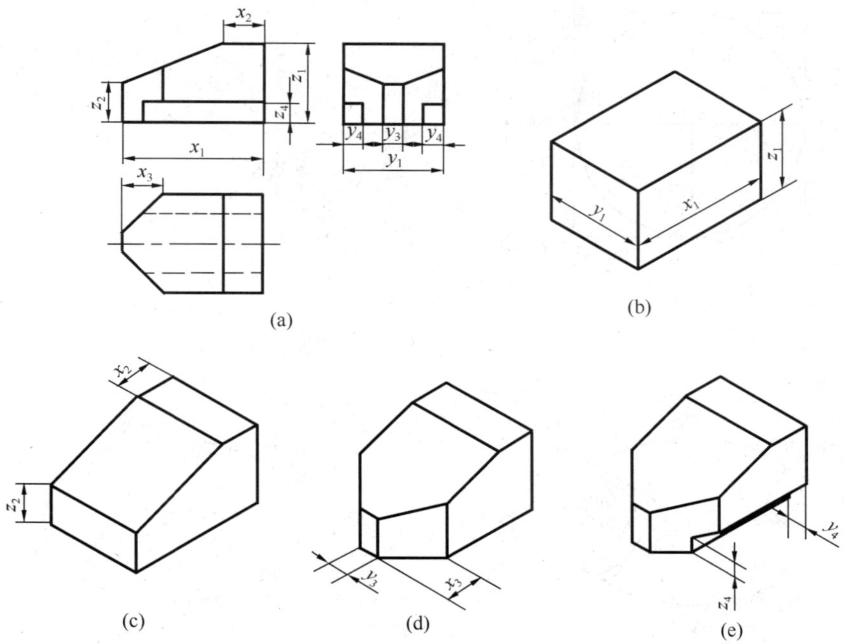


图 6-5　形体的正等测图

### 6.2.3　圆及曲面体的正等测图画法

1. 平行于坐标面的圆的正等测图画法

由于空间各坐标面均倾斜于轴测投影面，所以与各坐标面平行的圆的正等测图均为椭圆。当三个坐标面上的圆的直径相等时，其正等测图是三个形状大小全等，但长短轴方向不同的椭圆，如图 6-6 所示。

画圆的正等测图，常用四段圆弧近似画出椭圆的方法，即四心法。

作图时，先画出圆外切正方形和圆直径的正等测图得一个菱形和四个切点。四段圆弧的圆心为：菱形短对角线的顶点是两个大圆弧的圆心，小圆弧的圆心在长对角线上，即过各切点作各边垂线所得的交点。

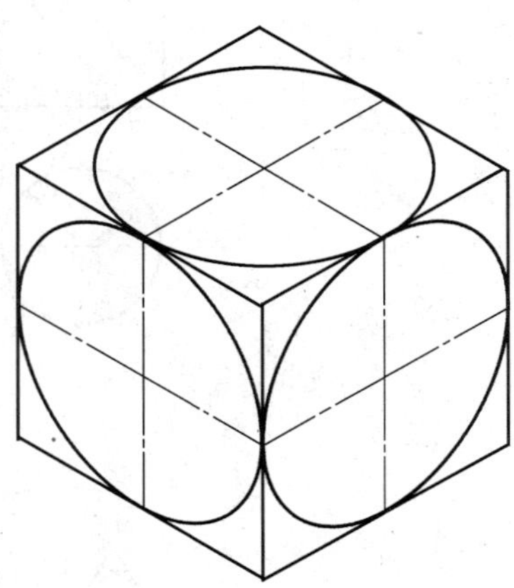

图 6-6　圆的正等测图

如图 6-7 所示为水平圆的正等测图的作图方法与结果。

作图步骤：

（1）在正投影图上定出原点和坐标轴位置，并作圆的外切正方形 $EFGH$，如图 6-7（a）所示；

（2）画轴测轴及圆的外切正方形的正等测图，如图 6-7（b)所示；

（3）连接 $F_1A_1$、$F_1D_1$、$H_1B_1$、$H_1C_1$，分别交于 $M_1$、$N_1$，以 $F_1$ 和 $H_1$ 为圆心，$F_1A_1$ 或 $H_1C_1$ 为半径作大圆弧 $B_1C_1$ 和 $A_1D_1$，如图 6-7（c）所示；

（4）以 $M_1$ 和 $N_1$ 为圆心，$M_1A_1$ 或 $N_1C_1$ 为半径作小圆弧 $A_1B_1$ 和 $C_1D_1$，即得平行于水平面的圆的正等测图，如图 6-7（d）所示。

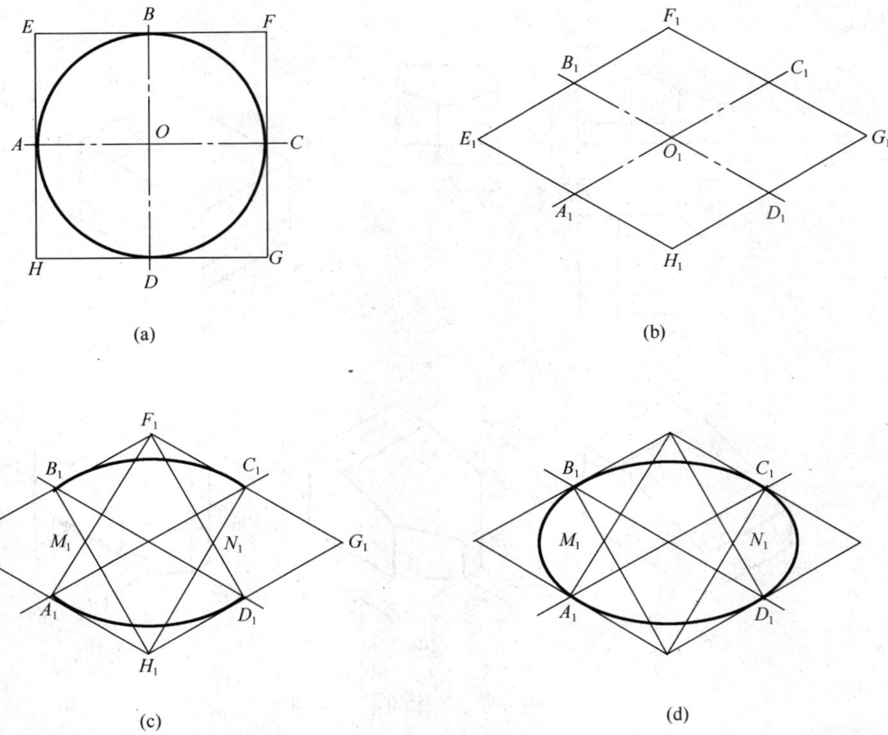


图 6-7　水平圆的正等测画法

2. 曲面体正等测图的画法

图 6-8 所示为圆柱的正等测图的画法。

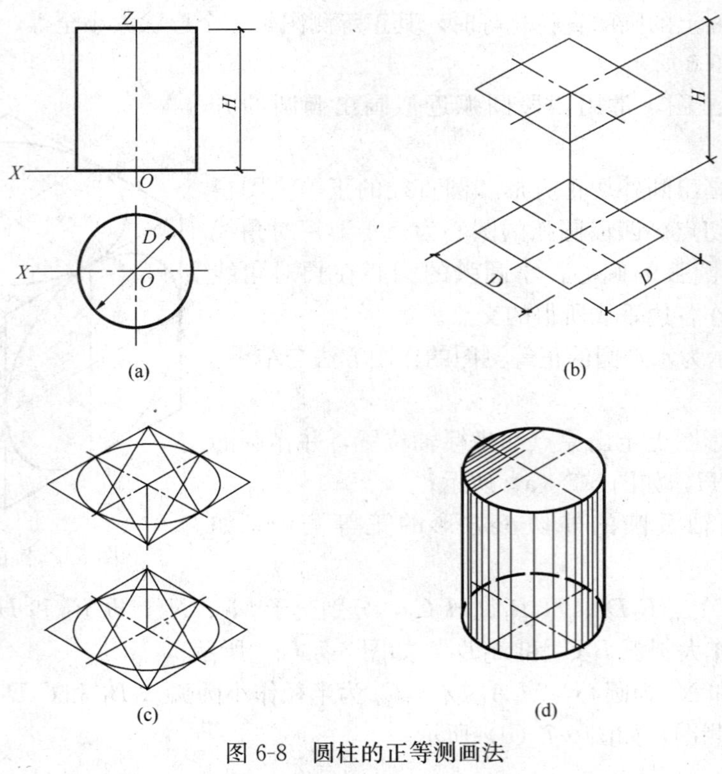


图 6-8　圆柱的正等测画法

作图步骤：

（1）在正投影图上定出原点和坐标轴位置，如图 6-8（a）所示；

（2）根据圆柱的直径 $D$ 和高 $H$，作上、下底圆外切正方形的轴测图，如图 6-8（b）所示；

（3）用四心法画上、下底圆的轴测图，如图 6-8（c）所示；

（4）作两椭圆公切线，擦去多余线条并描深，即得圆柱体的正等测图，如图 6-8（d）所示。

## 6.3 斜轴测投影

当轴测投影面与正立面平行或重合时，投影线与轴测轴倾斜成一定角度时，所得的斜轴测称为正面斜轴测投影，简称斜轴测图。

图 6-9 所示斜二轴测图（简称斜二测）的形成及轴测轴和变形系数。

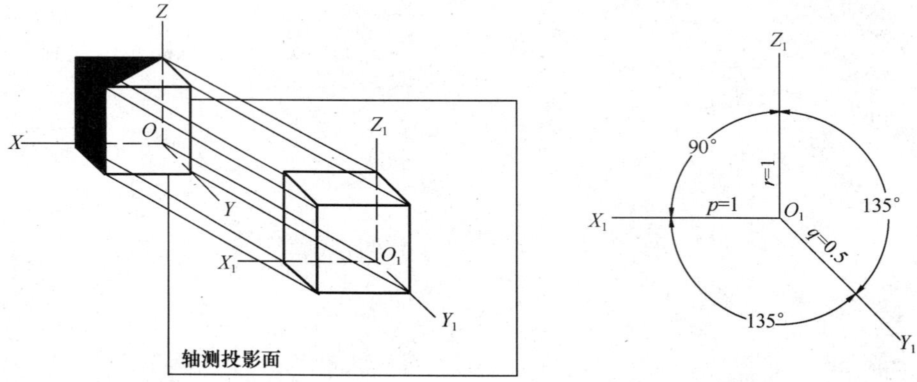


图 6-9　斜二测轴测投影

（a）斜二测轴测投影的形成；（b）斜二测轴测投影的轴间角和轴向伸缩系数

**【例 6-3】** 如图 6-10（a）所示为台阶的正面和水平投影图，作出其斜二等轴测图。

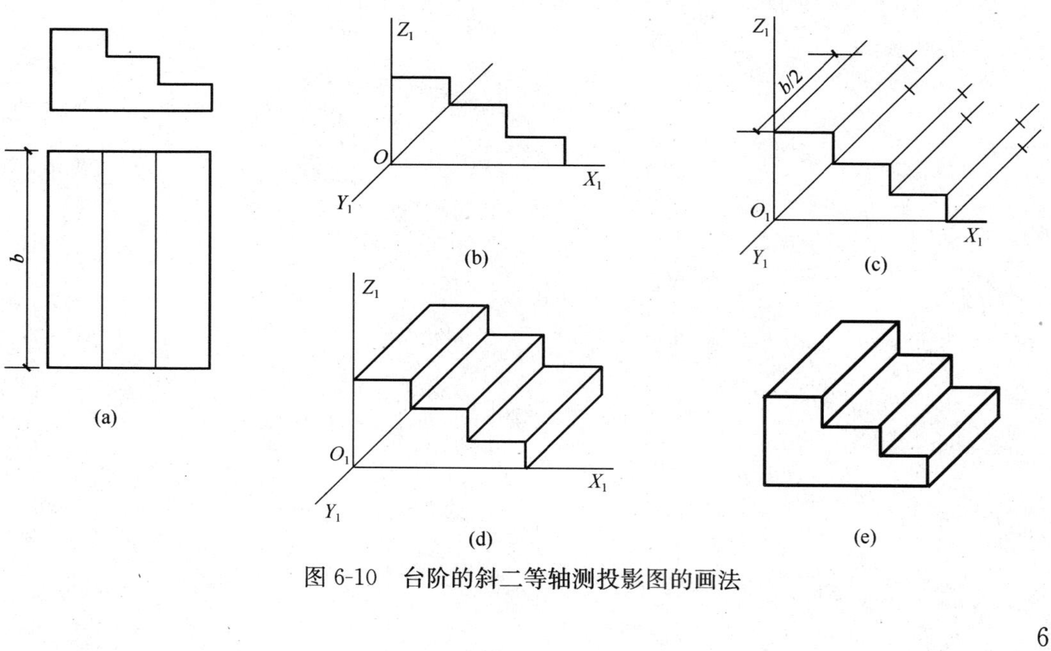


图 6-10　台阶的斜二等轴测投影图的画法

作图步骤：

（1）建立轴测轴，画出图 6-10（a）中 $V$ 面投影，如图 6-10（b）所示；

（2）沿各点分别作 $Y_1$ 轴的平行线，每条线长度取为图 6-10（a）中水平投影宽度 $b$ 的一半并标记，如图 6-10（c）所示；

（3）连接各标记点，将多余线擦除，如图 6-10（d）所示；

（4）将图线整理加粗，即为台阶的斜二等轴测图，如图 6-10（e）所示。

# 第7章　建筑工程图的识读

## 7.1　房屋建筑图概述

### 7.1.1　房屋建筑图的组成

一套完整的房屋建筑图应有以下几个组成部分：

（1）首页图：包括设计总说明和图纸目录两部分。

（2）建筑施工图（简称建施）：包括总平面图、平面图、立面图、剖面图及构造详图。

（3）结构施工图（简称结施）：包括结构平面布置图和各部分构件的结构详图。

（4）设备施工图（简称设施）：包括给水排水、采暖、通风、建筑电气等的平面布置图、系统图和详图。

（5）装饰施工图：包括装饰平面图、装饰立面图、装饰详图和家具图。

### 7.1.2　房屋建筑图的有关规定

1. 定位轴线

定位轴线是设计、施工中定位、放线的重要依据。凡是承重墙、柱子等主要承重构件，都应画出定位轴线并对轴线进行编号从而确定其位置。对于非承重的分隔墙、次要构件等，有时用附加轴线表示其位置。

定位轴线用细单点长画线绘制，轴线末端画直径 8～10mm 的细实线圆，圆内注写轴线编号。

平面图上的定位轴线编号，应标注在图的下方与左侧。横向编号用阿拉伯数字，按从左至右的顺序编写；纵向编号用大写拉丁字母按从下至上的顺序编写，但其中字母 I、Z、O 不得用于轴线编号，以免与阿拉伯数字 1、2、0 混淆。如图 7-1 所示为定位轴线及编号方法。

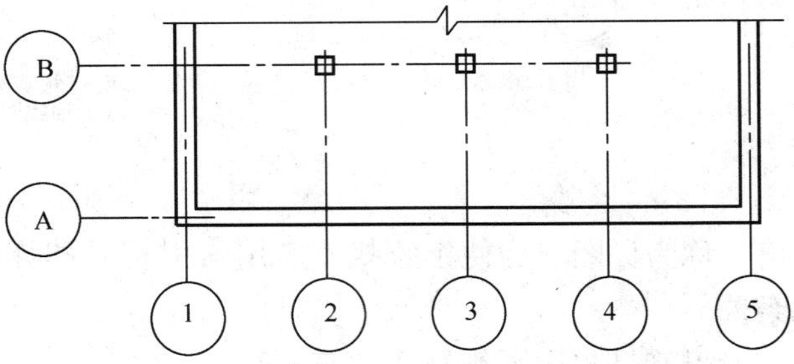

图 7-1　定位轴线及编号方法

较复杂的平面图中，定位轴线也可采用分区编号，编号的注写形式为“分区—分区编号”，分区号用阿拉伯数字或大写拉丁字母表示，如图 7-2 所示。

两根轴线之间需加附加轴线时，应以分数表示，分母表示前一轴线的编号，分子以阿拉伯数字表示附加轴线的编号，如图 7-3 所示。

详图上的轴线编号，若某详图同时适用多根定位轴线时，应将各有关轴线的编号注明，如图 7-4 所示。

2. 索引符号和详图符号

施工图中的某一局部或构件无法表达清楚时，通常将这些局部或构件用较大的比例放大

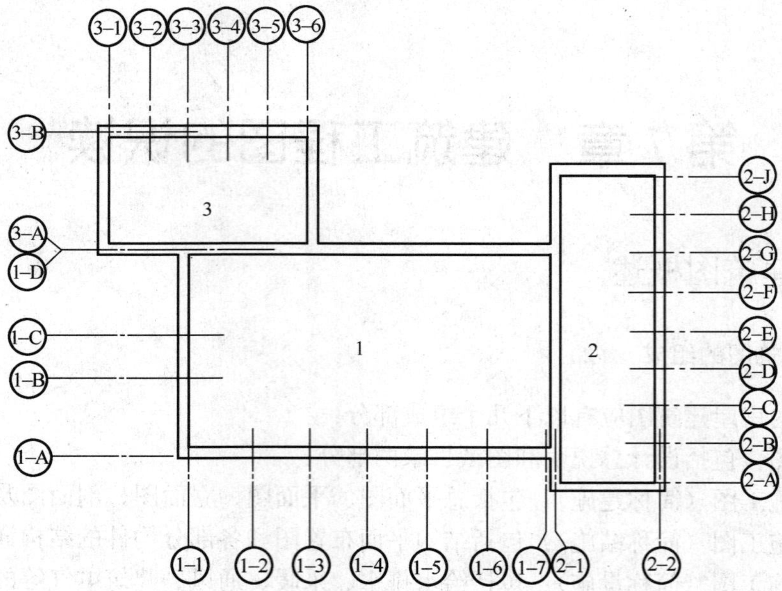


图 7-2　定位轴线的分区编号

图 7-3　附加轴线的标注

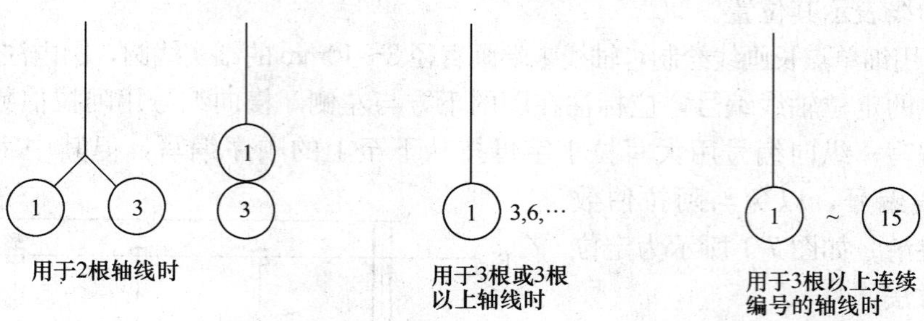


图 7-4　详图的轴线编号

画出，称为详图。为便于查找，应用索引符号和详图符号来反映基本图与详图之间的对应关系。

索引符号与详图符号详见表 7-1。

**表 7-1　索引符号与详图符号**

| | 符号表示方法 |
|---|---|
| 索引符号 | 5/— ——详图的编号；——详图绘制在本张图纸内　　5/4 ——详图的编号；——详图所在图纸的编号　　J103 5/3 标准图册编号；——标准详图编号；——详图所在图纸编号或页数 |

续表

| | 符号表示方法 |
|---|---|
| 详图符号 | 详图编号——(5)　　(5/3)——详图编号；——被索引的图样所在的图纸编号 |

3. 引出线

若图样中某些位置图形比例较小，无法标注时，常用引出线注出文字说明或详图索引符号。

引出线用细实线绘制，并用与水平方向成30°、45°、60°、90°的直线或经过上述角度再折为水平的折线。文字说明注写在水平线的上方或端部。索引详图的引出线应对准索引符号的圆心。引出线如图 7-5 所示。

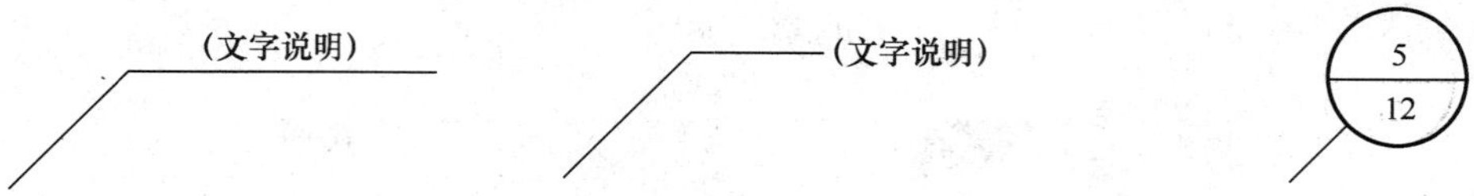


(a)　　(b)　　(c)

图 7-5　引出线

(a) 引出线，文字说明写在水平线上方；(b) 引出线，文字说明写在水平线端部；(c) 索引详图的引出线对准索引符号的圆心

同时引出几个相同部分的引出线应互相平行，也可画成集中于一点的放射线，如图 7-6 所示。

图 7-6　共用引出线

多层构造或多层管道的共用引出线，应通过被引出的各层，文字说明应注写在引出线的上方或端部，说明的顺序应与被说明的层次一致。当构造层次横向排列时，说明的顺序应与从左至右的层次顺序一致。图 7-7 为墙面或地面等部位的多层构造引出线。

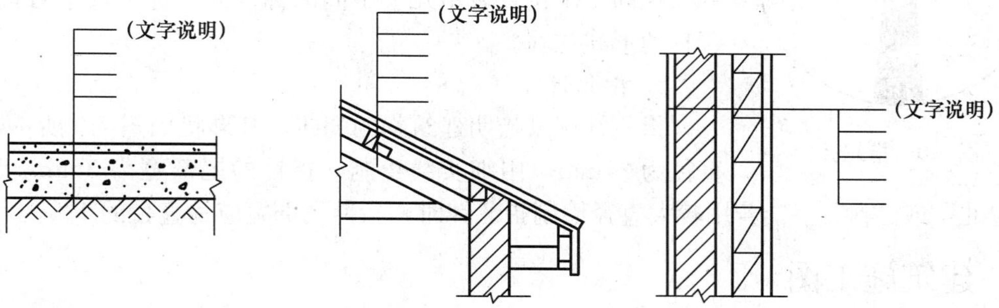


(a)　　(b)　　(c)

图 7-7　多层构造引出线

(a) 地面构造引出线；(b) 屋面构造引出线；(c) 墙面构造引出线

4. 标高

标高标注的是房屋各部位高度或地势高度，由标高符号和标高数值组成。

标高按其基准分为绝对标高和相对标高。我国的绝对标高是以青岛附近的黄海平均海平面为零点，其他各地以此为基准。相对标高是以房屋底层室内地面高度为零点，其他各层以此为基准。

标高按其所注的部位又分为建筑标高和结构标高。建筑标高是指标注在建筑物装饰面层处的标高，结构标高是指标注在建筑物结构部位的标高，一般标注在施工图中。

标高符号是用细实线绘制的高度为 3mm 的等腰直角三角形，标高符号的直角尖端指至被注的高度，方向可向上，也可向下，如图 7-8 所示。

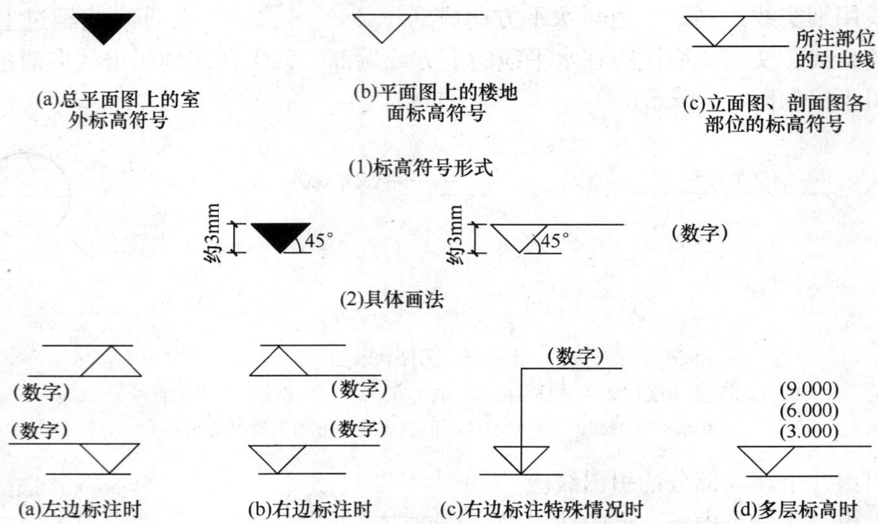


图 7-8　标注方法

标高数值以米为单位，一般标注到小数点以后三位数，在总平面图中可注写到小数点以后第二位。在数字后面不注写单位。

零点标高应注写成±0.000，低于零点的负数标高前应加注“—”号，高于零点的正数标高前不加注“+”。

在同一个位置表示几个不同的标高时，标高数字可按图 7-8（d）的形式注写。

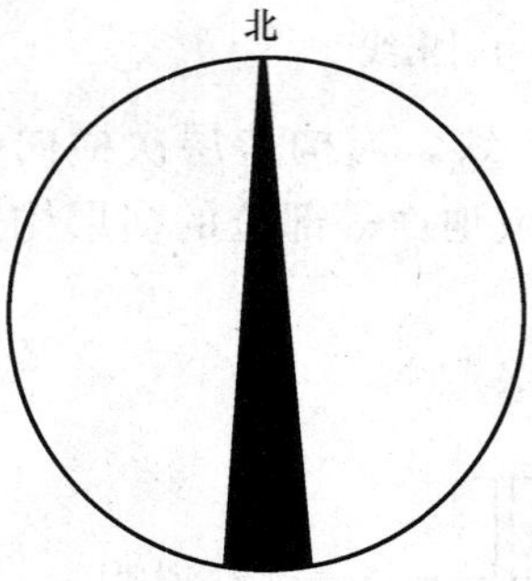


图 7-9　指北针

5. 指北针

指北针用来指明建筑物的朝向，其形状如图 7-9 所示，圆的直径为 24mm，用细实线绘制，指针的尾部宽为 3mm，头部应标注“北”或“N”字。若用较大直径绘制指北针时，指针尾部宽应为直径的 1/8。

## 7.2　建筑施工图

### 7.2.1　首页图和总平面图

1. 首页图和总平面图的作用

首页图包括全套图纸的目录、编号、技术经济指标、构配件统计表、门窗表和设计说明等。

总平面图表明拟建房屋所在地一定范围内的总体布局，它反映了原有的和拟建的房屋的平面形状、位置、标高、室外场地、道路、绿化、地形、地貌等，是拟建房屋定位、施工放线、土方施工以及绘制施工总平面图的依据。

2. 总平面图的读图步骤

（1）先看图名、图标、图例及有关的文字说明。表 7-2 所示为常用总平面图图例。

（2）了解工程性质、用地范围、地形地貌和周围环境情况。

（3）了解新建房屋的位置及定位情况。

（4）了解房屋朝向和主要风向。

总平面图上一般画有指北针和风向频率玫瑰图，即风玫瑰图。风玫瑰图是总平面图所在地的全年（图中细实线）和夏季（图中细虚线）风向频率玫瑰图。

（5）了解道路交通情况、管线情况及绿化美化情况等。

（6）了解建筑物周围的给水、排水、供暖和供电的位置、管线布置走向。

**表 7-2　常用总平面图图例**

| 名　称 | 图　例 | 说　明 |
|---|---|---|
| 新建建筑物 | 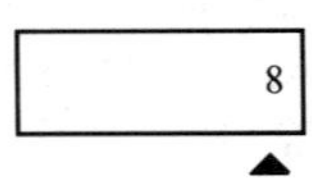 | 1. 需要时，可用▲表示出入口，可在图形内右上角用点或数字表示层数<br>2. 建筑物外形（一般以±0.000 高度处的外墙定位轴线或外墙面线为准）用粗实线表示。需要时，地面以上建筑用中粗实线表示，地面以下建筑用细虚线表示 |
| 原有的建筑物 | 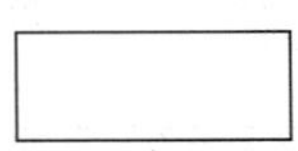 | 用细实线表示 |
| 计划扩建的预留地或建筑物 | 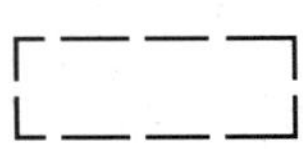 | 用中粗虚线表示 |
| 拆除的建筑物 | 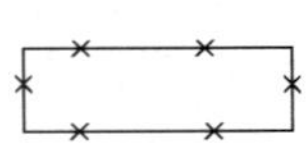 | 用细实线表示 |
| 坐标 | 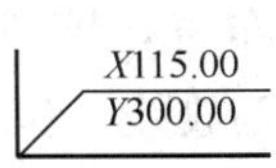 | 表示测量坐标 |
| | 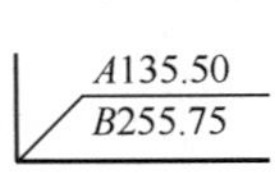 | 表示建筑坐标 |
| 围墙及大门 | 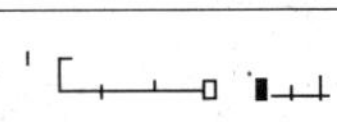 | 上图表示实体性质的围墙，下图表示通透性质的围墙，如仅表示围墙时不画大门 |
| 台阶 | 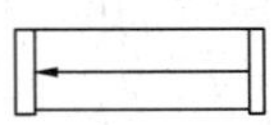 | 箭头指向表示向下 |
| 铺砌场地 | 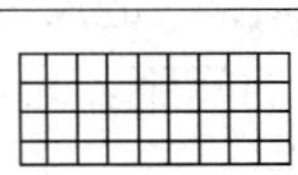 | |

续表

| 名　称 | 图　例 | 说　明 |
|---|---|---|
| 新建的道路 | 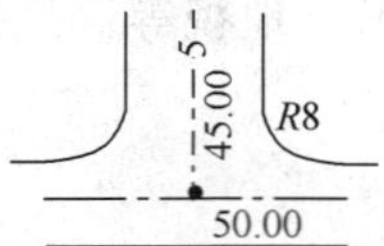 | “R8”表示道路转弯半径为 8m，“50.00”为路面中心控制点标高，“5”表示 5%，为纵向坡度，“45.00”表示变坡点间距离 |
| 原有的道路 | 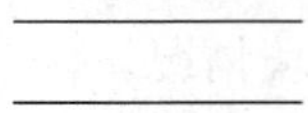 | |
| 计划扩建的道路 |  | |
| 拆除的道路 | 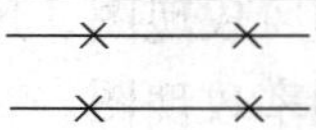 | |
| 桥梁 | 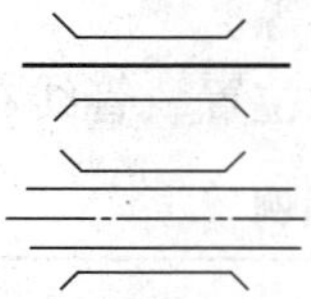 | 1. 上图表示铁路桥，下图表示公路桥<br>2. 用于旱桥时应注明 |
| 护坡 | 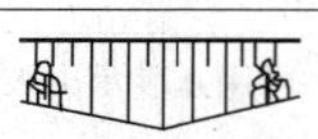 | 1. 边坡较长时，可在一端或两端局部表示<br>2. 下边线为虚线时，表示填方 |
| 填挖边坡 | 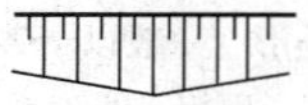 | |
| 挡土墙 | 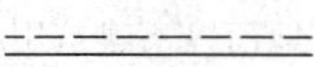  | 被挡的土在“突出”的一侧 |
| 挡土墙上设围墙 | 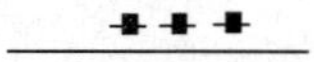 | |

### 7.2.2 建筑平面图

1. 建筑平面图的形成和作用

假想用一个水平的剖切面沿房屋窗台以上的部位剖开，移去上部后向下投影所得的水平投影图称为建筑平面图，如图 7-10 所示。

建筑平面图主要反映房屋的平面形状、大小和房间布置，墙或柱的位置、厚度和材料，门窗的位置、大小、开启方向等。建筑平面图可作为施工放线、砌筑墙、柱、安装门窗和室内装修及编制预算的依据。一般应有底层平面图、标准层平面图和顶层平面图三个平面图。

2. 建筑平面图的内容

(1) 图名、比例、朝向。

(2) 所有定位轴线和编号，以及墙、柱等的位置、尺寸。

(3) 房间的平面布置如房间名称、使用面积、楼层标高等；楼梯的位置、上下行走方向和休息平台位置等。

(4) 门窗编号及门窗表。建筑平面图中的门窗是按规定的图例表示的。

(5) 其他，如阳台、雨篷、台阶、雨水管、卫生间、厨房设备等。

(6) 了解各部位尺寸、标高。平面图的外墙一般标注三道尺寸：第一道尺寸为总体尺寸，表明建筑物的总长和总宽；第二道尺寸为定位轴线的间距，表明房屋的开间和进深；第三道尺寸为细部尺寸，表明门窗洞宽和位置等。

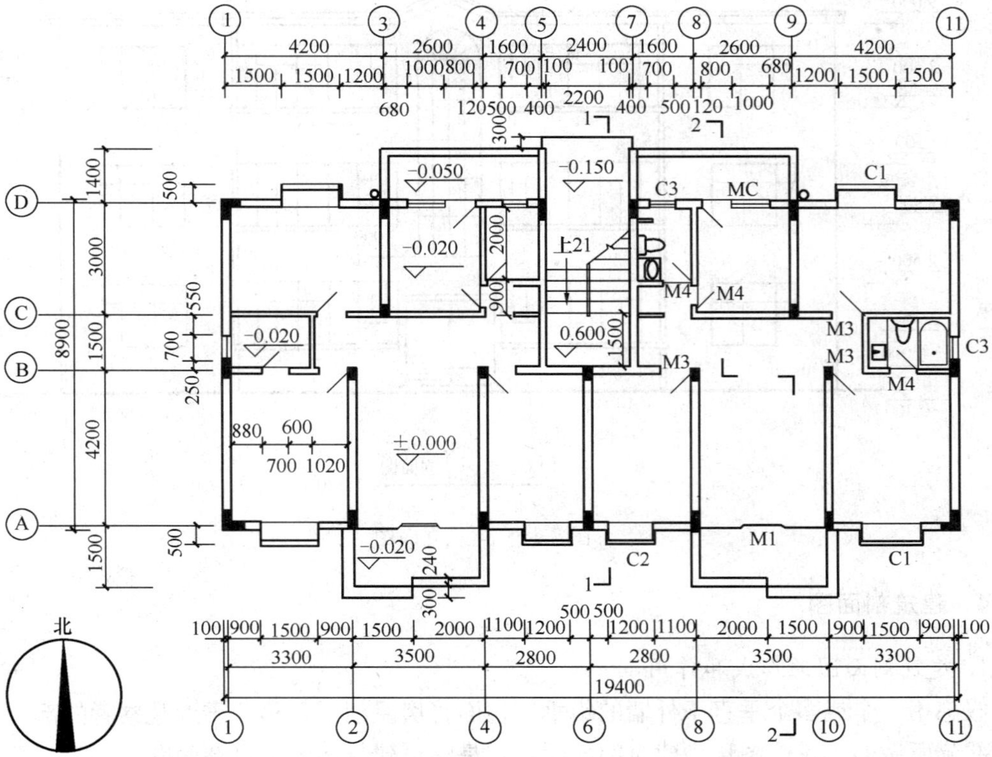


首层平面图 1:100

图 7-10　建筑平面图

（7）有关符号，如剖面图的剖切位置、剖切符号及视图方向；详图和索引符号等。

（8）屋顶平面图，包括屋顶形状、坡度、排水管的布置、挑檐、女儿墙、人孔等。

### 7.2.3　建筑立面图

1. 建筑立面图的形成和作用

用平行于房屋外墙的投影面，用正投影的原理绘制的房屋投影图，称为立面图。图 7-11所示为建筑立面图，有定位轴线的建筑物，应根据两端定位轴线号编注立面图名称，无定位轴线的建筑物，可根据各立面的朝向确定名称。

建筑立面图主要用于表达外貌、外墙面装修、立面上的构配件、主要尺寸和各层标高等。

2. 建筑立面图的内容

（1）图名和比例。建筑立面图通常采用与建筑平面图相同的比例。

（2）外墙面装修。建筑立面图中，外墙面的装修常用文字说明。

（3）房屋的层数、总高。

（4）标高尺寸。建筑立面图上应标出外墙上各主要构配件的标高，如室外地坪、台阶、门窗洞、墙面上的引线、各层屋面、檐口等。一般标注在图形外侧，要求符号大小一致，并排列在同一条竖线上。

（5）索引符号。在建筑立面图中，需要时，应加索引符号。

图 7-11　建筑立面图

### 7.2.4　建筑剖面图

1. 建筑剖面图的形成和作用

假想用一个或多个垂直于外墙的铅垂剖切面将房屋剖开，移开靠近观察者的部分，对余下的部分所做的正投影图称为建筑剖面图，它是整幢建筑物的垂直剖面图。

建筑剖面图主要用于反映建筑物内部的构造形式，分层情况和各部位的联系、高度等，它与平面图、立面图互相配合，采用的比例也与平面图、立面图一致，如图 7-12 所示。

剖面图的数量根据房屋的复杂情况及施工实际需要而定，剖切位置一般为横向，即垂直于屋脊线即平行于 $W$ 面方向，必要时也可纵向（平行于 $V$ 面）。习惯上在剖面图上不画基础，而在基础墙部位用折线断开。

2. 建筑剖面图的内容

（1）图名、比例和定位轴线。剖面图的比例应与平面图、立面图一致。

（2）剖切到的建筑构配件及未剖切到的可见构配件。

（3）房屋的竖向尺寸及标高。建筑剖面图中，必须标注垂直尺寸和标高，如室内外地面、各层楼面、楼梯平台面、檐口或女儿墙顶面、高出屋面的水箱顶面、烟囱顶面、楼梯间顶面等处。外墙的高度尺寸一般也注三道：第一道为室外地面以上的总高尺寸；第二道为层高尺寸；最里面一道为门、窗洞及窗间墙的高度尺寸。另外，还应标注某些局部尺寸。

（4）楼地面、屋顶各层的构造、做法。

剖面图中一般不画材料图例符号，被剖切到的部位的轮廓线用粗实线表示，未剖切到的部位的轮廓线用细实线表示，被剖切断的钢筋混凝土梁、板涂黑。

### 7.2.5　建筑详图

1. 建筑详图概述

建筑详图是细部的施工图，是对平面图等基本图样的重要补充。

建筑详图可分为节点构造详图和构配件详图两类。表达房屋某一局部构造做法和材料的

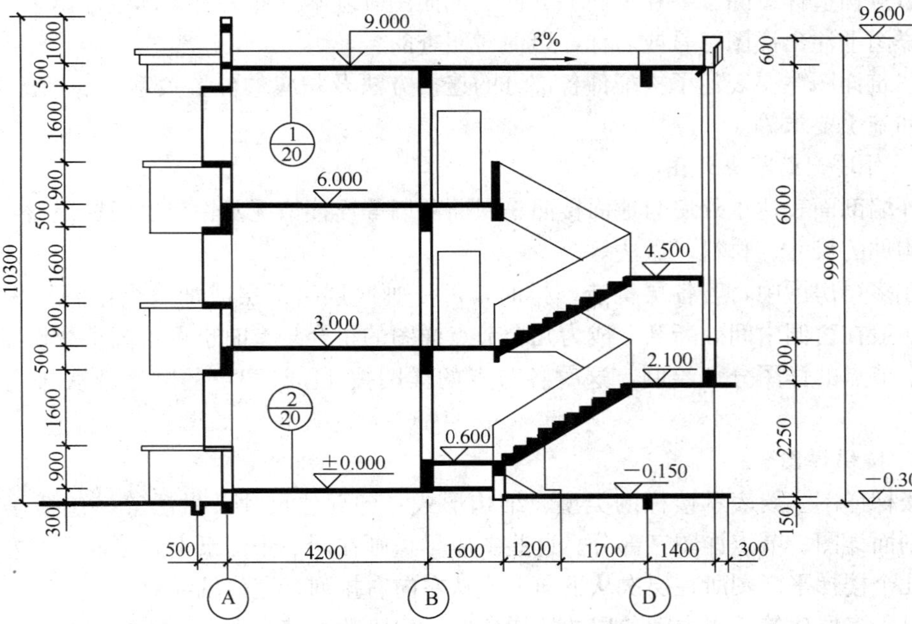


1—1剖面图 1:100

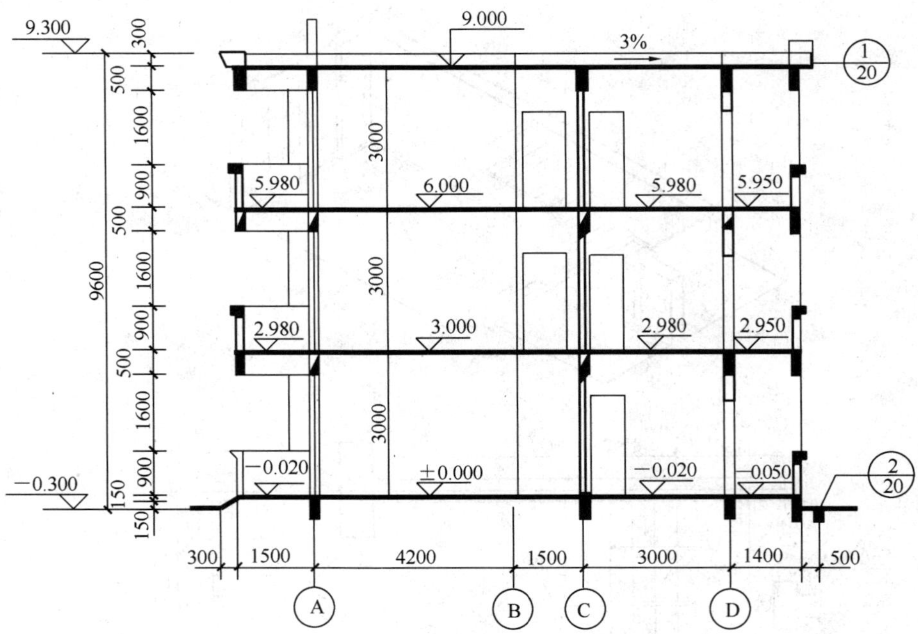


2—2剖面图 1:100

图 7-12　建筑剖面图

详图称为节点构造详图，如檐口、窗台、勒脚等；表达构配件本身构造的详图称为构件详图或配件详图。主要包括墙身剖面节点详图、楼梯详图、门窗及其他节点详图等。

对于套用标准图或通用图的建筑构配件和节点，只需注明所套用的图集名称、型号或页码，不必另画详图。

节点构造详图除了要在平面、立面、剖面图等基本图样的有关部位注出索引符号外，还应在详图上注出详图符号或名称，以便对照查阅。

建筑详图主要表达了构配件各部分的连接方法及相应的位置关系，各细部的详细尺寸，材料和施工要求等。

2. 外墙剖面节点详图

外墙剖面表达了外墙与地面楼面、屋面和墙等连接情况及檐口、门窗顶窗台、散水、明沟等构件的尺寸、材料、做法等。

在多层房屋中，若各层构造一样时，可只画底层、顶层或加一个中间层来表示。画图时，一般在窗洞中间处断开，成为几个节点详图的组合。有时也可不画整个墙身的详图，只将各个节点的详图分别绘制，这时各节点的详图按 1、2、3…的顺序依次排列在同一张图纸上。

3. 楼梯详图

楼梯详图主要表示楼梯的类型、结构形式、各部位尺寸及做法等，包括楼梯间平面详图、剖面详图、节点详图三部分。这些图应尽量画在同一张图纸上，平面图在左、剖面图在右，几个楼梯平面图所在层次从下向上或从左向右排列，定位轴线对齐。

对于多层建筑，当中间各层的楼梯位置、梯段数、踏步数大小都相同时，一般只画出底层、中间层和顶层三个平面图，如图 7-13 所示为楼梯间平面图的形成和规定表示法。

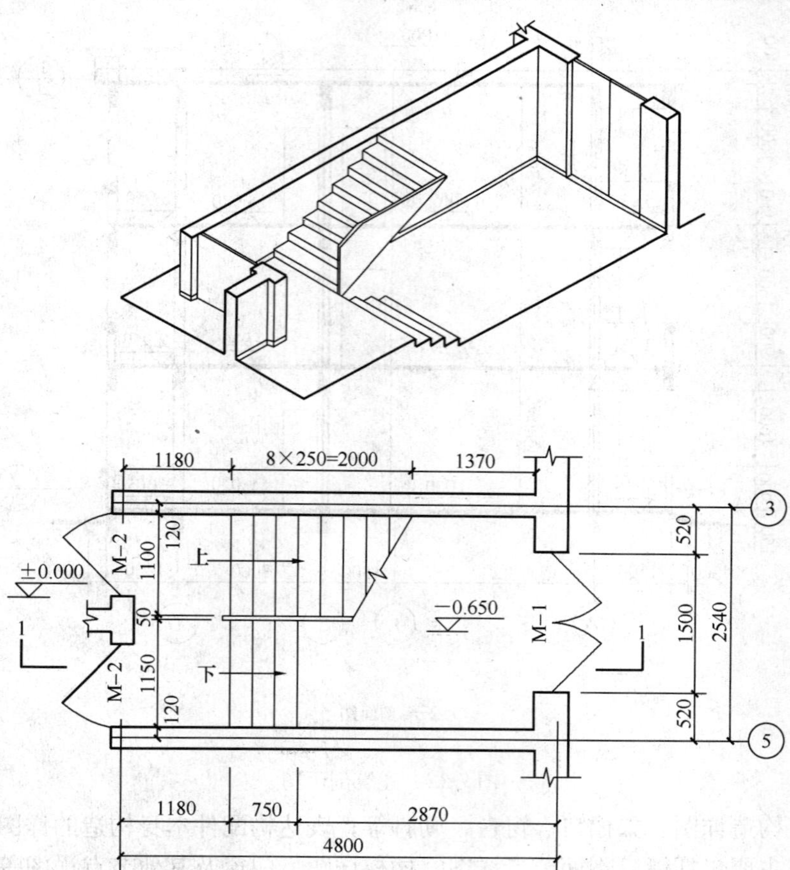


楼梯间底层平面图1:50

图 7-13　楼梯间平面图的形成和表示法

楼梯平面详图中，应注出楼梯间的开间和进深尺寸、楼地面和平台的标高尺寸及各细部的尺寸。各层平面图中还应标出楼梯间的轴线。在底层平面图中还应注明楼梯剖面图的剖切位置。

楼梯剖面图应能完整地、清楚地表示出各梯段、平台、栏板等的构造和它们的相互关系。若楼梯间的屋面没有特殊之处，一般可不画出。在多层建筑中，若中间各层的楼梯构造相同时，则剖面图可只画出底层、中间层和顶层剖面图，中间用折断线分开。剖面图应注明地面、平台、楼面等的标高，梯段、栏板的高度尺寸。梯段高度尺寸注法与楼梯平面详图中梯段长度注法相同，在高度尺寸中标注的是梯级数。

## 7.3 结构施工图

### 7.3.1 结构施工图的作用和组成

结构施工图是根据建筑要求，经过结构选型、构件布置和力学计算，确定建筑物各承重构件（梁、板、柱、墙、基础等）的断面形状、大小、材料及构造等，并将设计结果画成图样得到的结果，用以指导施工，简称结施。

结构施工图主要表达建筑结构的整体布局和各承重构件的形状、大小、材料、配筋及施工要求等，是构件制作、安装、预算编制指导施工的重要依据。

结构施工图的主要组成有：

（1）结构设计说明书；

（2）结构平面图。包括：基础平面图、楼层结构平面图、屋面结构平面图等；

（3）构件详图。包括：基础详图、钢筋混凝土构件详图、楼梯详图、屋架详图、节点构造详图等。

### 7.3.2 常用构件代号及钢筋表示方法

为了图示简便，常用代号来表示结构施工图中的构件名称，代号后面应用阿拉伯数字标注该构件的型号或编号。常用构件代号是用各构件名称汉语拼音的第一个字母来表示的，见表 7-3。

**表 7-3 常用构件代号**

| 序号 | 名　称 | 代号 | 序号 | 名　称 | 代号 |
|---|---|---|---|---|---|
| 1 | 板 | B | 11 | 墙板 | QB |
| 2 | 屋面板 | WB | 12 | 天沟板 | TGB |
| 3 | 空心板 | KB | 13 | 梁 | L |
| 4 | 槽形板 | CB | 14 | 屋面梁 | WL |
| 5 | 折板 | ZB | 15 | 吊车梁 | DL |
| 6 | 密肋板 | MB | 16 | 单轨吊车梁 | DDL |
| 7 | 楼梯板 | TB | 17 | 轨道连接 | DGL |
| 8 | 盖板或沟盖板 | GB | 18 | 车挡 | CD |
| 9 | 挡雨板或檐口板 | YB | 19 | 圈梁 | QL |
| 10 | 吊车安全走道板 | DB | 20 | 过梁 | GL |

续表

| 序号 | 名　称 | 代号 | 序号 | 名　称 | 代号 |
|---|---|---|---|---|---|
| 21 | 连系梁 | LL | 38 | 设备基础 | SJ |
| 22 | 基础梁 | JL | 39 | 桩 | ZH |
| 23 | 楼梯梁 | TL | 40 | 挡土墙 | DQ |
| 24 | 框架梁 | KL | 41 | 地沟 | DG |
| 25 | 框支梁 | KZL | 42 | 柱间支撑 | ZC |
| 26 | 屋面框架梁 | WKL | 43 | 垂直支撑 | CC |
| 27 | 檩条 | LT | 44 | 水平支撑 | SC |
| 28 | 屋架 | WJ | 45 | 梯 | T |
| 29 | 托架 | TJ | 46 | 雨篷 | YP |
| 30 | 天窗架 | CJ | 47 | 阳台 | YT |
| 31 | 框架 | KJ | 48 | 梁垫 | LD |
| 32 | 刚架 | GJ | 49 | 预埋件 | M— |
| 33 | 支架 | ZJ | 50 | 天窗端壁 | TD |
| 34 | 柱 | Z | 51 | 钢筋网 | W |
| 35 | 框架柱 | KZ | 52 | 钢筋骨架 | G |
| 36 | 构造柱 | GZ | 53 | 基础 | J |
| 37 | 承台 | CT | 54 | 暗柱 | AZ |

在结构施工图中，常用沿房屋防潮层的水平剖面图来表示基础平面图；用沿房屋每层楼板面的水平剖面图来表示相应各楼层结构平面图；用沿屋面承重层的水平剖面图来表示屋面结构平面图。在构件的立面图和断面图上，轮廓线多用中粗或细实线画出，图内不画材料图例，以便表达钢筋的配置情况，多用粗实线表示钢筋的长度方向（立面形状）；用黑圆点表示钢筋的断面。钢筋的表示方法列于表 7-4 中。

**表 7-4　钢筋的表示方法**

| 序号 | 名　称 | 图例 | 说　明 |
|---|---|---|---|
| 1 | 钢筋横断面 | ● | |
| 2 | 无弯钩的钢筋端部 |  | 下图表示长、短钢筋投影重叠时，短钢筋的端部用 45°斜画线表示 |
| 3 | 带半圆形弯钩的钢筋端部 |  | |
| 4 | 带直钩的钢筋端部 |  | |
| 5 | 带丝扣的钢筋端部 |  | |
| 6 | 无弯钩的钢筋搭接 |  | |
| 7 | 带半圆弯钩的钢筋搭接 |  | |

续表

| 序号 | 名　　称 | 图例 | 说　　明 |
| --- | --- | --- | --- |
| 8 | 带直钩的钢筋搭接 |  | |
| 9 | 花篮螺丝钢筋接头 | 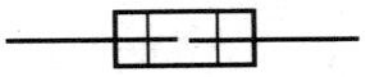 | |
| 10 | 机械连接的钢筋接头 |  | 用文字说明机械连接的方式（或冷挤压或锥螺纹等） |

### 7.3.3　结构平面图

1. 基础平面图

基础平面图是假想用一个水平面沿房屋的防潮层把整幢房屋剖开后，移去上层的房屋和泥土所作出的水平投影。

基础平面图表示的是建筑物室内地面以下基础部分的平面布置，它是施工时，放灰线、开挖基坑和砌筑基础的依据。

基础平面图中只画出基础墙、柱及底面的轮廓线，细部轮廓可省略不画；剖切到的基础墙、柱画成粗实线，基础底面画细实线；若剖切到钢筋混凝土则涂黑；基础中的基础梁和地圈梁用粗单点长画线表示其中心线的位置。

基础平面图的内容是：

（1）图名、比例。基础平面图采用的比例及材料图例应与建筑平面图相同。

（2）各定位轴线及编号、轴线尺寸。基础平面图的各定位轴线及编号、轴线尺寸应与建筑平面图一致。

（3）基础的平面布置；基础梁、柱的位置、代号。

（4）基础的编号、基础断面图的剖切位置及编号。

（5）施工说明。

2. 楼层结构平面图

楼层结构平面图是假想沿楼板面将房屋水平剖开后所作的楼层水平投影，用来表示每层的梁、板、柱、墙等承重构件的平面布置及它们之间的构造关系，是现场安装或制作构件的施工依据。

（1）楼层结构平面图的画法

①多层建筑一般应分层绘制楼层结构平面图，如果各层构件类型、大小、数量、布置均相同时，可只画出标准层楼层结构平面图，并注明适用楼层。

②若平面对称时，可采用对称画法，一半画屋面结构平面图，另一半画楼层结构平面图。楼梯间或电梯间因另有详图，可在平面图上用相交对角线表示。

③当铺设预制板时，可用细实线分块画出铺设的方向，也可用一条对角线表示楼板的布置范围，并在对角线上方或下方写明预制板的数量及型号。现浇楼板可在平面图中直接表达现浇部分的配筋；注明编号、规格、直径、间距等；也可用对角线表示现浇板的范围，并注明现浇板字样（XB），然后另画详图表示。

④可见的钢筋混凝土楼板的轮廓线用细实线表示，楼板下面不可见的轮廓线用中虚线表示，剖切到的墙身轮廓线用中实线表示，剖切到的钢筋混凝土柱涂黑，梁、屋架、支撑等可

用粗单点长画线表示其中心位置。

⑤圈梁、门窗过梁等的编号应注明。

（2）楼层平面图的内容：

①图名、比例；

②各定位轴线及编号；

③墙、柱、梁、板等构件的位置及代号、编号；

④预制板的跨度方向、数量、型号或编号，预留孔洞的位置、大小；

⑤轴线尺寸及构件的定位尺寸；

⑥详图索引符号、剖切符号；

⑦文字说明

### 7.3.4 结构详图

结构详图用来表示承重构件的形状、大小、构造、连接情况、材料等。

结构详图主要包括配筋图、钢筋表及文字说明等。配筋图主要表示构件内部的钢筋配置、数量、形状、规格等，是钢筋下料、成形的依据。为了突出钢筋，假设混凝土是透明的，构件轮廓线用细实线表示，钢筋用粗实线表示，断面图中与断面垂直的钢筋用黑圆点表示，混凝土材料图例不必画出。

结构详图的识读内容是：图名、比例；梁、柱等的长度、截面尺寸、标高及配筋情况；断面图的剖切位置、数量；钢筋详图及钢筋表。

# 第 8 章　AutoCAD 图层概念

图层是用户组织和管理图形的强有力工具。在中文版 AutoCAD 中，所有图形对象都具有图层、颜色、线型和线宽 4 个基本属性。用户可以使用不同的图层、不同的颜色、不同的线型和线宽绘制不同的对象和元素，方便控制了对象的显示和编辑，从而提高绘制复杂图形的效率和准确性。

## 8.1　“图层特性管理器”介绍

图层是 AutoCAD 提供的一个管理图形对象的工具，用户可以根据图层对图形几何对象、文字、标注等进行归类处理，使用图层来管理它们，不仅能使图形的各种信息清晰、有序，便于观察，而且也会给图形的编辑、修改和输出带来很大的方便。

AutoCAD 提供了图层特性管理器，利用该工具用户可以很方便地创建图层以及设置其基本属性。选择“格式”→“图层”命令，即可打开“图层特性管理器”对话框，如图 8-1 所示。

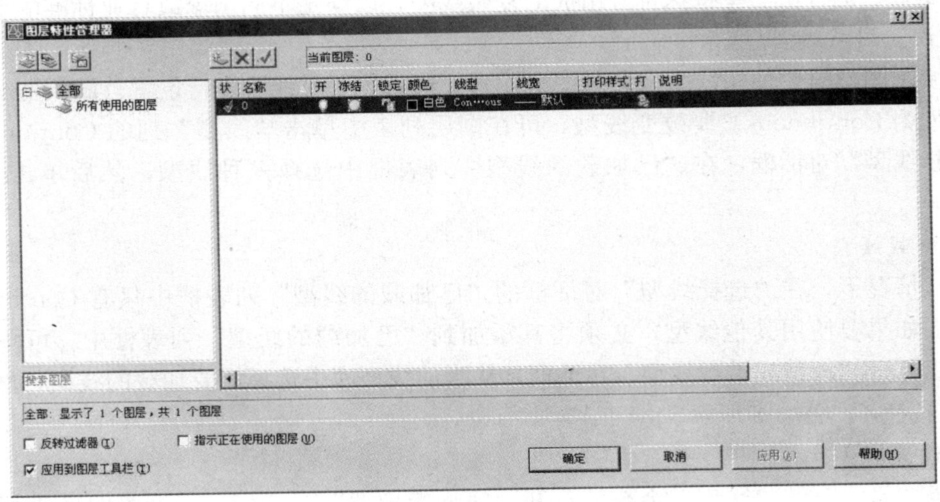


图 8-1　“图层特性管理器”对话框

## 8.2　创建新图层

开始绘制新图形时，AutoCAD 将自动创建一个名为 0 的特殊图层。默认情况下，图层 0 将被指定使用 7 号颜色（白色或黑色，由背景色决定，本书中将背景色设置为白色，因此，图层颜色就是黑色）、Continuous 线型、“默认”线宽及 Normal 打印样式，用户不能删除或重命名该图层 0。在绘图过程中，如果用户要使用更多的图层来组织图形，就需要先创建新图层。

在“图层特性管理器”对话框中单击“新建图层”按钮，可以创建一个名称为“图层

1”的新图层。默认情况下，新建图层与当前 120 图层的状态、颜色、线型、线宽等设置相同。

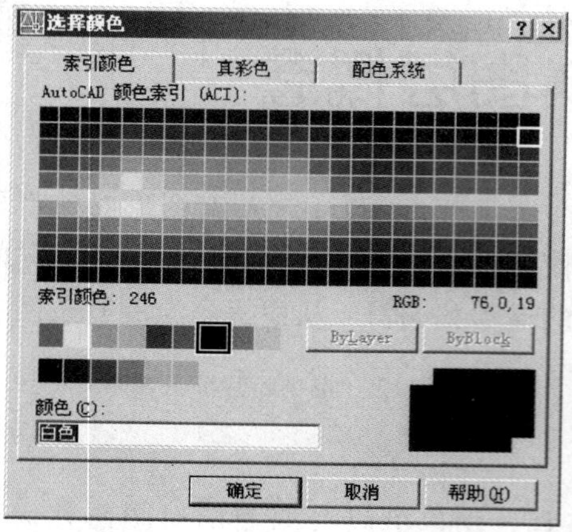

图 8-2 “选择颜色”对话框

当创建了图层后，图层的名称将显示在图层列表框中，如果要更改图层名称，可单击该图层名，然后输入一个新的图层名并按 Enter 键即可。

设置图层颜色。颜色在图形中具有非常重要的作用，可用来表示不同的组件、功能和区域。图层的颜色实际上是图层中图形对象的颜色。每个图层都拥有自己的颜色，对不同的图层可以设置相同的颜色，也可以设置不同的颜色，绘制复杂图形时就可以很容易地区分图形的各部分。

新建图层后，要改变图层的颜色，可在“图层特性管理器”对话框中单击图层的“颜色”列对应的图标，打开“选择颜色”对话框，如图 8-2 所示。

## 8.3 使用与管理线型

线型是指图形基本元素中线条的组成和显示方式，如虚线和实线等。在 AutoCAD 中既有简单线型，也有由一些特殊符号组成的复杂线型，以满足不同国家或行业标准的要求。

1. 设置图层线型

在绘制图形时要使用线型来区分图形元素，这就需要对线型进行设置。默认情况下，图层的线型为 Continuous。要改变线型，可在图层列表中单击“线型”列的 Continuous，打开“选择线型”对话框，在“已加载的线型”列表框中选择一种线型，然后单击“确定”按钮。

2. 加载线型

默认情况下，在“选择线型”对话框的“已加载的线型”列表框中只有 Continuous 一种线型，如果要使用其他线型，必须将其添加到“已加载的线型”列表框中。可单击“加载”按钮打开“加载或重载线型”对话框，从当前线型库中选择需要加载的线型，然后单击“确定”按钮，如图 8-3 所示。

3. 设置线型比例

选择“格式”→“线型”命令，打开“线型管理器”对话框，可设置图形中的线型比例，从而改变非连续线型的外观，如图 8-4 所示。

4. 设置图层线宽

线宽设置就是改变线条的宽度。在 AutoCAD 中，使用不同宽度的线条表现对象的大小或类型，可以提高图形的表达能力和可读性。要设置图层的线宽，可以在“图层特性管理器”对话框的“线宽”列中单击该图层对应的线宽“—默认”，打开“线宽”对话框，有 20 多种线宽可供选择。也可以选择“格式”→“线宽”命令，打开“线宽设置”对话框，通过调整线宽比例，使图形中的线宽显示得更宽或更窄。

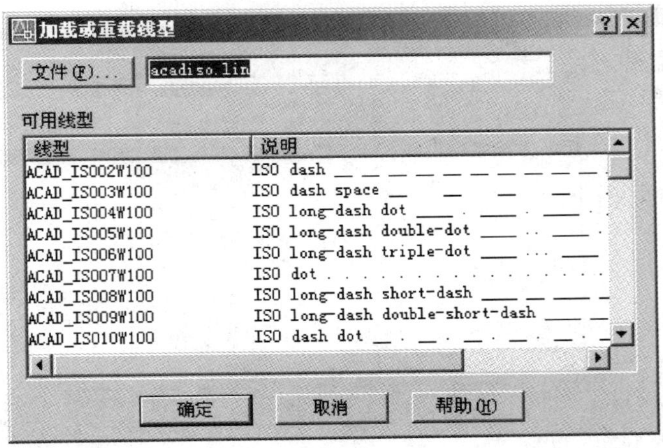

图 8-3　“加载或重载线型”对话框

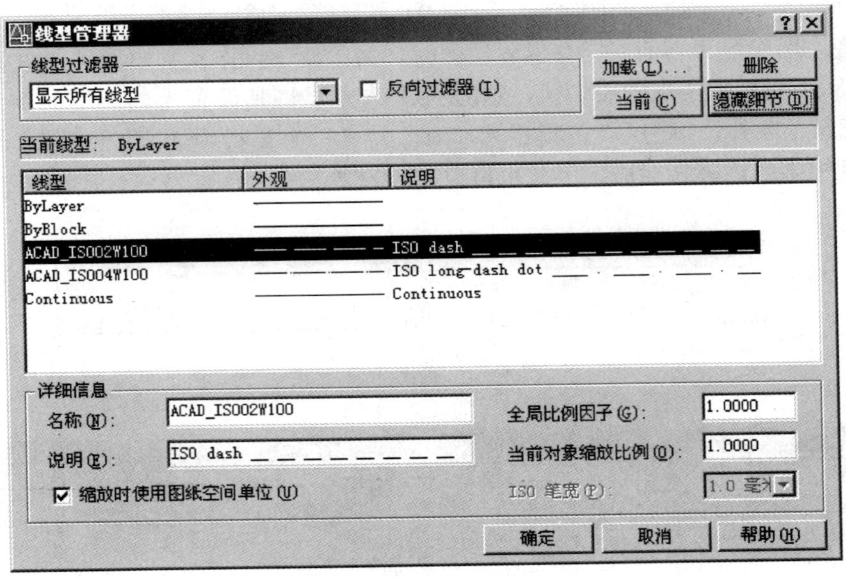

图 8-4　“线型管理器”对话框

## 8.4　管理图层

在 AutoCAD 中，使用“图层特性管理器”对话框不仅可以创建图层，设置图层的颜色、线型和线宽，还可以对图层进行更多的设置与管理，如图层的切换、重命名、删除及图层的显示控制等。

1. 设置图层特性

使用图层绘制图形时，新对象的各种特性将默认为随层，由当前图层的默认设置决定。也可以单独设置对象的特性，新设置的特性将覆盖原来随层的特性。在“图层特性管理器”对话框中，每个图层都包含状态、名称、打开/关闭、冻结/解冻、锁定/解锁、线型、颜色、线宽和打印样式等特性，如图 8-5 所示。

2. 切换当前层

在“图层特性管理器”对话框的图层列表中，选择某一图层后，单击“当前图层”按

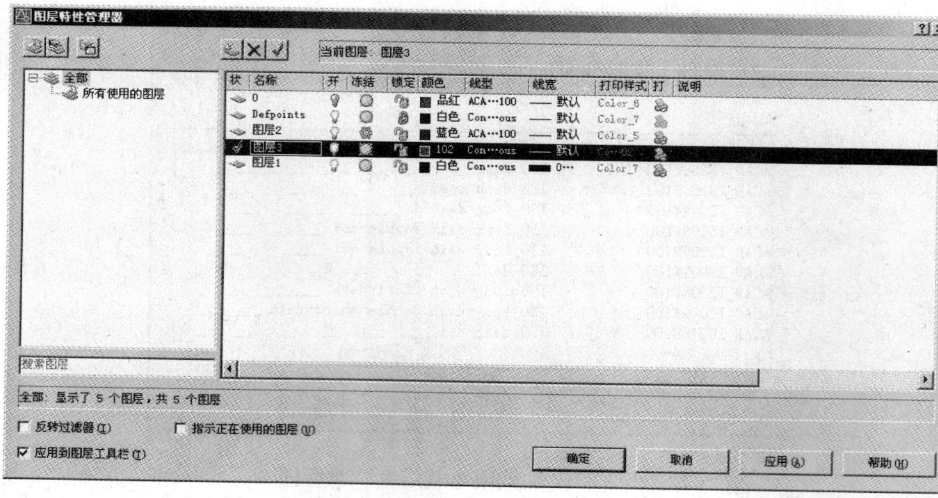


图 8-5 “图层特性管理器”对话框

钮，即可将该层设置为当前层。在实际绘图时，为了便于操作，主要通过“图层”工具栏和“对象特性”工具栏来实现图层切换，这时只需选择要将其设置为当前层的图层名称即可，如图 8-6 所示。此外，“图层”工具栏和“对象特性”工具栏中的主要选项与“图层特性管理器”对话框中的内容相对应，因此也可以用来设置与管理图层特性，如图 8-7 所示。

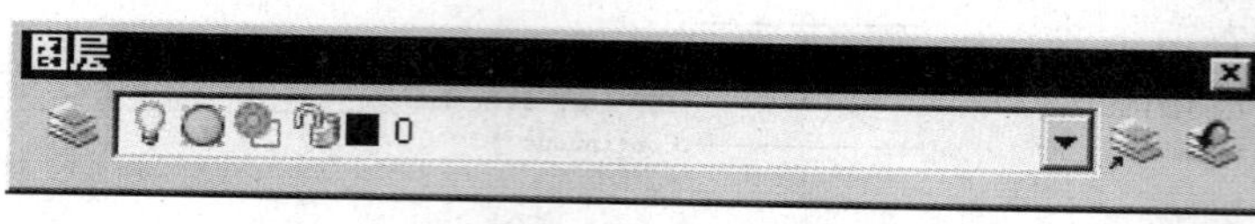


图 8-6 “图层”工具栏

图 8-7 “对象特性”工具栏

3. 使用“图层过滤器特性”对话框过滤图层

在 AutoCAD 中，图层过滤功能大大简化了在图层方面的操作。图形中包含大量图层时，在“图层特性管理器”对话框中单击“新特性过滤器”按钮，可以使用打开的“图层过滤器特性”对话框来命名图层过滤器，如图 8-8 所示。

4. 使用“新组过滤器”过滤图层

在 AutoCAD 中，还可以通过“新组过滤器”过滤图层。可在“图层特性管理器”对话框中单击“新组过滤器”按钮，并在对话框左侧过滤器树列表中添加一个“组过滤器 1”(也可以根据需要命名组过滤器)。在过滤器树中单击“所有使用的图层”节点或其他过滤器，显示对应的图层信息，然后将需要分组过滤的图层拖动到创建的“组过滤器 1”上即可。

5. 保存与恢复图层状态

图层设置包括图层状态和图层特性。图层状态包括图层是否打开、冻结锁定、打印和在新视口中自动冻结。图层特性包括颜色、线型、线宽和打印样式。可以选择要保存的图层状

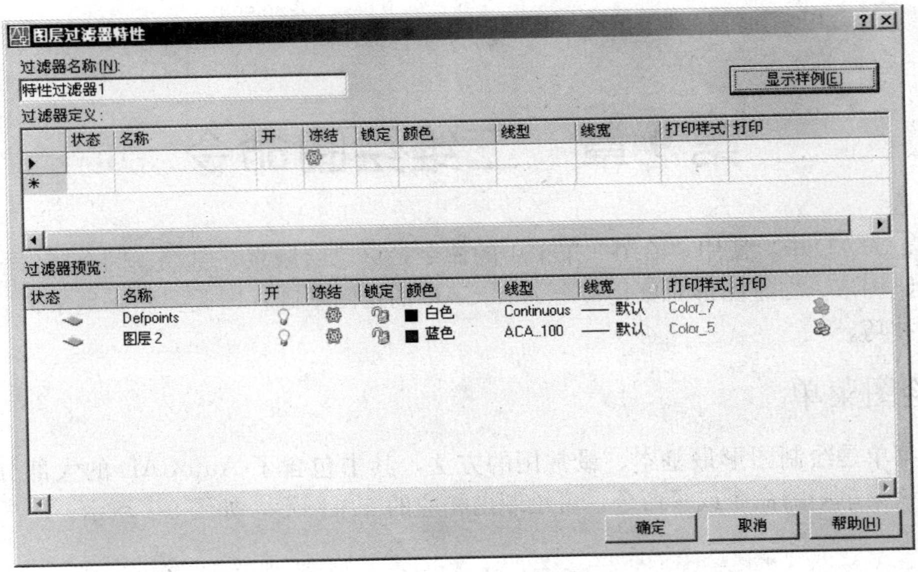


图 8-8 “图层过滤器特性”对话框

态和图层特性。例如，可以选择只保存图形中图层的“冻结/解冻”设置，忽略所有其他设置。恢复图层状态时，除了每个图层的冻结或解冻设置以外，其他设置仍保持当前设置。在AutoCAD中，可以使用“图层状态管理器”对话框来管理所有图层的状态。

6. 转换图层

使用“图层转换器”可以转换图层，实现图形的标准化和规范化。“图层转换器”能够转换当前图形中的图层，使之与其他图形的图层结构或CAD标准文件相匹配。例如，如果打开一个与本公司图层结构不一致的图形时，可以使用“图层转换器”转换图层名称和属性，以符合本公司的图形标准。

7. 改变对象所在图层

在实际绘图中，如果绘制完某一图形元素后，发现该元素并没有绘制在预先设置的图层上，可选中该图形元素，并在“对象特性”工具栏的图层控制下拉列表框中选择预设层名，然后按下Esc键来改变对象所在图层。

8. 使用图层工具管理图层

在AutoCAD中新增了图层管理工具，利用该功能用户可以更加方便地管理图层。选择“格式”→“图层工具”命令中的子命令，就可以通过图层工具来管理图层，如图8-9所示。

图 8-9 “图层工具”命令中的子命令

# 第 9 章　二维绘图命令

在 AutoCAD 中，使用“绘图”菜单中的命令，可以绘制点、直线、圆、圆弧和多边形等简单二维图形。二维图形对象是整个 AutoCAD 的绘图基础，因此要熟练地掌握它们的绘制方法和技巧。

## 9.1　绘图菜单

绘图菜单是绘制图形最基本、最常用的方法，其中包含了 AutoCAD 的大部分绘图命令。选择该菜单中的命令或子命令，可绘制出相应的二维图形，如图 9-1 所示。

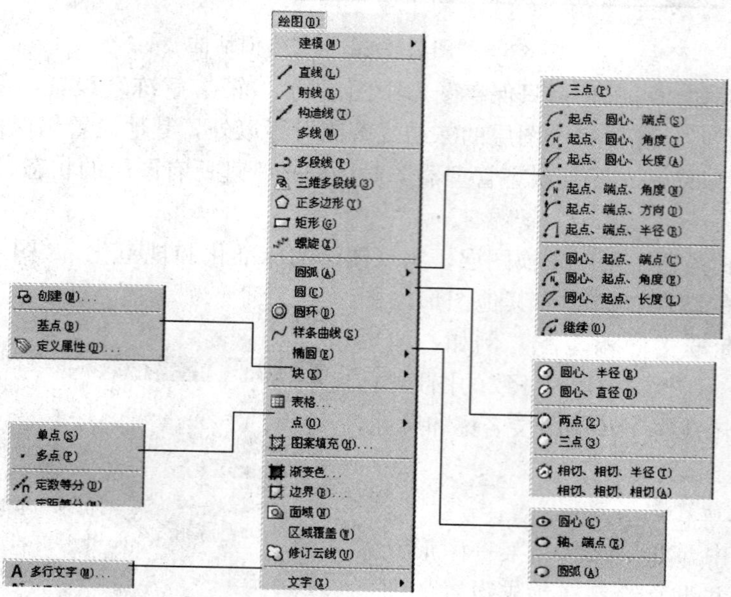


图 9-1　绘图命令菜单

## 9.2　绘图工具栏

“绘图”工具栏中的每个工具按钮都与“绘图”菜单中的绘图命令相对应，是图形化的绘图命令，如图 9-2 所示。

图 9-2　“绘图”工具栏

## 9.3 屏幕菜单

“屏幕菜单”是AutoCAD的另一种菜单形式。选择其中的“工具1”和“工具2”子菜单，可以使用绘图相关工具。“工具1”和“工具2”子菜单中的每个命令分别与AutoCAD的绘图命令相对应。默认情况下，系统不显示“屏幕菜单”，但可以通过选择“工具”→“选项”命令，打开“选项”对话框，在“显示”选项卡的“窗口元素”选项组中，选中“显示屏幕菜单”复选框将其显示。

## 9.4 绘图命令

使用绘图命令也可以绘制图形，在命令提示行中输入绘图命令，按Enter键，并根据命令行的提示信息进行绘图操作。这种方法快捷，准确性高，但要求掌握绘图命令及其选择项的具体用法。

AutoCAD在实际绘图时，采用命令行工作机制，以命令的方式实现用户与系统的信息交互，而前面介绍的3种绘图方法是为了方便操作而设置的，是3种不同的调用绘图命令的方式。

1. 绘制点对象

在AutoCAD中，点对象有单点、多点、定数等分和定距等分4种。

选择“绘图”→“点”→“单点”命令，可以在绘图窗口中一次指定一个点。

选择“绘图”→“点”→“多点”命令，可以在绘图窗口中一次指定多个点，最后可按Esc键结束。

选择“绘图”→“点”→“定数等分”命令，可以在指定的对象上绘制等分点或者在等分点处插入块。

选择“绘图”→“点”→“定距等分”命令，可以在指定的对象上按指定的长度绘制点或者插入块。

2. 绘制直线

“直线”是各种绘图中最常用、最简单的一类图形对象，只要指定了起点和终点即可绘制一条直线。在AutoCAD中，可以用二维坐标($x$，$y$)或三维坐标（$x$，$y$，$z$）来指定端点，也可以混合使用二维坐标和三维坐标。如果输入二维坐标，AutoCAD将会用当前的高度作为Z轴坐标值，默认值为0。

选择“绘图”→“直线”命令（LINE），或在“绘图”工具栏中单击“直线”按钮，可以绘制直线。

绘制如图9-3所示图形。

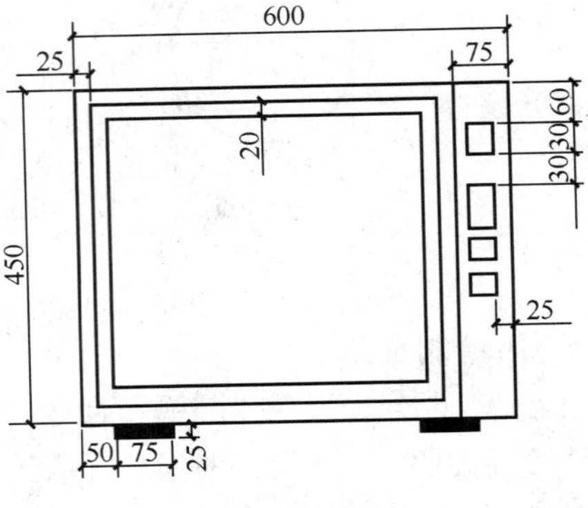

图9-3　直线绘图示例

3. 绘制射线

射线为一端固定，另一端无限延伸的直线。选择“绘图”→“射线”命令（RAY），指定射线的起点和通过点即可绘制一条射线。在AutoCAD中，射线主要用于绘制辅助线。指定射线的起点后，可在“指定通过点：”提示下指定多个通过点，绘制以起点为端点的多条射线，直到按Esc键或Enter键退出为止。

4. 绘制构造线

构造线为两端可以无限延伸的直线，没有起点和终点，可以放置在三维空间的任何地方，主要用于绘制辅助线。选择“绘图”→“构造线”命令（XLINE），或在“绘图”工具栏中单击“构造线”按钮，都可绘制构造线。

5. 绘制矩形

在 AutoCAD 中可以使用“矩形”命令绘制矩形。选择“绘图”→“矩形”命令（RECTANGLE），或在“绘图”工具栏中单击“矩形”按钮，即可绘制出倒角矩形、圆角矩形、有厚度的矩形等多种矩形，如图 9-4 所示。

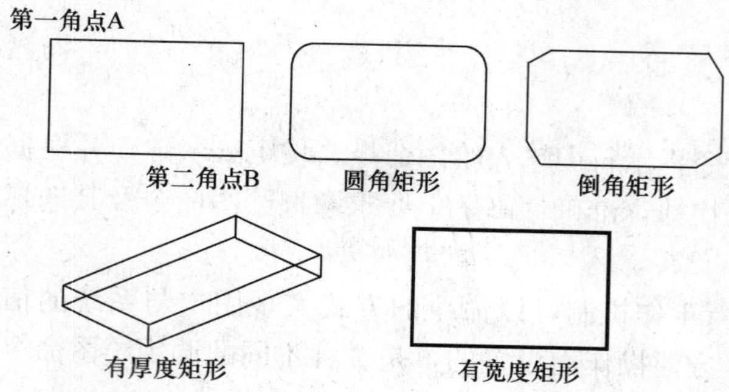


图 9-4 “矩形”绘图示例

6. 绘制正多边形

在 AutoCAD 中，可以使用“正多边形”命令绘制正多边形。选择“绘图”→“正多边形”命令（POLYGON），或在“绘图”工具栏中单击“正多边形”按钮，可以绘制边数为 3～1024的正多边形。

7. 绘制圆

选择“绘图”→“圆”命令中的子命令，或单击“绘图”工具栏中的“圆”按钮即可绘制圆。在 AutoCAD 中，可以使用 6 种方法绘制圆，如图 9-5 所示。

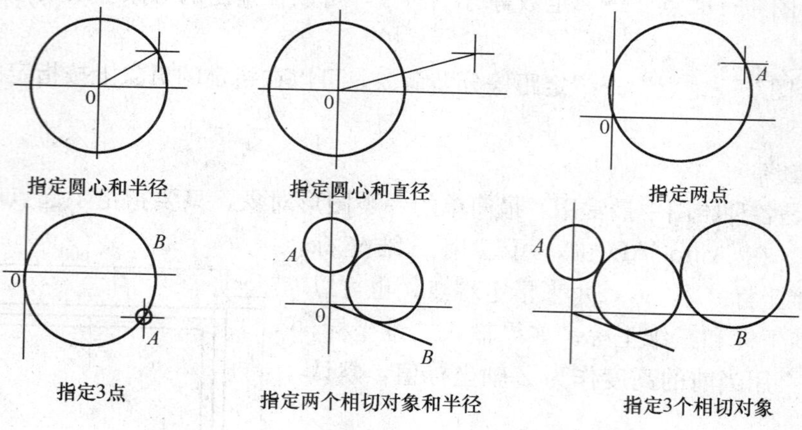


图 9-5 绘制圆

8. 绘制圆弧

选择“绘图”→“圆弧”命令中的子命令，或单击“绘图”工具栏中的“圆弧”按钮，即可绘制圆弧。绘制如图 9-6 所示的图形。

9. 绘制椭圆

选择“绘图”→“椭圆”子菜单中的命令，或单击“绘图”工具栏中的“椭圆”按钮，即可绘制椭圆。可以选择“绘图”→“椭圆”→“中心点”命令，指定椭圆中心、一个轴的端点（主轴）以及另一个轴的半轴长度绘制椭圆；也可以选择“绘图”→“椭圆”→“轴、端点”命令，指定一个轴的两个端点（主轴）和另一个轴的半轴长度绘制椭圆。

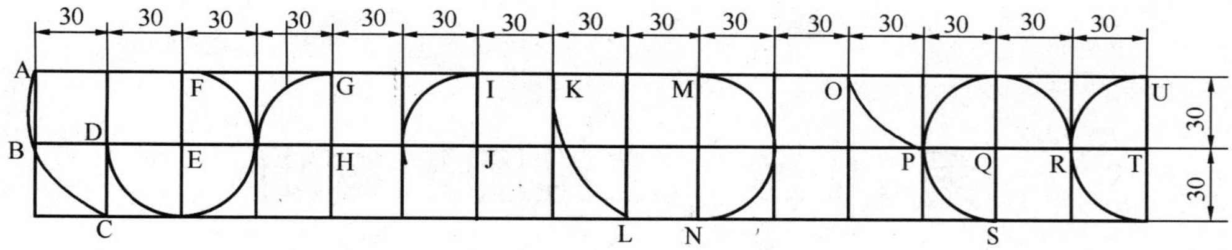


图 9-6　绘制圆弧

10. 绘制椭圆弧

在 AutoCAD 中，椭圆弧的绘图命令和椭圆的绘图命令都是 ELLIPSE，但命令行的提示不同。选择“绘图”→“椭圆”→“圆弧”命令，或在“绘图”工具栏中单击“椭圆弧”按钮，都可绘制椭圆弧。

# 第 10 章　二维图形编辑

中文版 AutoCAD 的“修改”菜单中包含了大部分编辑命令，通过选择该菜单中的命令或子命令，可以帮助用户合理地构造和组织图形，保证绘图的准确性，简化绘图操作。本章将详细介绍移动、旋转、对齐、复制、偏移、镜像、倒角、圆角和打断对象等命令的使用方法。

## 10.1　删除对象

在 AutoCAD 中，可以用“删除”命令，删除选中的对象。选择“修改”→“删除”命令（ERASE），或在“修改”工具栏中单击“删除”按钮，都可以删除图形中选中的对象。

通常，当发出“删除”命令后，需要选择要删除的对象，然后按 Enter 键或 Space 键结束对象选择，同时删除已选择的对象。如果在“选项”对话框的“选择”选项卡中，选中“选择模式”选项组中的“先选择后执行”复选框，就可以先选择对象，然后单击“删除”按钮删除。

## 10.2　复制对象

在 AutoCAD 中，可以使用“复制”命令，创建与原有对象相同的图形。选择“修改”→“复制”命令（COPY），或单击“修改”工具栏中的“复制”按钮，即可复制已有对象的副本，并放置到指定的位置。执行该命令时，首先需要选择对象，然后指定位移的基点和位移矢量（相对于基点的方向和大小）。使用“复制”命令还可以同时创建多个副本。

## 10.3　镜像对象

在 AutoCAD 中，可以使用“镜像”命令，将对象以镜像线对称复制。选择“修改”→“镜像”命令（MIRROR），或在“修改”工具栏中单击“镜像”按钮即可。执行该命令时，需要选择要镜像的对象，然后依次指定镜像线上的两个端点，命令行将显示“删除源对象吗？[是（Y）/否（N）]〈N〉:”提示信息。如果直接按 Enter 键，则镜像复制对象，并保留原来的对象；如果输入 Y，则在镜像复制对象的同时删除原对象。

在 AutoCAD 中，使用系统变量 MIRRTEXT 可以控制文字对象的镜像方向。如果 MIRRTEXT 的值为 1，则文字对象完全镜像，镜像出来的文字变得不可读；如果 MIRRTEXT 的值为 0，则文字对象方向不镜像，如图 10-1 所示。

## 10.4　偏移对象

在 AutoCAD 中，可以使用“偏移”命令，对指定的直线、圆弧、圆等对象作同心偏移复制。在实际应用中，常利用“偏移”命令的特性创建平行线或等距离分布图形。

选择“修改”→“偏移”命令（OFFSET），或在“修改”工具栏中单击“偏移”按钮，执行“偏移”命令，其命令行显示如下提示：

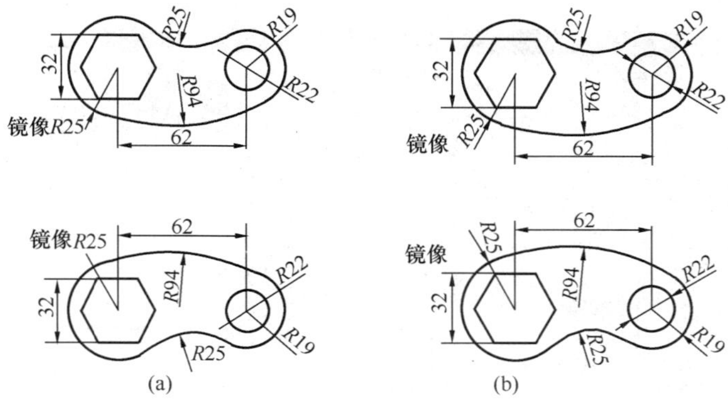


图 10-1　镜像

（a）MIRRTEXT=1；（b）MIRRTEXT=0

指定偏移距离或［通过（T）/删除（E）/图层（L）］〈通过〉：

默认情况下，需要指定偏移距离，再选择要偏移复制的对象，然后指定偏移方向，以复制出对象。

## 10.5　阵列对象

在 AutoCAD 中，还可以通过“阵列”命令多重复制对象。选择“修改”→“阵列”命令（ARRAY），或在“修改”工具栏中单击“阵列”按钮，都可以打开“阵列”对话框，可以在该对话框中设置以矩形阵列或者环形阵列方式多重复制对象。

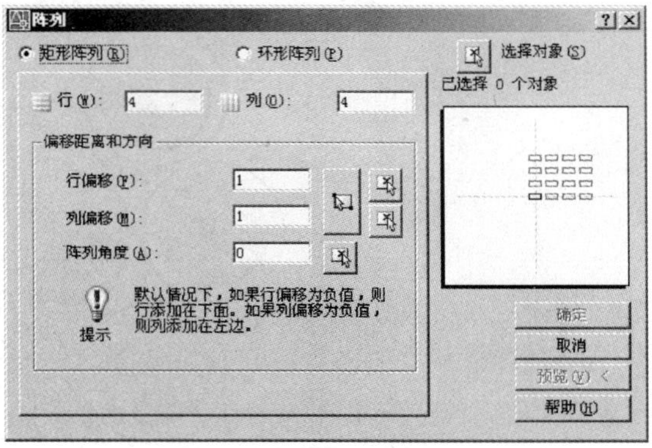


图 10-2　“阵列”对话框中选“矩形阵列”

1. 矩形阵列复制在“阵列”对话框中，选择“矩形阵列”单选按钮，可以以矩形阵列方式复制对象，如图 10-2 和图 10-3 所示。

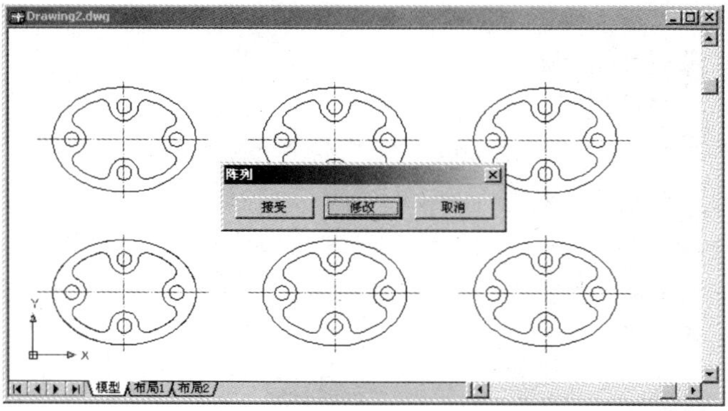


图 10-3　矩形阵列

2. 环形阵列复制在“阵列”对话框中，选择“环形阵列”单选按钮，可以以环形阵列方式复制图形，如图 10-4 和图 10-5 所示。

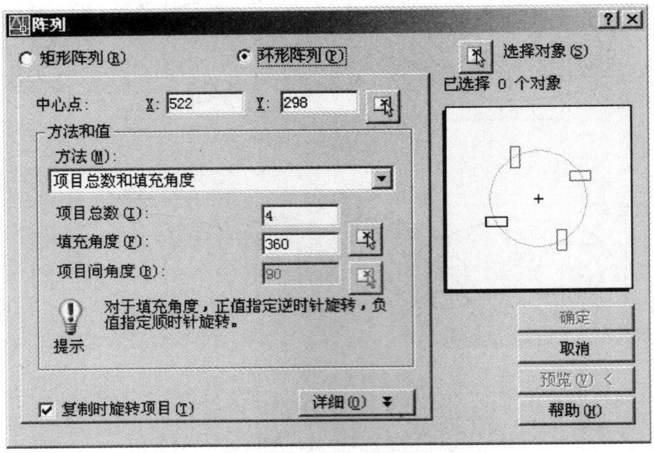


图 10-4　“阵列”对话框中选“环形阵列”

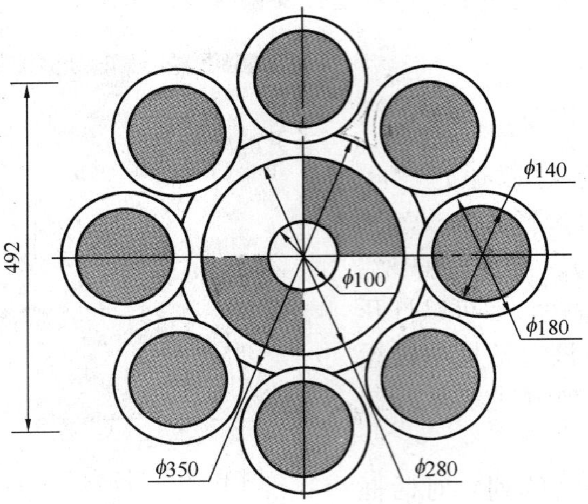


图 10-5　环形阵列

## 10.6　移动对象

移动对象是指对象的重定位。选择“修改”→“移动”命令（MOVE），或在“修改”工具栏中单击“移动”按钮，可以在指定方向上按指定距离移动对象，对象的位置发生了改变，但方向和大小不改变。要移动对象时，首先选择要移动的对象，然后指定位移的基点和位移矢量。在命令行的“指定基点或［位移］〈位移〉”提示下，如果单击或以键盘输入形式给出了基点坐标，命令行将显示“指定第二点或〈使用第一个点作位移〉:”提示；如果按Enter 键，那么所给出的基点坐标值就作为偏移量，即将该点作为原点（0，0），然后将图形相对于该点移动由基点设定的偏移量。

## 10.7　旋转对象

选择“修改”→“旋转”命令（ROTATE），或在“修改”工具栏中单击“修改”按钮，可以将对象绕基点旋转指定的角度。

执行该命令后，从命令行显示的“UCS 当前的正角方向：ANGDIR＝逆时针 ANG-

BASE=0”提示信息中，可以了解到当前的正角度方向（如逆时针方向），零角度方向与X轴正方向的夹角。

选择要旋转的对象（可以依次选择多个对象），并指定旋转的基点，命令行将显示“指定旋转角度或［复制（C）参照（R）］〈O〉”提示信息。如果直接输入角度值，则可以将对象绕基点转动该角度，角度为正时逆时针旋转，角度为负时顺时针旋转；如果选择“参照（R）”选项，将以参照方式旋转对象，需要依次指定参照方向的角度值和相对于参照方向的角度值。

## 10.8　对齐对象

选择“修改”→“三维操作”→“对齐”命令（ALIGN），可以使当前对象与其他对象对齐，它既适用于二维对象，也适用于三维对象。在对齐二维对象时，可以指定1对或2对对齐点（源点和目标点），在对齐三维对象时，则需要指定3对对齐点。

## 10.9　修剪对象

在AutoCAD中，可以使用“修剪”命令缩短对象。选择“修改”→“修剪”命令（TRIM），或在“修改”工具栏中单击“修剪”按钮，可以以某一对象为剪切边修剪其他对象。

在AutoCAD中，可以作为剪切边的对象有直线、圆弧、圆、椭圆或椭圆弧、多段线、样条曲线、构造线、射线以及文字等。剪切边也可以同时作为被剪边。默认情况下，选择要修剪的对象（即选择被剪边），系统将以剪切边为界，将被剪切对象上位于拾取点一侧的部分剪切掉。如果按下Shift键，同时选择与修剪边不相交的对象，修剪边将变为延伸边界，将选择的对象延伸至与修剪边界相交。

## 10.10　延伸对象

在AutoCAD中，可以使用“延伸”命令拉长对象。选择“修改”→“延伸”命令（EXTEND），或在“修改”工具栏中单击“延伸”按钮，可以延长指定的对象与另一对象相交或外观相交。延伸命令的使用方法和修剪命令的使用方法相似，不同之处在于：使用延伸命令时，如果在按下Shift键的同时选择对象，则执行修剪命令；使用修剪命令时，如果在按下Shift键的同时选择对象，则执行延伸命令。图10-6左图所示是延伸前的效果，右图是延伸后的效果。

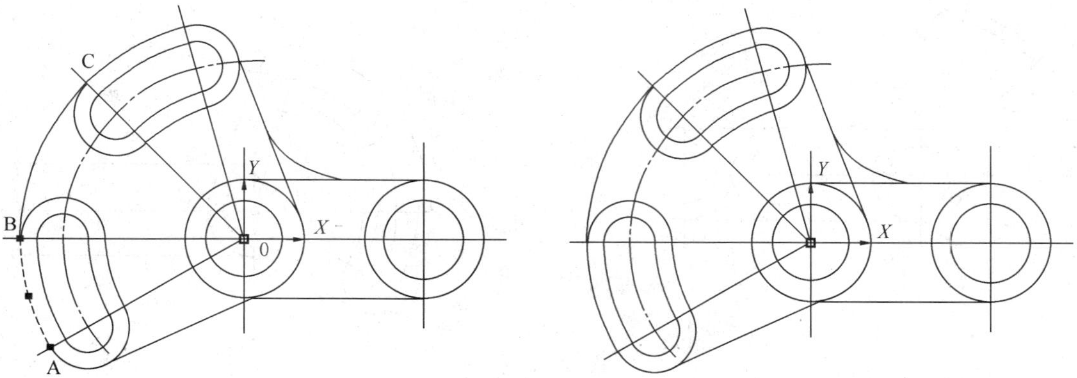


图10-6　延伸

## 10.11 缩放对象

在 AutoCAD 中，可以使用“缩放”命令按比例增大或缩小对象。选择“修改”→“缩放”命令（SCALE），或在“修改”工具栏中单击“缩放”按钮，可以将对象按指定的比例因子相对于基点进行尺寸缩放。先选择对象，然后指定基点，命令行将显示“指定比例因子或［复制（C）/参照（R）］〈1.0000〉:”提示信息。如果直接指定缩放的比例因子，对象将根据该比例因子相对于基点缩放，当比例因子大于 0 而小于 1 时缩小对象，当比例因子大于 1 时放大对象；如果选择“参照（R）”选项，对象将按参照的方式缩放，需要依次输入参照长度的值和新的长度值，AutoCAD 根据参照长度与新长度的值自动计算比例因子（比例因子＝新长度值/参照长度值），然后进行缩放。图 10-7 左图所示是延伸前的效果，右图是延伸后的效果。

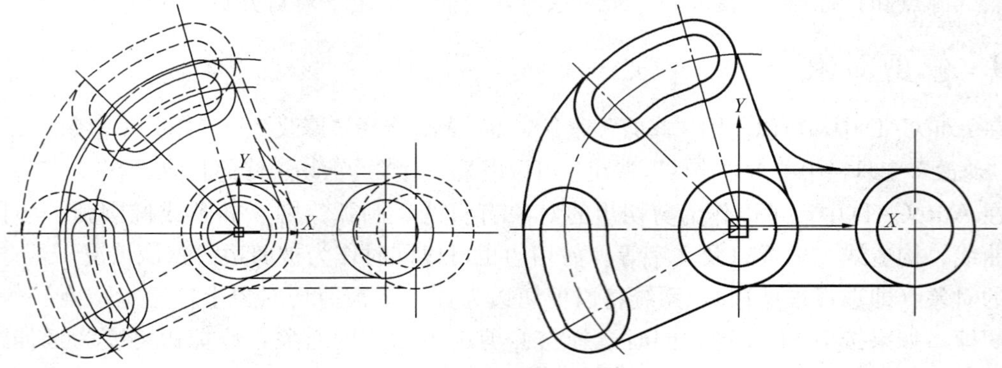


图 10-7　缩放

## 10.12 拉伸对象

选择“修改”→“拉伸”命令（STRETCH），或在“修改”工具栏中单击“拉伸”按钮，就可以移动或拉伸对象，操作方式根据图形对象在选择框中的位置决定。执行该命令时，可以使用“交叉窗口”方式或者“交叉多边形”方式选择对象，然后依次指定位移基点和位移矢量，将会移动全部位于选择窗口之内的对象，而拉伸（或压缩）与选择窗口边界相交的对象。图 10-8 左图所示是延伸前的效果，右图是延伸后的效果。

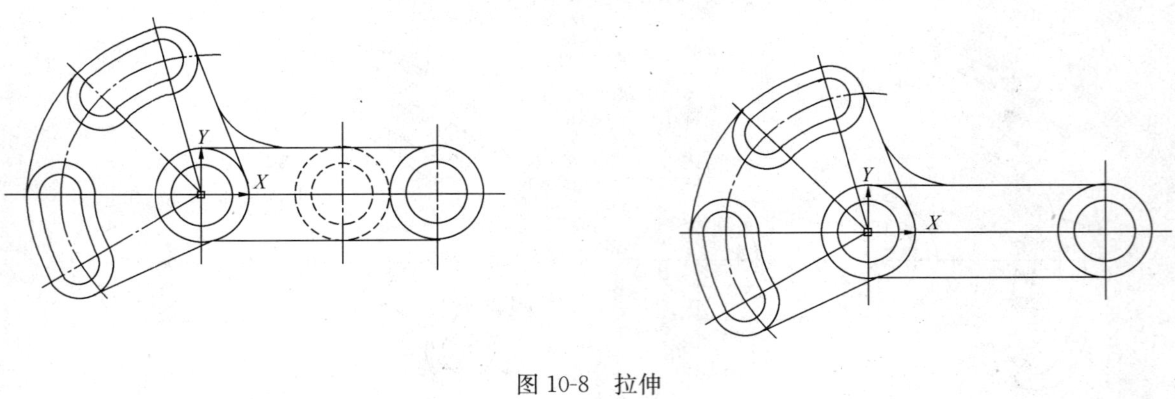


图 10-8　拉伸

## 10.13 拉长对象

选择“修改”→“拉长”命令（LENGTHEN），或在“修改”工具栏中单击“拉长”按钮，即可修改线段或者圆弧的长度。

## 10.14 倒角对象

在 AutoCAD 中，可以使用“倒角”命令修改对象使其以平角相接。选择“修改”→“倒角”命令（CHAMFER），或在“修改”工具栏中单击“倒角”按钮，即可为对象绘制倒角。

## 10.15 圆角对象

在 AutoCAD 中，可以使用“圆角”命令修改对象使其以圆角相接。选择“修改”→“圆角”命令（FILLET），或在“修改”工具栏中单击“圆角”按钮，即可对对象用圆弧修圆角。修圆角的方法与修倒角的方法相似，在命令行提示中，选择“半径（R）”选项，即可设置圆角的半径大小。

## 10.16 打断对象

在 AutoCAD 中，使用“打断”命令可部分删除对象或把对象分解成两部分，还可以使用“打断于点”命令将对象在一点处断开成两个对象。

### 1. 打断对象

选择“修改”→“打断”命令（BREAK），或在“修改”工具栏中单击“打断”按钮，即可部分删除对象或把对象分解成两部分，如图 10-9 所示。执行该命令并选择需要打断的对象。

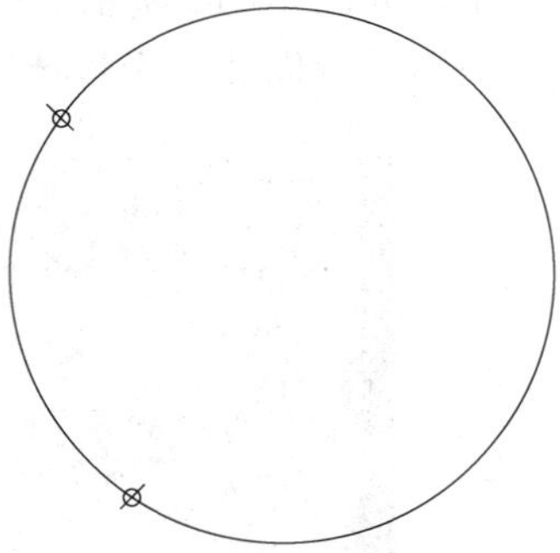

图 10-9　打断

### 2. 打断于点

在“修改”工具栏中单击“打断于点”按钮，可以将对象在一点处断开成两个对象，它是从“打断”命令中派生出来的。执行该命令时，需要选择要被打断的对象，然后指定打断点，即可从该点打断对象，如图 10-10 所示。

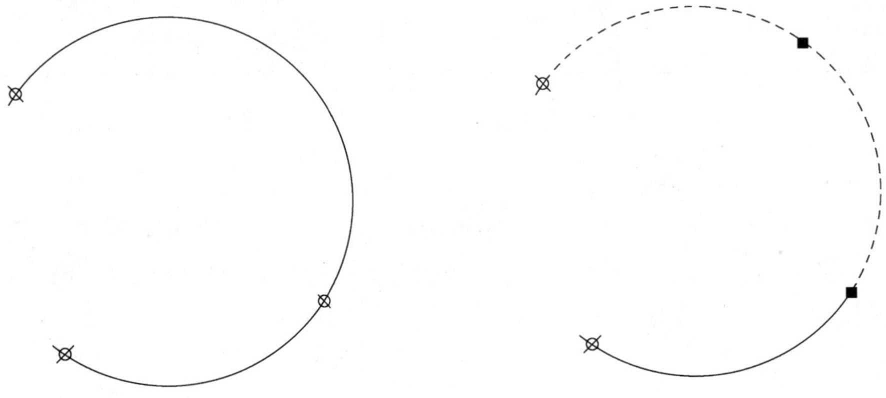

图 10-10　打断于点

## 10.17 合并对象

如果需要连接某一连续图形上的两个部分，或者将某段圆弧闭合为整圆，可以选择“修改”→“合并”命令或在命令行输入 JOIN 命令，也可以单击“修改”工具栏上的“合并”按钮。

## 10.18 分解对象

对于矩形、块等由多个对象编组成的组合对象，如果需要对单个成员进行编辑，就需要先将它分解开。选择“修改”→“分解”命令（EXPLODE），或在“修改”工具栏中单击“分解”按钮，选择需要分解的对象后按 Enter 键，即可分解图形并结束该命令。

## 10.19 编辑对象特性

对象特性包含一般特性和几何特性，一般特性包括对象的颜色、线型、图层及线宽等，几何特性包括对象的尺寸和位置。可以直接在“特性”选项板中设置和修改对象的特性。

1. 打开“特性”选项板

选择“修改”→“特性”命令，或选择“工具”→“特性”命令，也可以在“标准”工具栏中单击“特性”按钮，弹出如图 10-11 所示。

“特性”选项板默认处于浮动状态。在“特性”选项板的标题栏上右击，将弹出一个快捷菜单，如图 10-12 所示。可通过该快捷菜单确定是否隐藏选项板、是否在选项板内显示特性的说明部分以及是否将选项板锁定在主窗口中。

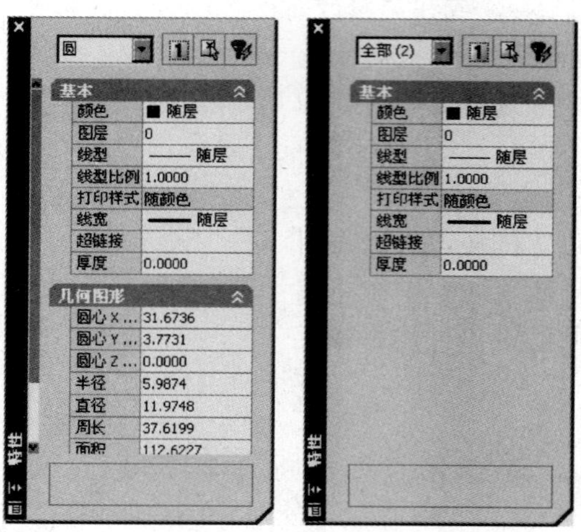


图 10-11 “特性”选项板

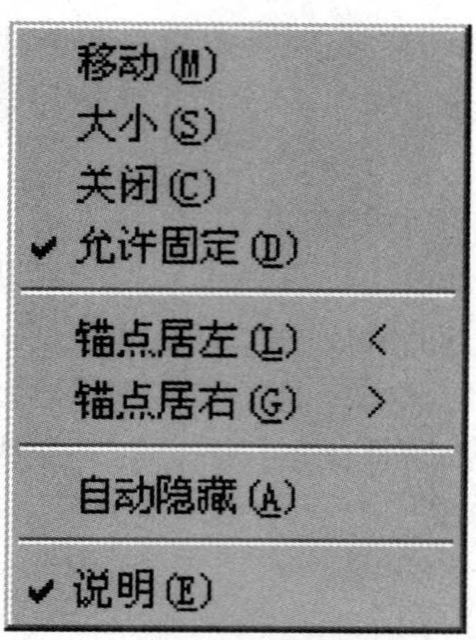


图 10-12 快捷菜单

2. “特性”选项板的功能

“特性”选项板中显示了当前选择集中对象的所有特性和特性值，当选中多个对象时，将显示它们的共有特性。可以通过它浏览、修改对象的特性，也可以通过它浏览、修改满足应用程序接口标准的第三方应用程序对象。

# 第 11 章　辅助绘图、标注编辑文字

在 AutoCAD 中设计和绘制图形时，如果对图形尺寸比例要求不太严格，可以大致输入图形的尺寸，用鼠标在图形区域直接拾取和输入。但是，有的图形对尺寸要求比较严格，必须按给定的尺寸。这时可以通过常用的指定点的坐标法来绘制图形，还可以使用系统提供的"捕捉"、"对象捕捉"、"对象追踪"等功能，在不输入坐标的情况下快速、精确地绘制图形。

## 11.1　使用坐标系

在绘图过程中要精确定位某个对象时，必须以某个坐标系作为参照，以便精确拾取点的位置。通过 AutoCAD 的坐标系可以提供精确绘制图形的方法，可以按照非常高的精度标准，准确地设计并绘制图形。

1. 认识世界坐标系与用户坐标系

坐标（$x$，$y$）是表示点的最基本方法。在 AutoCAD 中，坐标系分为世界坐标系（WCS）和用户坐标系（UCS）。两种坐标系下都可以通过坐标（$x$，$y$）来精确定位点。默认情况下，在开始绘制新图形时，当前坐标系为世界坐标系即 WCS，它包括 $X$ 轴和 $Y$ 轴（如果在三维空间工作，还有一个 $Z$ 轴）。WCS 坐标轴的交汇处显示"口"形标记，但坐标原点并不在坐标系的交汇点，而是位于图形窗口的左下角，所有的位移都是相对于原点计算的，并且沿 $X$ 轴正向及 $Y$ 轴正向的位移规定为正方向。

在 AutoCAD 中，为了能够更好地辅助绘图，经常需要修改坐标系的原点和方向，这时世界坐标系将变为用户坐标系即 UCS。UCS 的原点以及 $X$ 轴、$Y$ 轴、$Z$ 轴方向都可以移动及旋转，甚至可以依赖于图形中某个特定的对象。尽管用户坐标系中 3 个轴之间仍然互相垂直，但是在方向及位置上却都更灵活。另外，UCS 没有"口"形标记。

2. 坐标的表示方法

在 AutoCAD 中，点的坐标可以使用绝对直角坐标、绝对极坐标、相对直角坐标和相对极坐标 4 种方法表示，它们的特点如下。

（1）绝对直角坐标

是从点（0，0）或（0，0，0）出发的位移，可以使用分数、小数或科学记数等形式表示点的 $X$ 轴、$Y$ 轴、$Z$ 坐标值，坐标间用逗号隔开，例如点（8.3，5.8）和（3.0，5.2，8.8）等。

（2）绝对极坐标

是从点（0，0）或（0，0，0）出发的位移，但给定的是距离和角度，其中距离和角度用"＜"分开，且规定 $X$ 轴正向为 0°，$Y$ 轴正向为 90°，例如点（4.27＜60）、（34＜30）等。

（3）相对直角坐标和相对极坐标

相对直角坐标和相对极坐标统称为相对坐标，相对坐标是指相对于某一点的 $X$ 轴和 $Y$ 轴位移，或距离和角度。它的表示方法是在绝对坐标表达方式前加上"@"号，如（@－

13，8）和（@11<24）。其中，相对极坐标中的角度是新点和上一点连线与 $X$ 轴的夹角。

3. 控制坐标的显示

在绘图窗口中移动光标的十字指针时，状态栏上将动态地显示当前指针的坐标。坐标显示取决于所选择的模式和程序中运行的命令，共有 3 种方式。

（1）模式 0，“关”：显示上一个拾取点的绝对坐标。此时，指针坐标将不能动态更新，只有在拾取一个新点时，显示才会更新。但是，从键盘输入一个新点坐标时，不会改变该显示方式。

（2）模式 1，“绝对”：显示光标的绝对坐标，该值是动态更新的，默认情况下，显示方式是打开的。

（3）模式 2，“相对”：显示一个相对坐标。当选择该方式时，如果当前处在拾取点状态，系统将显示光标所在位置相对于上一个点的距离和角度。当离开拾取点状态时，系统将恢复到模式 1。

4. 创建坐标系

在 AutoCAD 中，选择“工具”→“新建 UCS”命令，利用它的子命令可以方便地创建 UCS。

5. 使用正交用户坐标系

选择“工具”→“命名 UCS”命令，打开 UCS 对话框，在“正交 UCS”选项卡中的“当前 UCS”列表中选择需要使用的正交坐标系，如俯视、仰视、左视、右视、主视和后视等，如图 11-1 所示。

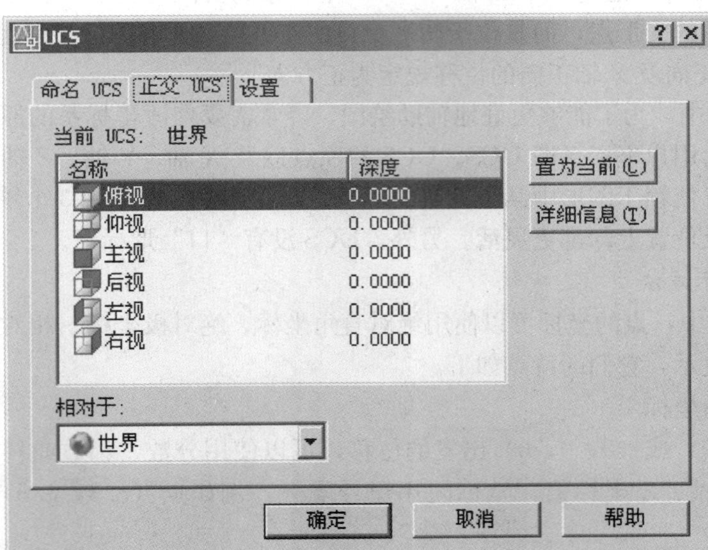


图 11-1　“UCS”对话框

6. 设置当前视口中的 UCS

在绘制三维图形或一幅较大图形时，为了能够从多个角度观察图形的不同侧面或不同部分，可以将当前绘图窗口切分为几个小窗口（即视口），如图 11-2 所示。在这些视口中，为了便于对象编辑，还可以为它们分别定义不同的 UCS。当视口被设置为当前视口时，可以使用该视口上一次处于当前状态时所设置的 UCS 进行绘图。

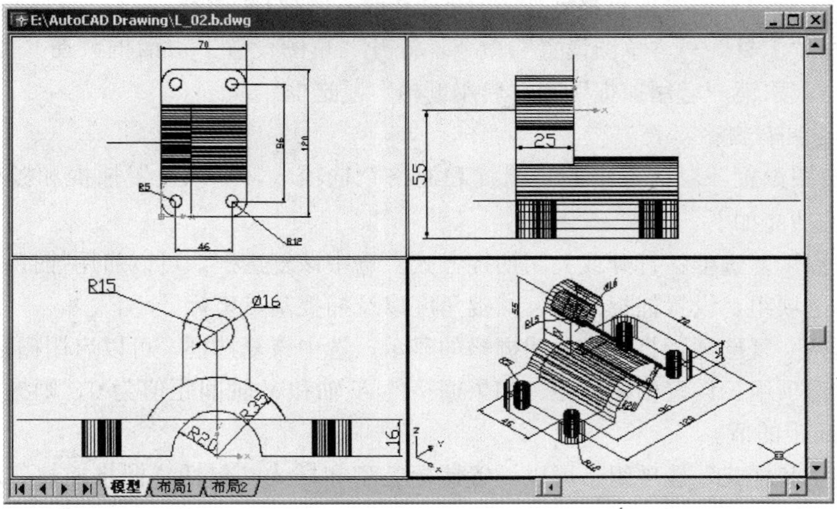

图 11-2 视口

7. 命名用户坐标系

选择“工具”→“命名 UCS”命令，打开 UCS 对话框，单击“命名 UCS”标签打开其选项卡，并在“当前 UCS”列表中选中“世界”、“上一个”或某个 UCS，然后单击“置为当前”按钮，可将其置为当前坐标系。也可以单击“详细信息”按钮，在“UCS 详细信息”对话框中查看坐标系的详细信息。

8. 设置 UCS 的其他选项

在 AutoCAD 中，可以通过选择“视图”→“显示”→“UCS 图标”子菜单中的命令，控制坐标系图标的可见性及显示方式。

“开”命令：选择该命令可以在当前视口中打开 UCS 图符显示；取消该命令则可在当前视口中关闭 UCS 图符显示。

“原点”命令：选择该命令可以在当前坐标系的原点处显示 UCS 图符；取消该命令则可以在视口的左下角显示 UCS 图符，而不考虑当前坐标系的原点。

“特性”命令：选择该命令可打开“UCS 图标”对话框，可以设置 UCS 图标样式、大小、颜色及布局选项卡中的图标颜色。

此外，在 AutoCAD 中，还可以使用 UCS 对话框中的“设置”选项卡，对 UCS 图标或 UCS 进行设置。

## 11.2 设置捕捉和栅格

在绘制图形时，尽管可以通过移动光标来指定点的位置，但却很难精确指定点的某一位置。在 AutoCAD 中，使用“捕捉”和“栅格”功能，可以用来精确定位点，提高绘图效率。

1. 打开或关闭捕捉和栅格

“捕捉”用于设定鼠标光标移动的间距。“栅格”是一些标定位置的小点，起坐标纸的作用，可以提供直观的距离和位置参照。要打开或关闭“捕捉”和“栅格”功能，可以选择以下几种方法。

（1）在 AutoCAD 程序窗口的状态栏中，单击“捕捉”和“栅格”按钮。

（2）按 F7 键打开或关闭栅格，按 F9 键打开或关闭捕捉。

（3）选择“工具”→“草图设置”命令，打开“草图设置”对话框，在“捕捉和栅格”选项卡中选中或取消“启用捕捉”和“启用栅格”复选框。

2. 设置捕捉和栅格参数

利用“草图设置”对话框中的“捕捉和栅格”选项卡，可以设置捕捉和栅格的相关参数，各选项的功能如下。

“启用捕捉”复选框：打开或关闭捕捉方式。选中该复选框，可以启用捕捉。

“捕捉”选项组：设置捕捉间距、捕捉角度以及捕捉基点坐标。

“启用栅格”复选框：打开或关闭栅格的显示。选中该复选框，可以启用栅格。

“栅格”选项组：设置栅格间距。如果栅格的 $X$ 轴和 $Y$ 轴间距值为 0，则栅格采用捕捉 $X$ 轴和 $Y$ 轴间距的值。

“捕捉类型和样式”选项组：可以设置捕捉类型和样式，包括“栅格捕捉”和“极轴捕捉”两种。

“栅格行为”选项组：用于设置“视觉样式”下栅格线的显示样式（三维线框除外）。

## 11.3 使用 GRID 与 SNAP 命令

AutoCAD 中不仅可以通过“草图设置”对话框设置栅格和捕捉参数，还可以通过 GRID 与 SNAP 命令来设置。

1. 使用 GRID 命令

执行 GRID 命令时，其命令行显示如下提示信息：

“指定栅格间距（X）或［开（ON）/关（OFF）/捕捉（S）/主（M）/自适应（D）/跟随（F）/纵横向间距（A）］〈10.0000〉：”

默认情况下，需要设置栅格间距值。该间距不能设置太小，否则将导致图形模糊及屏幕重画太慢，甚至无法显示栅格。

2. 使用 SNAP 命令

执行 SNAP 命令时，其命令行显示如下提示信息：

“指定捕捉间距或［开（ON）/关（OFF）/纵横向间距（A）/样式（S）/类型（T）］〈10.0000〉：”

默认情况下，需要指定捕捉间距，并使用“开（ON）”选项，以当前栅格的分辨率和样式激活捕捉模式；使用“关（OFF）”选项，关闭捕捉模式，但保留当前设置。

## 11.4 使用正交模式

AutoCAD 提供的正交模式也可以用来精确定位点，它将定点设备的输入限制为水平或垂直。使用 ORTHO 命令，可以打开正交模式，用于控制是否以正交方式绘图。在正交模式下，可以方便地绘出与当前 $X$ 轴或 $Y$ 轴平行的线段。AutoCAD 程序窗口的状态栏中单击“正交”按钮或按 F8 键，可以打开或关闭正交方式。

打开正交功能后，输入的第 1 点是任意的，但当移动光标准备指定第 2 点时，引出的橡皮筋线已不再是这两点之间的连线，而是起点到光标十字线的垂直线中较长的那段线，此时单击，橡皮筋线就变成所绘直线。

## 11.5　打开对象捕捉功能

在绘图的过程中，经常要指定一些对象上已有的点，例如端点、圆心和两个对象的交点等。如果只凭观察来拾取，不可能非常准确地找到这些点。在 AutoCAD 中，可以通过“对象捕捉”工具栏和“草图设置”对话框等方式调用对象捕捉功能，迅速、准确地捕捉到某些特殊点，从而精确地绘制图形。

1.“对象捕捉”工具栏

在绘图过程中，当要求指定点时，单击“对象捕捉”工具栏中相应的特征点按钮，再把光标移到要捕捉对象上的特征点附近，即可捕捉到相应的对象特征点，如图 11-3 所示。

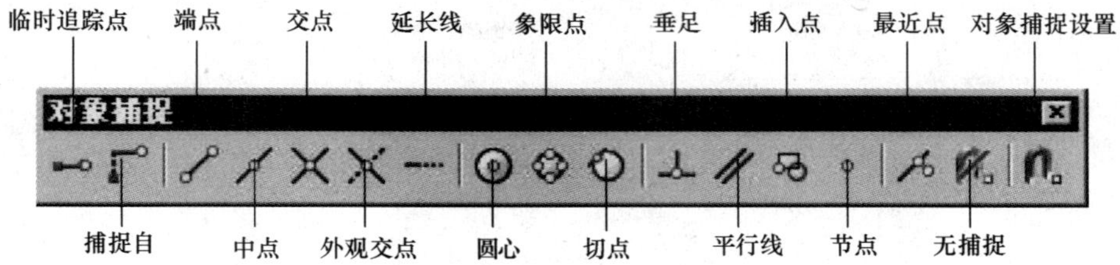


图 11-3　“对象捕捉”工具栏

2. 使用自动捕捉功能

绘图的过程中，使用对象捕捉的频率非常高。为此，AutoCAD 又提供了一种自动对象捕捉模式。自动捕捉就是当把光标放在一个对象上时，系统自动捕捉到对象上所有符合条件的几何特征点，并显示相应的标记。如果把光标放在捕捉点上多停留一会，系统还会显示捕捉的提示。这样，在选点之前，就可以预览和确认捕捉点。要打开对象捕捉模式，可在“草图设置”对话框的“对象捕捉”选项卡中，选中“启用对象捕捉”复选框，然后在“对象捕捉模式”选项组中选中相应复选。

3. 对象捕捉快捷菜单

当要求指定点时，可以按下 Shift 键或者 Ctrl 键，右击打开对象捕捉快捷菜单。选择需要的子命令，再把光标移到要捕捉对象的特征点附近，即可捕捉到相应的对象特征点。

## 11.6　运行和覆盖捕捉模式

在 AutoCAD 中，对象捕捉模式又可以分为运行捕捉模式和覆盖捕捉模式。在“草图设置”对话框的“对象捕捉”选项卡中，设置的对象捕捉模式始终处于运行状态，直到关闭为止，称为运行捕捉模式。

如果在点的命令行提示下输入关键字（如 MID、CEN、QUA 等），单击“对象捕捉”工具栏中的工具或在对象捕捉快捷菜单中选择相应命令，只临时打开捕捉模式，称为覆盖捕捉模式，仅对本次捕捉点有效。

要打开或关闭运行捕捉模式，可单击状态栏上的“对象捕捉”按钮。设置覆盖捕捉模式后，系统将暂时覆盖运行捕捉模式。

## 11.7　使用自动追踪

在 AutoCAD 中，自动追踪可按指定角度绘制对象，或者绘制与其他对象有特定关系的对象。自动追踪功能分极轴追踪和对象捕捉追踪两种，是非常有用的辅助绘图工具。

1. 极轴追踪与对象捕捉追踪

极轴追踪是按事先给定的角度增量来追踪特征点。而对象捕捉追踪则按与对象的某种特定关系来追踪，这种特定的关系确定了一个未知角度。也就是说，如果事先知道要追踪的方向（角度），则使用极轴追踪；如果事先不知道具体的追踪方向（角度），但知道与其他对象的某种关系（如相交），则用对象捕捉追踪。极轴追踪和对象捕捉追踪可以同时使用，如图 11-4 所示。

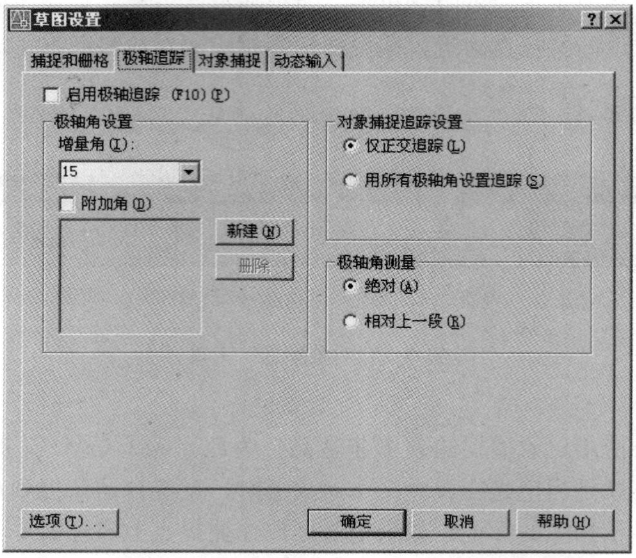


图 11-4 极轴追踪和对象捕捉追踪同时使用

2. 使用临时追踪点和捕捉自功能

在“对象捕捉”工具栏中，还有两个非常有用的对象捕捉工具，即“临时追踪点”和“捕捉自”工具。

“临时追踪点”工具：可在一次操作中创建多条追踪线，并根据这些追踪线确定所要定位的点。

“捕捉自”工具：在使用相对坐标指定下一个应用点时，“捕捉自”工具可以提示输入基点，并将该点作为临时参照点，这与通过输入前缀@使用最后一个点作为参照点类似。它不是对象捕捉模式，但经常与对象捕捉一起使用。

3. 使用自动追踪功能绘图

使用自动追踪功能可以快速而且精确地定位点，在很大程度上提高了绘图效率。

在 AutoCAD 中，要设置自动追踪功能选项，可打开“选项”对话框，在“草图”选项卡的“自动追踪设置”选项组中进行设置，其各选项功能如下。

“显示极轴追踪矢量”复选框：设置是否显示极轴追踪的矢量数据。

“显示全屏追踪矢量”复选框：设置是否显示全屏追踪的矢量数据。

“显示自动追踪工具栏提示”复选框：设置在追踪特征点时是否显示工具栏上的相应按钮的提示文字。

## 11.8 使用动态输入

在 AutoCAD 中，使用动态输入功能可以在指针位置处显示标注输入和命令提示等信息，从而极大地方便了绘图。

1. 启用指针输入

在“草图设置”对话框的“动态输入”选项卡中，选中“启用指针输入”复选框可以启用指针输入功能，如图 11-5 所示。可以在“指针输入”选项组中单击“设置”按钮， 使用打开的“指针输入设置”对话框设置指针的格式和可见性，如图 11-6 所示。

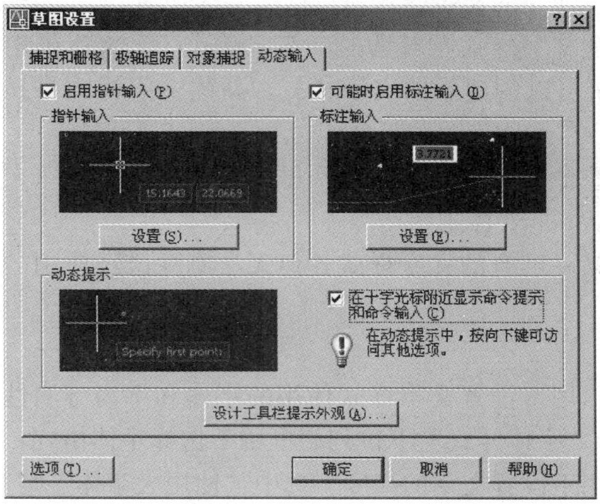


图 11-5 选中“启用指针输入”

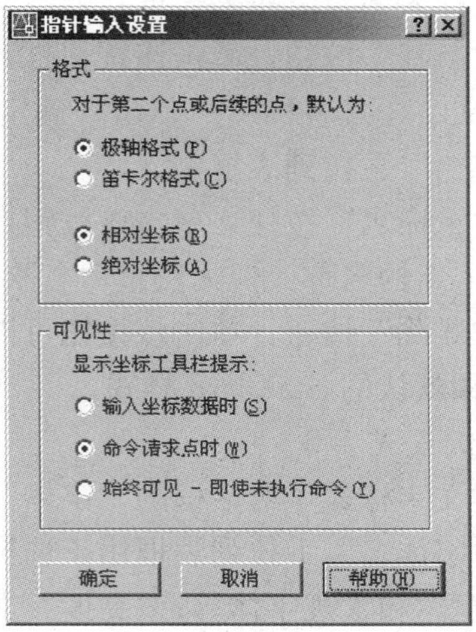


图 11-6 “指针输入”对话框

2. 启用标注输入

在“草图设置”对话框的“动态输入”选项卡中选中“可能时启用标注输入”复选框可以启用标注输入功能。在“标注输入”选项组中单击“设置”按钮，使用打开的“标注输入的设置”对话框，如图11-7 所示，可以设置标注的可见性。

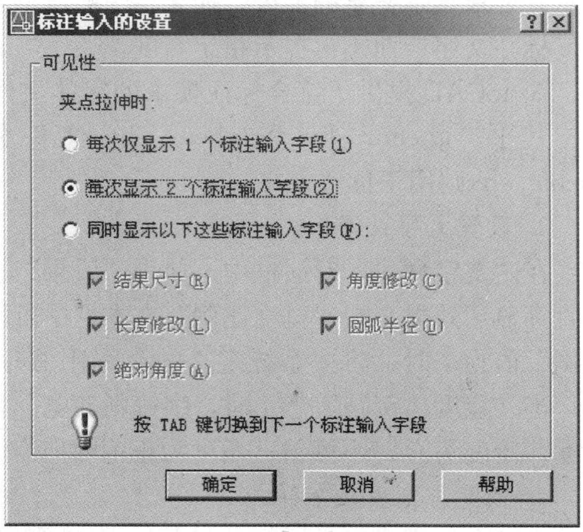


图 11-7 “标注输入的设置”对话框

3. 显示动态提示

在“草图设置”对话框的“动态输入”选项卡中，选中“动态提示”选项组中的“在十字光标附近显示命令提示和命令输入”复选框，可以在光标附近显示命令提示。

## 11.9 创建文字样式

在 AutoCAD 中，所有文字都有与之相关联的文字样式，在创建文字注释和尺寸标注时，AutoCAD 通常使用当前的文字样式。也可以根据具体要求重新设置文字样式或创建新的样式。文字样式包括文字“字体”、“字型”、“高度”、“宽度系数”、“倾斜角”、“反向”“倒置”以及“垂直”等参数。

选择“格式”→“文字样式”命令，打开“文字样式”对话框。利用该对话框可以修改或创建文字样式，并设置文字的当前样式。

1. 设置样式名

“文字样式”对话框的“样式名”选项组中显示了文字样式的名称、创建新的文字样式、为已有的文字样式重命名或删除文字样式，各选项的含义如下。

“样式名”下拉列表框：列出当前可以使用的文字样式，默认文字样式为 Standard。

“新建”按钮：单击该按钮打开“新建文字样式”对话框。在“样式名”文本框中输入新建文字样式名称后，单击“确定”按钮可以创建新的文字样式。新建文字样式将显示在“样式名”下拉列表框中。

“重命名”按钮：单击该按钮打开“重命名文字样式”对话框。可在“样式名”文本框中输入新的名称，但无法重命名默认的 Standard 样式。

“删除”按钮：单击该按钮可以删除某一已有的文字样式，但无法删除已经使用的文字样式和默认的 Standard 样式。

2. 设置字体

“文字样式”对话框的“字体”选项组用于设置文字样式使用的字体和字高等属性。其中，“字体名”下拉列表框用于选择字体；“字体样式”下拉列表框用于选择字体格式，如斜体、粗体和常规字体等；“高度”文本框用于设置文字的高度。选中“使用大字体”复选框，“字体样式”下拉列表框变为“大字体”下拉列表框，用于选择大字体文件。

如果将文字的高度设为 0，在使用 TEXT 命令标注文字时，命令行将显示“指定高度：”提示，要求指定文字的高度。如果在“高度”文本框中输入了文字高度，AutoCAD 将按此高度标注文字，而不再提示指定高度。

AutoCAD 提供了符合标注要求的字体文件：gbenor. shx、gbeitc. shx 和 gbcbig. shx 文件。其中，gbenor. shx 和 gbeitc. shx 文件分别用于标注直体和斜体字母与数字；gbcbig. shx则用于标注中文。

3. 设置文字效果

在“文字样式”对话框中，使用“效果”选项组中的选项可以设置文字的颠倒、反向、垂直等显示效果。在“宽度比例”文本框中可以设置文字字符的高度和宽度之比，当“宽度比例”值为 1 时，将按系统定义的高宽比书写文字；当“宽度比例”小于 1 时，字符会变窄；当“宽度比例”大于 1 时，字符则变宽。在“倾斜角度”文本框中可以设置文字的倾斜角度，角度为 0°时不倾斜；角度为正值时向右倾斜；为负值时向左倾斜。

4. 预览与应用文字样式

在“文字样式”对话框的“预览”选项组中，可以预览所选择或所设置的文字样式效果。其中，在“预览”按钮左侧的文本框中输入要预览的字符，单击“预览”按钮，可以将输入的字符按当前文字样式显示在预览框中。

设置完文字样式后，单击“应用”按钮即可应用文字样式。然后单击“关闭”按钮，关闭“文字样式”对话框。

## 11.10 创建单行文字

在 AutoCAD 中，“文字”工具栏可以创建和编辑文字。对于单行文字来说，每一行都是一个文字对象，选择“绘图”→“文字”→“单行文字”命令（DTEXT），或在“文字”工具栏中单击“单行文字”按钮，可以创建单行文字对象。

1. 指定文字的起点

默认情况下，通过指定单行文字行基线的起点位置创建文字。如果当前文字样式的高度设置为 0，系统将显示“指定高度：”提示信息，要求指定文字高度，否则不显示该提示信息，而使用“文字样式”对话框中设置的文字高度。

2. 设置对正方式

在“指定文字的起点或［对正（J）/样式（S）］：”提示信息后输入 J，可以设置文字的排列方式。此时命令行显示如下提示信息：

“输入对正选项［左（L）/对齐（A）/调整（F）/中心（C）/中间（M）/右（R）/左上（TL）/中上（TC）/右上（TR）/左中（ML）/正中（MC）/右中（MR）/左下（BL）/中下（BC）/右下（BR）］〈左上（TL）〉：”

在 AutoCAD 中，系统为文字提供了多种对正方式。

3. 设置当前文字样式

在“指定文字的起点或［对正（J）/样式（S）］：”提示下输入 S，可以设置当前使用的文字样式。选择该选项时，命令行显示如下提示信息：

“输入样式名或［?］〈Mytext〉：”

可以直接输入文字样式的名称，也可输入“?”，在“AutoCAD 文本窗口”中显示当前图形已有的文字样式，如图 11-8 所示。

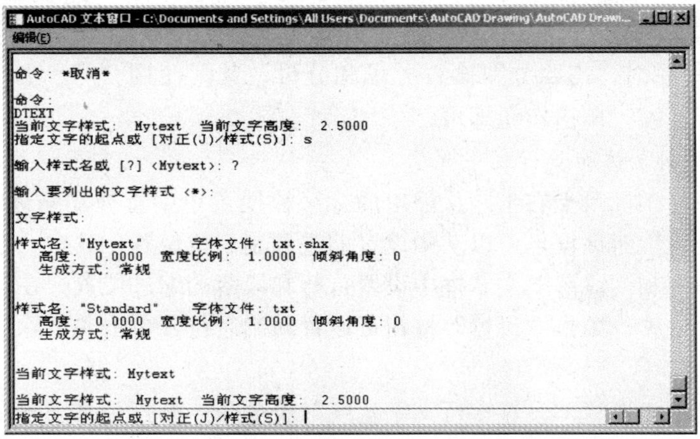
AutoCAD 文本窗口 - C:\Documents and Settings\All Users\Documents\AutoCAD Drawing\AutoCAD Drawi...
编辑(E)

命令: *取消*

命令:
DTEXT
当前文字样式: Mytext 当前文字高度: 2.5000
指定文字的起点或 [对正(J)/样式(S)]: s

输入样式名或 [?] <Mytext>: ?

输入要列出的文字样式 <*>:

文字样式:

样式名: "Mytext"　　字体文件: txt.shx
　　高度: 0.0000 宽度比例: 1.0000 倾斜角度: 0
　　生成方式: 常规

样式名: "Standard"　　字体文件: txt
　　高度: 0.0000 宽度比例: 1.0000 倾斜角度: 0
　　生成方式: 常规

当前文字样式: Mytext

当前文字样式: Mytext 当前文字高度: 2.5000
指定文字的起点或 [对正(J)/样式(S)]:

图 11-8　AutoCAD 文本窗口

## 11.11 使用文字控制符

在实际设计绘图中，往往需要标注一些特殊的字符。例如，在文字上方或下方添加划线、标注°、±、$\phi$ 等符号。这些特殊字符不能从键盘上直接输入，因此 AutoCAD 提供了相应的控制符，以实现这些标注要求。

在 AutoCAD 的控制符中%%O 和%%U 分别是上划线与下划线的开关，第 1 次出现此符号时，可打开上划线或下划线，第 2 次出现该符号时，则会关掉上划线或下划线。

在“输入文字：”提示下，输入控制符时，这些控制符也临时显示在屏幕上，当结束文本创建命令时，这些控制符将从屏幕上消失，转换成相应的特殊符号。

## 11.12 编辑单行文字

单行文字可进行单独编辑。编辑单行文字包括编辑文字的内容、对正方式及缩放比例，可以选择“修改”→“对象”→“文字”子菜单中的命令进行设置。各命令的功能如下。

“编辑”命令（DDEDIT）：选择该命令，然后在绘图窗口中单击需要编辑的单行文字，进入文字编辑状态，可以重新输入文本内容。

“比例”命令（SCALETEXT）：选择该命令，然后在绘图窗口中单击需要编辑的单行文字，此时需要输入缩放的基点以及指定新高度、匹配对象（M）或缩放比例（S）。

“对正”命令（JUSTIFYTEXT）：选择该命令，然后在绘图窗口中单击需要编辑的单行文字，此时可以重新设置文字的对正方式。

## 11.13 创建多行文字

“多行文字”又称为段落文字，是一种更易于管理的文字对象，可以由两行以上的文字组成，而且各行文字都是作为一个整体处理。选择“绘图”→“文字”→“多行文字”命令（MTEXT），或在“绘图”工具栏中单击“多行文字”按钮，然后在绘图窗口中指定一个用来放置多行文字的矩形区域，将打开“文字格式”工具栏和文字输入窗口。利用它们可以设置多行文字的样式、字体及大小等属性。

### 1. 使用“文字格式”工具栏

使用“文字格式”工具栏，可以设置文字样式、文字字体、文字高度、加粗、倾斜或加下划线效果。单击“堆叠/非堆叠”按钮，可以创建堆叠文字（堆叠文字是一种垂直对齐的文字或分数）。在使用时，需要分别输入分子和分母，其间使用“/”、“#”或“^”分隔，然后选择这一部分文字，单击按钮即可。

### 2. 设置缩进、制表位和多行文字宽度

在文字输入窗口的标尺上右击，从弹出的标尺快捷菜单中选择“缩进和制表位”命令，打开“缩进和制表位”对话框，可以从中设置缩进和制表位位置。其中，在“缩进”选项组的“第一行”文本框和“段落”文本框中设置首行和段落的缩进位置；在“制表位”列表框中可设置制表符的位置，单击“设置”按钮可设置新制表位，单击“清除”按钮可清除列表框中的所有设置。

在标尺快捷菜单中选择“设置多行文字宽度”子命令，可打开“设置多行文字宽度”对话框，在“宽度”文本框中可以设置多行文字的宽度。

### 3. 使用选项菜单

在“文字格式”工具栏中单击“选项”按钮，打开多行文字的选项菜单，可以对多行文本进行更多的设置。在文字输入窗口中右击，将弹出一个快捷菜单，该快捷菜单与选项菜单中的主要命令一一对应。

### 4. 输入文字

在多行文字的文字输入窗口中，可以直接输入多行文字，也可以在文字输入窗口中右

击，从弹出的快捷菜单中选择“输入文字”命令，将已经在其他文字编辑器中创建的文字内容直接导入到当前图形中。

## 11.14 编辑多行文字

要编辑创建的多行文字，可选择“修改”→“对象”→“文字”→“编辑”命令（DDEDIT），并单击创建的多行文字，打开多行文字编辑窗口，然后参照多行文字的设置方法，修改并编辑文字。也可以在绘图窗口中双击输入的多行文字，或在输入的多行文字上右击，从弹出的快捷菜单中选择“重复编辑多行文字”命令或“编辑多行文字”命令，打开多行文字编辑窗口。

# 第12章 尺 寸 标 注

## 12.1 尺寸标注的规则

在 AutoCAD 中，对绘制的图形进行尺寸标注时应遵循以下规则：

物体的真实大小应以图样上所标注的尺寸数值为依据，与图形的大小及绘图的准确度无关。图样中的尺寸以 mm 为单位时，不需要标注计量单位的代号或名称。如采用其他单位，则必须注明相应计量单位的代号或名称，如度、厘米及米等。

图样中所标注的尺寸为该图样所表示的物体的最后完工尺寸，否则应另加说明。

一般物体的每一尺寸只标注一次，并应标注在最后反映该结构最清晰的图形上。

## 12.2 创建尺寸标注基本步骤

在 AutoCAD 中对图形进行尺寸标注的基本步骤如下：

(1) 选择"格式"→"图层"命令，在打开的"图层特性管理器"对话框中创建一个独立的图层，用于尺寸标注。

(2) 选择"格式"→"文字样式"命令，在打开的"文字样式"对话框中创建一种文字样式，用于尺寸标注。

(3) 选择"格式"→"标注样式"命令，在打开的"标注样式管理器"对话框中设置标注样式。

(4) 使用对象捕捉和标注等功能，对图形中的元素进行标注。

## 12.3 创建标注样式

在 AutoCAD 中，使用"标注样式管理器"可以控制标注的格式和外观，建立强制执行的绘图标准，并有利于对标注格式及用途进行修改。要创建标注样式，选择"格式"→"标注样式"命令，打开"标注样式管理器"对话框，如图 12-1 所示，单击"新建"按钮，在打开的"创建新标注样式"对话框中即可创建新标注样式。

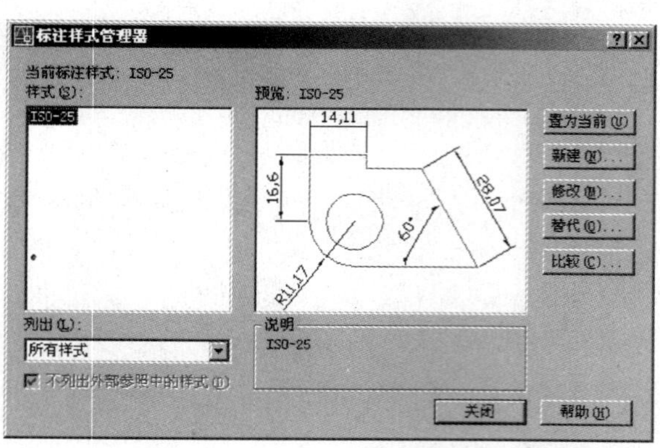


图 12-1 "标注样式管理器"对话框

### 1. 直线格式

在"新建标注样式"对话框中，使用"直线"选项卡可以设置尺寸线、尺寸界线的格式和位置。

(1) 尺寸线

在"尺寸线"选项组中，可以设置尺寸线的颜色、线宽、超出标记以及基线间距等属性。

(2) 尺寸界限

在“尺寸界线”选项组中，可以设置尺寸界线的颜色、线宽、超出尺寸线的长度和起点偏移量、隐藏控制等属性。

2. 符号和箭头格式

在“新建标注样式”对话框中，使用“符号和箭头”选项卡可以设置箭头、圆心标记、弧长符号和半径标注折弯的格式与位置。

3. 文字格式

在“文字格式”选项组中，可以设置文字的样式、颜色、高度和分数高度比例，以及控制是否绘制文字边框等。

4. 调整格式

在“调整”对话框中，可以设置标注文字、尺寸线、尺寸箭头的位置。

5. 主单位格式

在“主单位格式”对话框中，可以使用“主单位”选项卡设置主单位的格式与精度等属性。

6. 换算单位

在 AutoCAD 中，通过换算标注单位，可以转换使用不同测量单位制的标注，通常是显示英制标注的等效公制标注，或公制标注的等效英制标注。在标注文字中，换算标注单位显示在主单位旁边的方括号 [ ] 中。

7. 公差格式

在“公差格式”对话框中，可以使用“公差”选项卡设置是否标注公差，以及以何种方式进行标注。

## 12.4 标注方式

1. 线性标注

选择“标注”→“线性”命令，或在“标注”工具栏中单击“线性”按钮，可创建用于标注用户坐标系 XY 平面中的两个点之间的距离测量值，并通过指定点或选择一个对象来实现。

2. 对齐标注

选择“标注”→“对齐”命令，或在“标注”工具栏中单击“对齐”按钮，可以对对象进行对齐标注。对齐标注是线性标注尺寸的一种特殊形式。在对直线段进行标注时，如果该直线的倾斜角度未知，那么使用线性标注方法将无法得到准确的测量结果，这时可以使用对齐标注。

3. 弧长标注

选择“标注”→“弧长”命令，或在“标注”工具栏中单击“弧长”按钮，可以标注圆弧线段或多段线圆弧线段部分的弧长。

4. 基线标注

选择“标注”→“基线”命令，或在“标注”工具栏中单击“基线”按钮，可以创建一系列由相同的标注原点测量出来的标注。在进行基线标注之前必须先创建（或选择）一个线型、坐标或角度标注作为基准标注。

5. 连续标注

选择“标注”→“连续”命令，或在“标注”工具栏中单击“连续”按钮，可以创建一系列端对端放置的标注，每个连续标注都从前一个标注的第二个尺寸界线处开始。在进行连续标注之前，必须先创建（或选择）一个线型、坐标或角度标注作为基准标注，以确定连续标注所需要的前一尺寸标注的尺寸界线。

6. 半径标注

选择“标注”→“半径”命令，或在“标注”工具栏中单击“半径”按钮，可以标注圆和圆弧的半径。执行该命令，选择要标注半径的圆弧或圆即可。

7. 折弯标注

选择“标注”→“折弯”命令，或在“标注”工具栏中单击“折弯”按钮，可以折弯标注圆和圆弧的半径。该标注方式是 AutoCAD 新增的一个命令，它与半径标注方法基本相同，但需要指定一个位置代替圆或圆弧的圆心。

8. 直径标注

选择“标注”→“直径”命令，或在“标注”工具栏中单击“直径标注”按钮，可以标注圆和圆弧的直径。直径标注的方法与半径标注的方法相同。当选择了需要标注直径的圆或圆弧后，直接确定尺寸线的位置，系统将按实际测量值标注出圆或圆弧的直径。

9. 圆心标记

选择“标注”→“圆心标记”命令，或在“标注”工具栏中单击“圆心标记”按钮，即可标注圆和圆弧的圆心。此时只需要选择待标注其圆心的圆弧或圆即可。

圆心标记的形式可以由系统变量 DIMCEN 设置。当该变量的值大于 0 时，作圆心标记，且该值是圆心标记线长度的一半；当变量的值小于 0 时，画出中心线，且该值是圆心处小十字线长度的一半。

10. 角度标注

选择“标注”→“角度”命令，或在“标注”工具栏中单击“角度”按钮，都可以测量圆和圆弧的角度、两条直线间的角度，或者三点间的角度。

11. 引线标注

选择“标注”→“引线”命令，或在“标注”工具栏中单击“快速引线”按钮，都可以创建引线和注释，而且引线和注释可以有多种格式。

12. 坐标标注

选择“标注”→“坐标”命令，或在“标注”工具栏中单击“坐标标注”按钮，都可以标注相对于用户坐标原点的坐标。

13. 快速标注

选择“标注”→“快速标注”命令，或在“标注”工具栏中单击“快速标注”按钮，都可以快速创建成组的基线、连续、阶梯和坐标标注，快速标注多个圆、圆弧，以及编辑现有标注的布局。

14. 形位公差标注

形位公差在机械图形中极为重要。一方面，如果形位公差不能完全控制，装配件就不能正确装配；另一方面，过度吻合的形位公差又会由于额外的制造费用而造成浪费。但在大多数的建筑图形中，形位公差几乎不存在。

## 12.5 编辑标注对象

在 AutoCAD 中，可以对已标注对象的文字、位置及样式等内容进行修改，而不必删除所标注的尺寸对象再重新进行标注。

1. 编辑标注

在“标注”工具栏中，单击“编辑标注”按钮，即可编辑已有标注的标注文字内容和放置位置。

2. 编辑标注文字的位置

选择“标注”→“对齐文字”子菜单中的命令，或在“标注”工具栏中单击“编辑标注文字”按钮，都可以修改尺寸的文字位置。默认情况下，可以通过拖动光标来确定尺寸文字的新位置，也可以输入相应的选项指定标注文字的新位置。

3. 替代标注

选择“标注”→“替代”命令，可以临时修改尺寸标注的系统变量设置，并按该设置修改尺寸标注。该操作只对指定的尺寸对象作修改，并且修改后不影响原系统的变量设置。默认情况下，输入要修改的系统变量名，并为该变量指定一个新值。然后选择需要修改的对象，这时指定的尺寸对象将按新的变量设置作相应的更改。如果在命令提示下输入 C，并选择需要修改的对象，这时可以取消用户已作出的修改，并将尺寸对象恢复成在当前系统变量设置下的标注形式。

4. 更新标注

选择“标注”→“更新”命令，或在“标注”工具栏中单击“标注更新”按钮，都可以更新标注，使其采用当前的标注样式。

5. 尺寸关联

尺寸关联是指所标注尺寸与被标注对象有关联关系。如果标注的尺寸值是按自动测量值标注，且尺寸标注是按尺寸关联模式标注的，那么，改变被标注对象的大小后相应的标注尺寸也将发生改变，即尺寸界线、尺寸线的位置都将改变到相应新位置，尺寸值也改变成新测量值。反之，改变尺寸界线起始点的位置、尺寸值也会发生相应的变化。

# 第13章　块 与 属 性

块是一个或多个对象组成的对象集合，常用于绘制复杂、重复的图形。一旦一组对象组合成块，就可以根据作图需要将这组对象插入到图中任意指定位置，而且还可以按不同的比例和旋转角度插入。在 AutoCAD 中，使用块可以提高绘图速度、节省存储空间、便于修改图形。

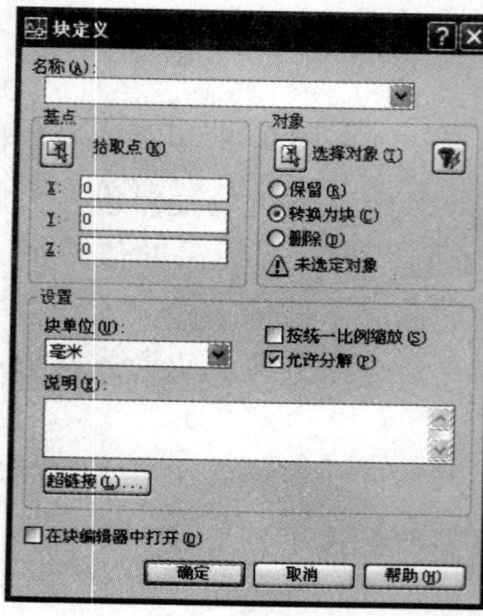


图 13-1　“块定义”对话框

## 13.1　创建块

选择“绘图”→“块”→“创建”命令，打开“块定义”对话框，可以将已绘制的对象创建为块，如图 13-1 所示。

## 13.2　插入块

选择“插入”→“块”命令，打开“插入”对话框。用户可以利用它在图形中插入块或其他图形，并且在插入块的同时还可以改变所插入块或图形的比例与旋转角度，如图 13-2 所示。

## 13.3　存储块

在 AutoCAD 中，使用 WBLOCK 命令可以将块以文件的形式写入磁盘。执行 WBLOCK 命令将打开“写块”对话框，如图 13-3 所示。

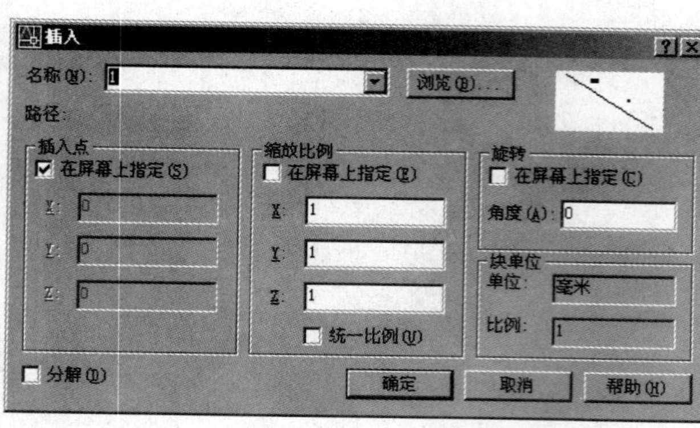


图 13-2　“插入”对话框

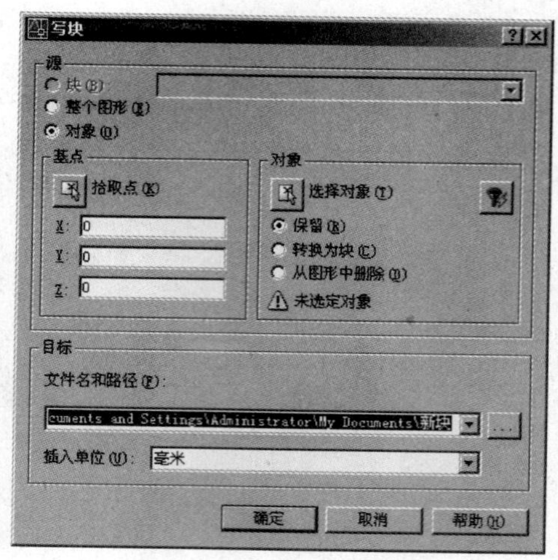


图 13-3　“写块”对话框

## 13.4　编辑与管理块属性

块属性是附属于块的非图形信息，是块的组成部分，可包含在块定义中的文字对象。在定义一个块时，属性必须预先定义而后选定。通常属性用于在块的插入过程中进行自动注释。

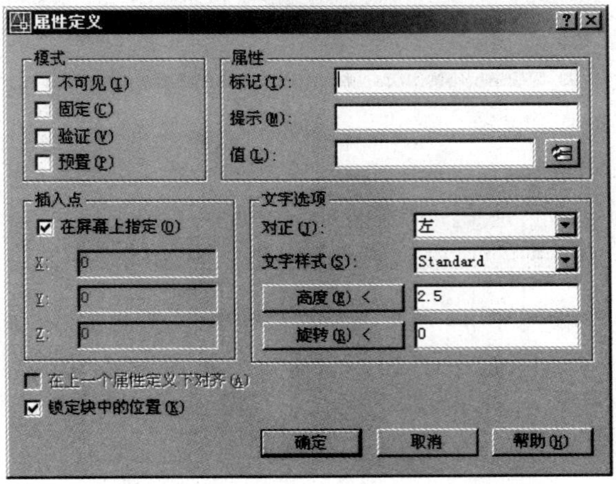

图 13-4　“属性定义”对话框

1. 创建并使用带有属性的块

选择“绘图”→“块”→“定义属性”命令，可以使用打开的“属性定义”对话框创建块属性，如图 13-4 所示。

2. 在图形中插入带属性定义的块

在创建带有附加属性的块时，需要同时选择块属性作为块的成员对象。带有属性的块创建完成后，就可以使用“插入”对话框，在文档中插入该块。

3. 修改属性定义

选择“修改”→“对象”→“文字”→“编辑”命令或双击块属性，打开“编辑属性定义”对话框。使用“标记”、“提示”和“默认”文本框可以编辑块中定义的标记、提示及默认值属性，如图 13-5 所示。

4. 编辑块属性

选择“修改”→“对象”→“属性”→“单个”命令，或在“修改Ⅱ”工具栏中单击“编辑属性”按钮，都可以编辑块对象的属性。在绘图窗口中选择需要编辑的块对象后，系统将打开“增强属性编辑器”对话框，如图 13-6 所示。

图 13-5　“编辑属性定义”对话框

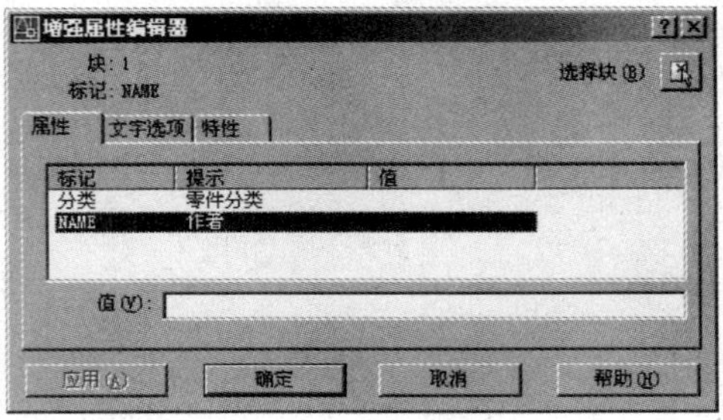

图 13-6　“增强属性编辑器”对话框

5. 块属性管理器

选择“修改”→“对象”→“属性”→“块属性管理器”命令，或在“修改Ⅱ”工具栏中单击“块属性管理器”按钮，都可打开“块属性管理器”对话框，可在其中管理块中的属性，如图 13-7 所示。

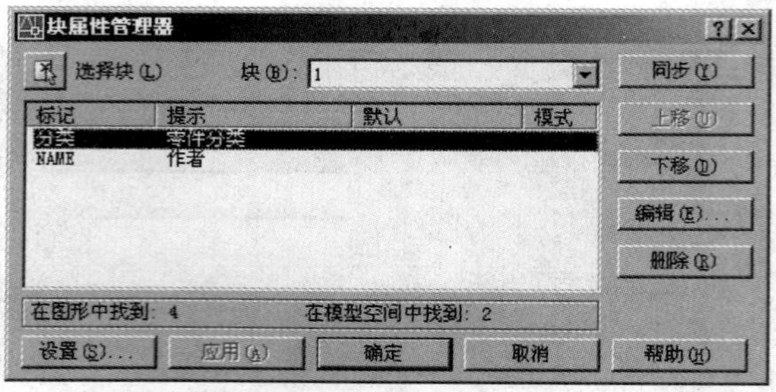

图 13-7 “块属性管理器”对话框

# 第 14 章　建筑平面图绘制

建筑平面图在工程图纸绘制过程中较为复杂，其由许多房间组成，各个房间的功能又不尽相同，需要绘制的图形元素比较多。如果需要绘制的图纸具有实际工程上使用的意义，除了需要采用比较规范的绘图方法外，还需要进行非常多的标注和说明。绘制一整张大楼平面图，需要花费一定的时间。

## 14.1　设置绘图参数

1. 设置图层

建立本章需要的图层的具体步骤如下：

（1）打开图层工具栏，单击图层特性管理命令图标，即可打开“图层特性管理器”对话框。

（2）在“图层特性管理器”对话框中单击上边的新建图层命令图标，新建图层“轴线”和“门窗”，指定图层颜色为洋红色。

（3）继续新建图层“墙”和“剖切线”，指定颜色为红色；新建图层“楼梯”和“出水管”，指定颜色为蓝色；新建图层“标注”、“门窗”、“文字标注”和“轴线编号”，指定颜色为白色；其他设置采用默认设置。这样就得到初步的图层设置，如图 14-1 所示。

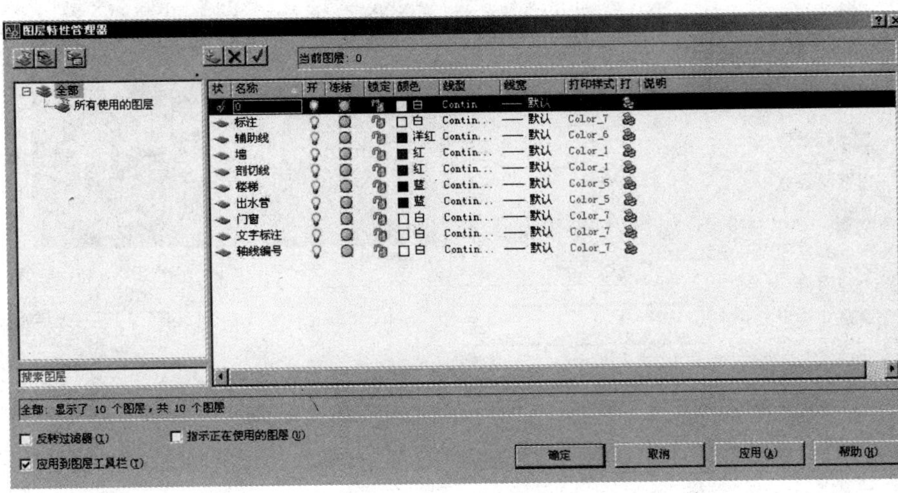


图 14-1　“图层特性管理器”对话框

2. 设置标注样式

（1）调用下拉菜单命令“标注”-“样式”，则系统弹出“标注样式管理器”对话框，如图 14-2 所示，选择“修改”按钮，则进入“修改标注样式：ISO-25”对话框。

（2）选择“直线和箭头”选项卡，设定“尺寸线”列表框的“基线间距”为 1，设定“尺寸界限”列表框中的“超出尺寸线”为 1，“起点偏移量”为 0，单击“箭头”列表框，在弹出的下拉列表中选择“建筑标记”，并设定“箭头大小”为 2.5，这样就完成了“直线和箭头”选项卡的设置，设置结果如图 14-3、图 14-4 所示。

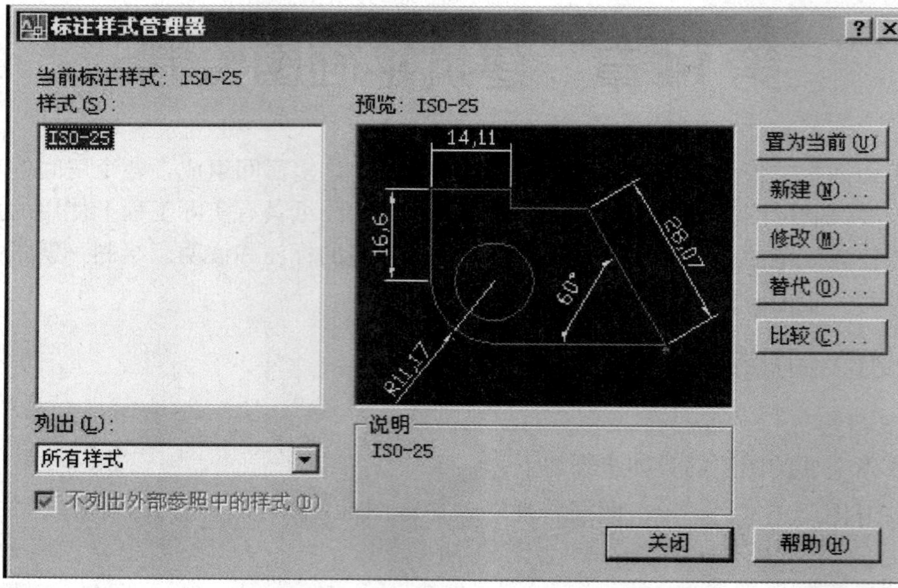


图 14-2　“标注样式管理器”对话框

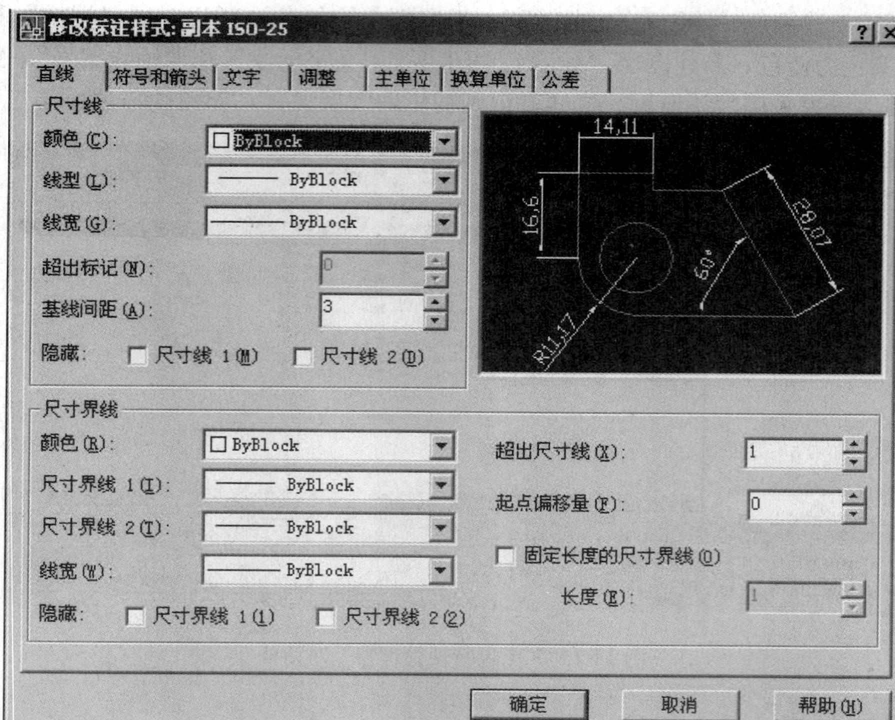


图 14-3　“修改标注样式”对话框（一）

（3）选择“文字”选项卡，在“文字外观”列表框中的“文字高度”右边的文本框中填入“2”。这样就完成了“文字”选项卡的设置，结果如图 14-5 所示。

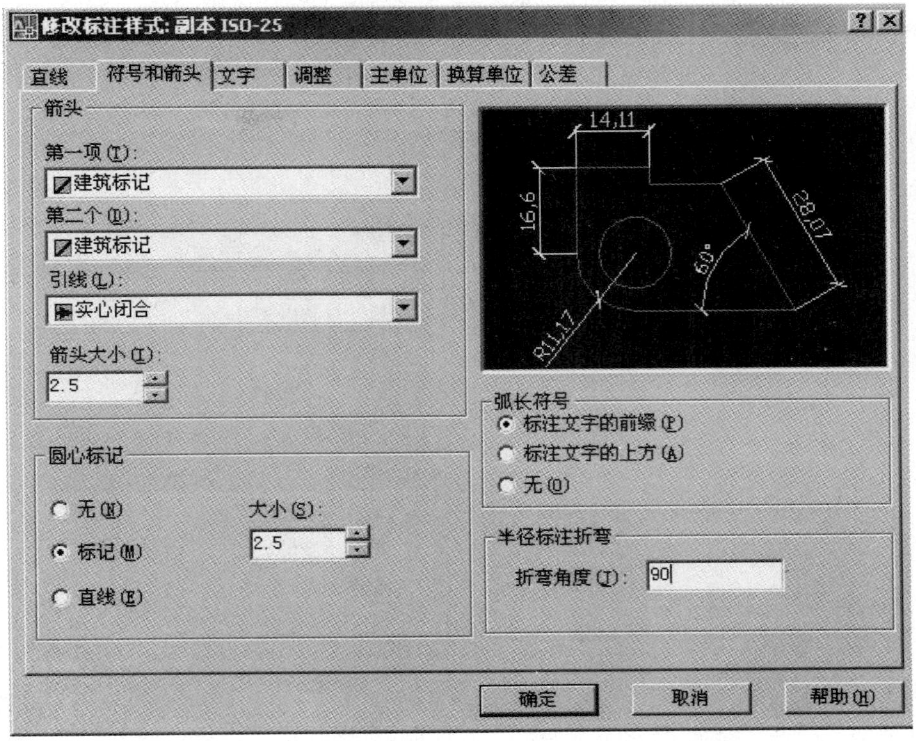


图 14-4 “修改标注样式”对话框（二）

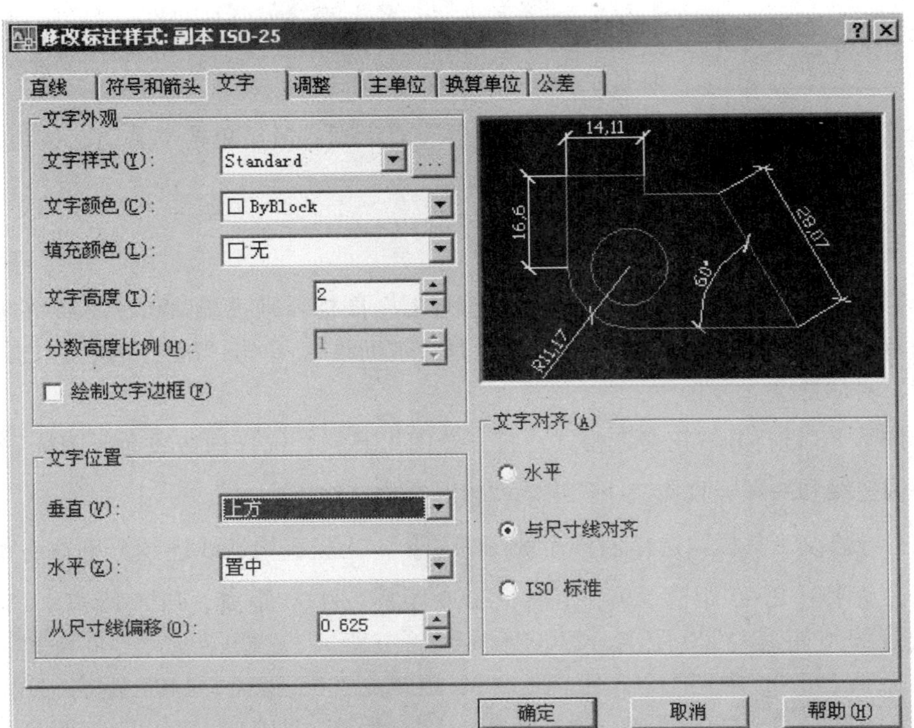


图 14-5 “修改标注样式”对话框（三）

（4）选择“调整”选项卡，在“调整”选项列表框中选择“箭头”单选按钮，在“文字位置”列表框中选择“尺寸线上方，带引线”单选按钮，在“标注特征比例”列表框中指定“使用全局比例”为 100。这样就完成了“调整”选项卡的设置，结果如图 14-6 所示。

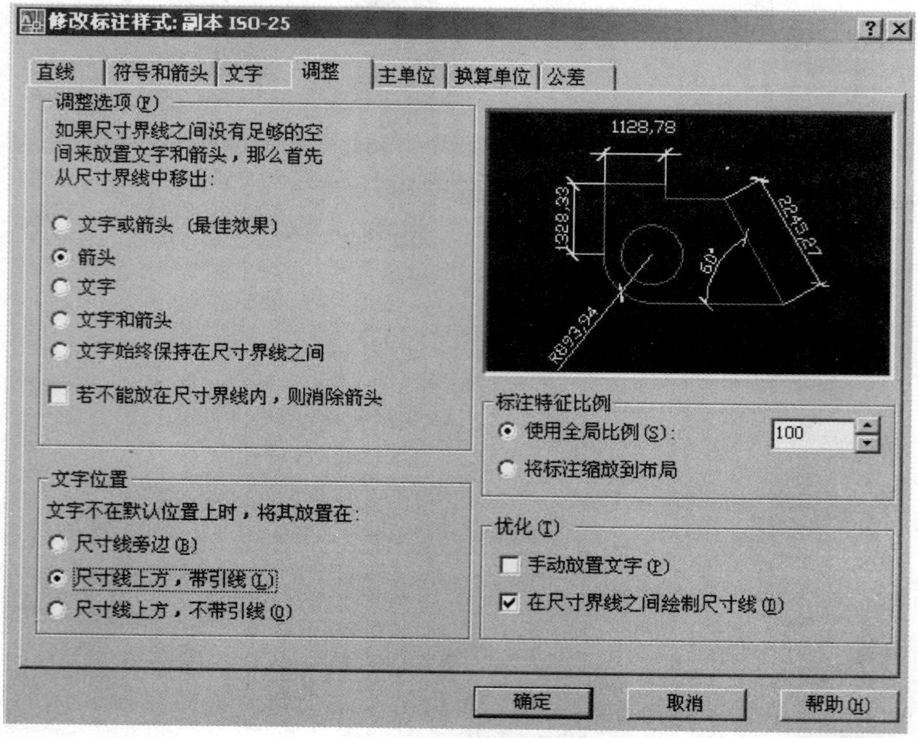


图 14-6 “修改标注样式”对话框（四）

单击“确定”按钮返回“标注样式管理器”对话框，最后单击“关闭”按钮返回绘图区。这样就完成了标注样式的设置。

## 14.2 绘制辅助线

（1）打开图层工具栏，选择“图层特性管理器”图标，则系统弹出“图层特性管理器”对话框。双击图层“辅助线”，使得当前图层是“辅助线”。单击“确定”按钮退出“图层特性管理器”对话框。

（2）按下 F8 键打开“正交”模式。打开绘图工具栏，选择构造线命令图标，绘制一条水平构造线和一条竖直构造线，组成“十”字构造线。

（3）打开修改工具栏，选择偏移命令图标，让竖直构造线连续分别往右偏移 2300 距离、1200 距离、2700 距离、900 距离、2000 距离、2000 距离、1400 距离、1400 距离、2000 距离、2000 距离、900 距离、2700 距离、1200 距离、2300 距离、300 距离、2300 距离、1200 距离、2700 距离、900 距离、2000 距离、2000 距离、1400 距离、1400 距离、1300 距离、800 距离、2900 距离、300 距离、1200 距离、2100 距离、2100 距离、1200 距离、300 距离、2900 距离、800 距离、1300 距离、1400 距离、1400 距离、1300 距离、800 距离、2900 距离、300 距离、1200 距离、2100 距离，得到竖直方向的辅助线。让水平构造线连续分别往上偏移 1500 距离、900 距离、1800 距离、2700 距离、750 距离、750 距离、1250 距离、3250 距离、1200 距离、600 距离、900 距离，得到水平方向的辅助线。它们和竖直辅助线一起构成正的辅助线网，如图 14-7 所示。

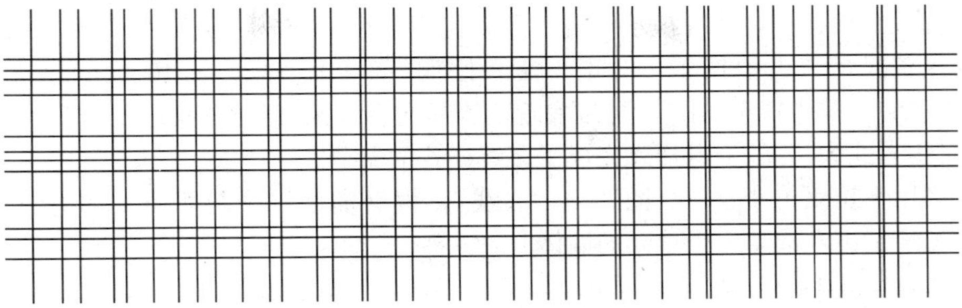

图 14-7　辅助线网

## 14.3　绘制墙体

1. 绘制主墙

(1) 打开图层工具栏，选择图层特性管理图标，则系统弹出“图层特性管理器”对话框。双击图层“墙”，使得当前图层是“墙”。单击“确定”按钮退出“图层特性管理”对话框。

(2) 调用下拉菜单命令“格式”→“多线样式”，在弹出的“多线样式”对话框中，单击“新建”按钮，在打开的“创建新的多线样式”对话框中输入样式名“240”，单击“继续”按钮，系统打开“新建多线样式”对话框，在“元素”选项组，把其中的元素偏移量设为 120 和－120，如图 14-8 所示。

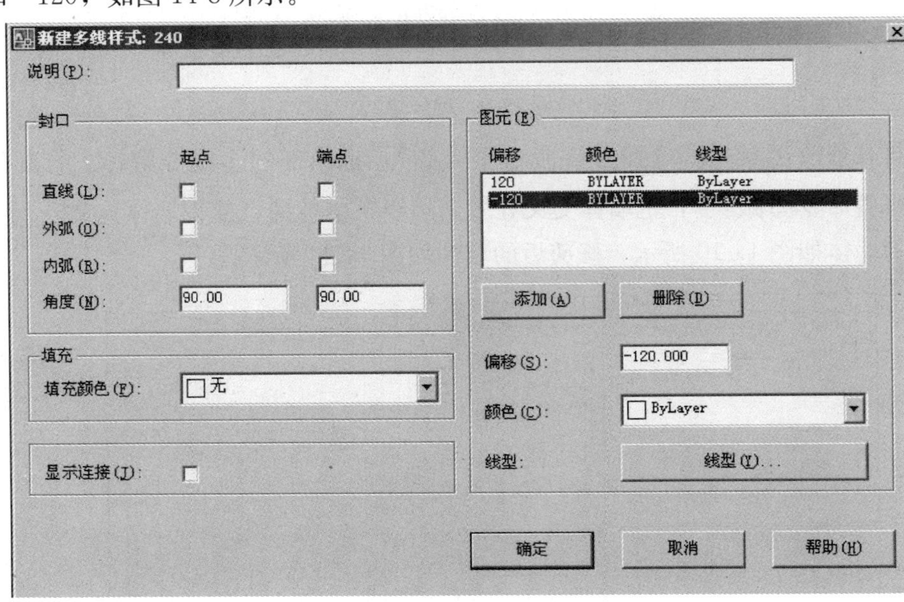


图 14-8　“新建多线样式”对话框

(3) 单击“确定”按钮，返回“多线样式”对话框，如果当前的多线名称不是“240”，则单击“置为当前”按钮即可。然后单击“确定”按钮完成多线的设置。

(4) 多线样式的调节：调用下拉菜单命令“绘图”→“多线”，系统提示“命令：_mline 当前设置：对正＝上，比例＝20.00，样式＝240，指定起点或［对正（J）/比例

(S) /样式 (ST)]:”。输入“J”选择修改对正方式，系统提示“输入对正类型［上（T）/无（Z）/下（B)］〈上〉:”。输入“Z”选择居中对齐方式，系统提示“当前设置：对正＝无，比例＝20.00，样式＝240 指定起点或［对正（J）/比例（S）/样式（ST)]:”。输入“S”选择修改多线比例，系统提示“输入多线比例〈20.00〉:”。输入“1”作为多线的新比例即可。系统提示“当前设置：对正＝无，比例＝1.00，样式＝240 指定起点或［对正（J）/比例（S）/样式（ST)]:”。可以发现：当前的多线比例已经修改为“1”，多线样式为“240”，对正方式为“无”。这样就完成了多线样式的调节。

（5）调用下拉菜单命令“绘图”→“多线”，根据辅助线绘制如图 14-9 所示的墙体多线。图中先绘制出左边第一个单元的墙体。

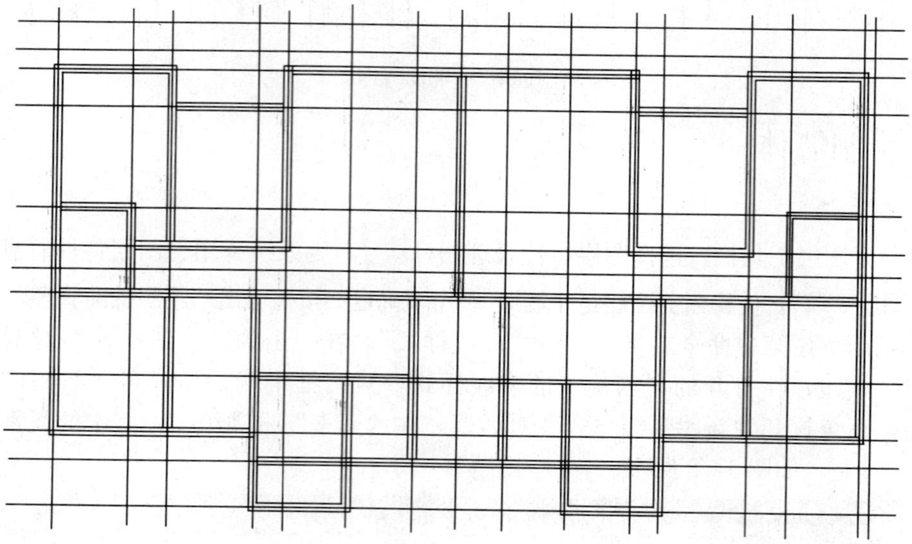

图 14-9　墙体多线

（6）打开修改工具栏，选择分解命令图标，把全部的多线分解掉。打开修改工具栏，选择修剪命令图标，把墙体交叉处多余的线条修剪掉，使得墙体连贯。例如左上角的修剪前的墙体如图 14-10 所示，修剪后的墙体如图 14-11 所示。

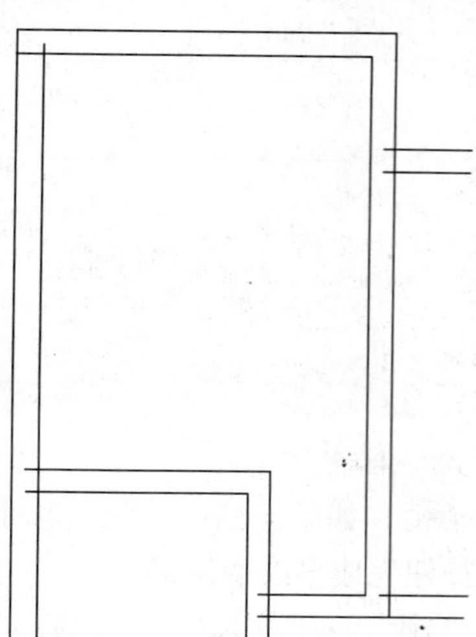

图 14-10　修剪前的墙体线

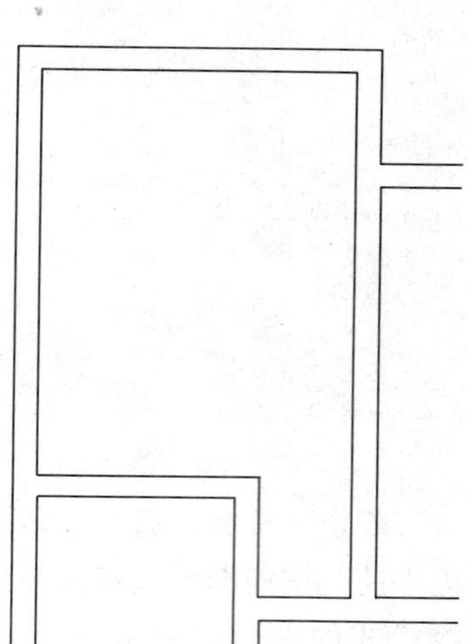

图 14-11　修剪后的墙体线

(7) 打开修改工具栏，选择修剪命令图标，继续把墙体其余交叉处多余的线条修剪掉，使得墙体整体连贯，该单元全部墙体修剪结果如图 14-12 所示。

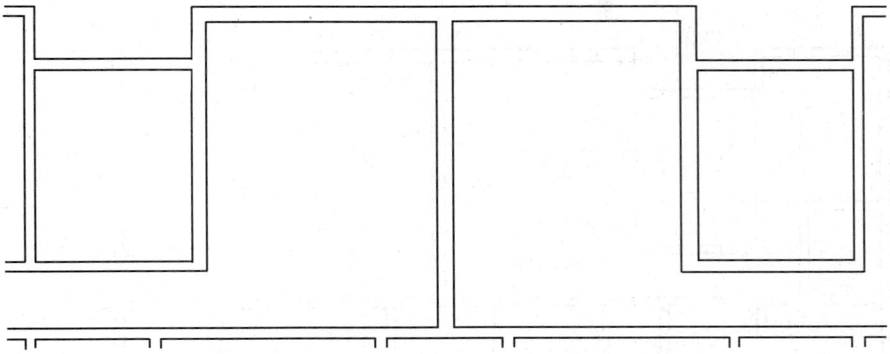

图 14-12　单元全部墙体修剪结果

2. 调整墙体

单元中间靠上部有几段墙体是 370 距离宽，需要在前边的 240 距离墙体上进行宽度调整，具体步骤如下：

(1) 打开修改工具栏，选择偏移命令图标，让中间的墙体线往外各偏移 65 距离。打开修改工具栏，选择偏移命令图标，让周围的 4 段墙体线往里偏移 130 距离。这样就得到拓宽后的墙体位置，具体如图 14-13 所示。

(2) 打开修改工具栏，选择删除命令图标，删除原来的墙线。打开修改工具栏，选择修剪命令图标，修剪掉新墙线冒头的部分。打开修改工具栏，选择延伸命令图标，把断开的墙体延伸使得连贯。

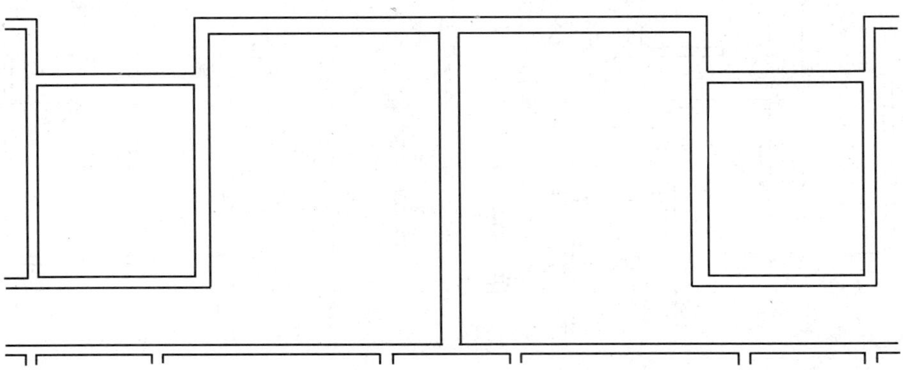

图 14-13　墙体局部加宽

## 14.4　绘制门窗楼梯

1. 开门窗洞

(1) 打开绘图工具栏，选择直线命令图标，根据门和窗户的具体位置，在对应的墙上绘制出这些门窗的一边边界。

（2）打开修改工具栏，选择偏移命令图标，根据各个门和窗户的具体大小，让前边绘制的门窗边界偏移对应的距离，就能得到门、窗洞在图上的具体位置，绘制结果如图14-14所示。

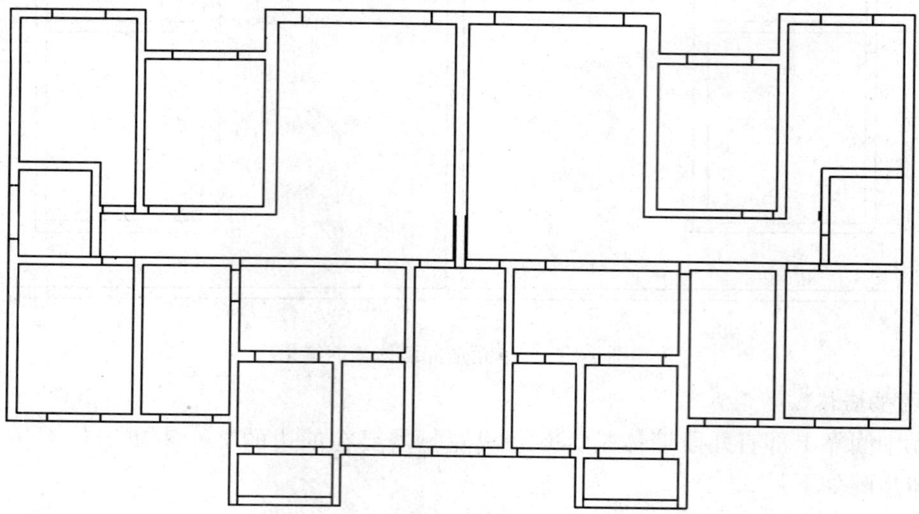

图 14-14　绘制门、窗洞

（3）打开修改工具栏，选择修剪命令图标，按下回车键选择自动修剪模式，然后把各个门、窗洞修剪出来，就能得到全部的门、窗洞，绘制结果如图 14-15 所示。

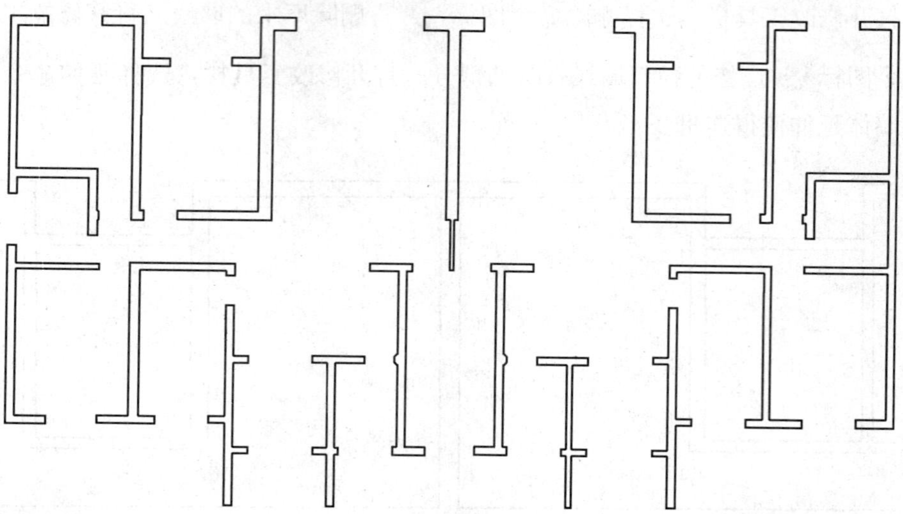

图 14-15　修剪门、窗洞

（4）打开绘图工具栏，选择矩形命令图标，绘制一个 80×80 的矩形。然后调出修改工具栏，选择复制命令图标，把该矩形复制到各个窗户的外边角上，作为突出的窗台，结果如图 14-16 所示，图中一共复制了 12 个矩形。

（5）打开修改工具栏，选择修剪命令图标，修剪掉窗台和墙重合的部分，使得窗台和墙合并连通，修剪结果如图 14-17 所示。

（6）使用矩形窗口选择模式，选中所有的墙体线，然后单击鼠标右键，在弹出的快捷菜

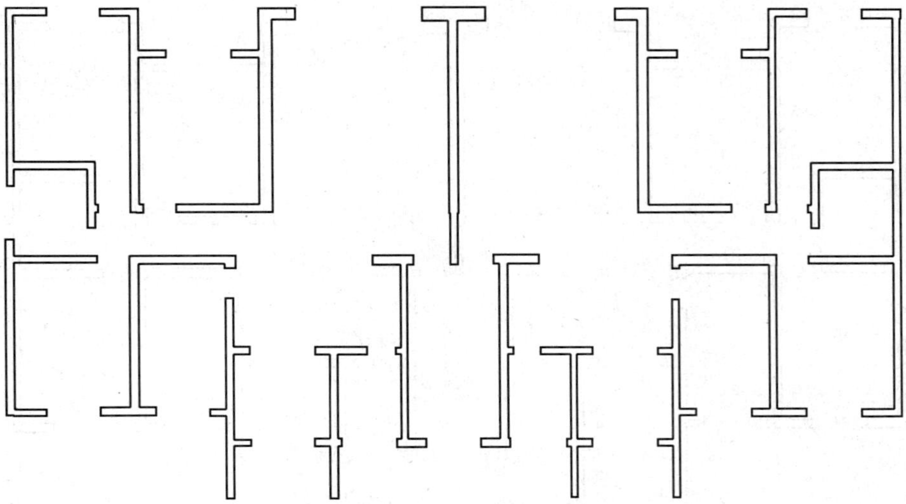

图 14-16　绘制突出的窗台

单中选择“特性”选项。在弹出的“特性选项板”中把墙体线的线宽更改为 0.3mm，表明该墙体线是被剖切到的墙体线，这样就得到全部的墙体线绘制结果，如图 14-18 所示。

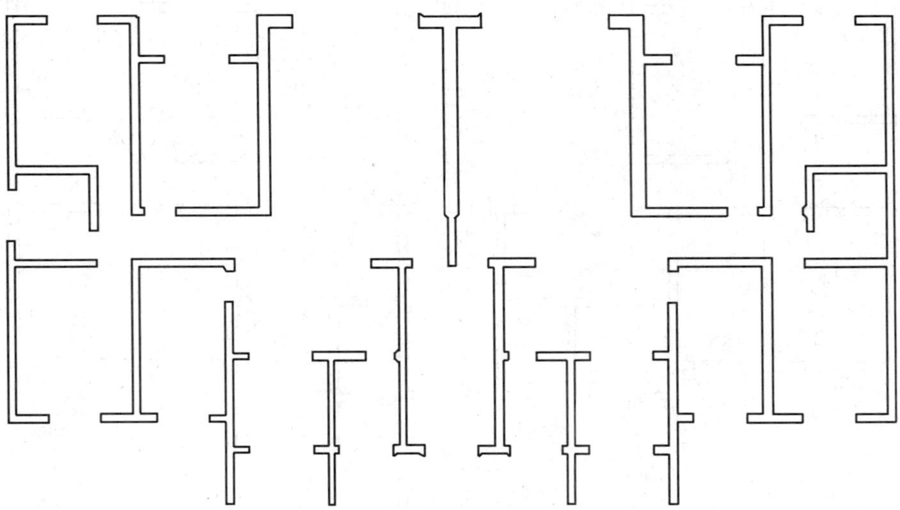

图 14-17　修剪窗台和墙重合部分

2. 绘制门

（1）打开图层工具栏，选择图层特性管理器图标，则系统弹出“图层特性管理器”对话框。双击图层“门窗”，使得当前图层是“门窗”，单击“确定”按钮退出“图层特性管理器”对话框。

（2）打开绘图工具栏，选择直线命令图标，在门洞上绘制出门板线。

（3）打开绘图工具栏，选择圆弧命令图标，绘制圆弧表示门的开启方向，就能得到门的图例。绘制全部门的结果如图 14-19 所示。

3. 绘制窗

（1）打开绘图工具栏，选择直线命令图标，在窗洞中绘制一条直线作为窗边线。

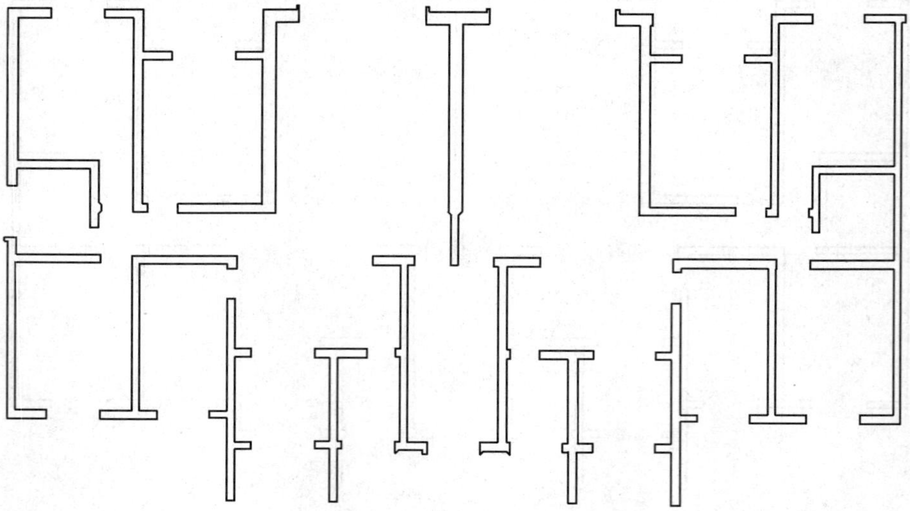

图 14-18 修改墙体线的线宽

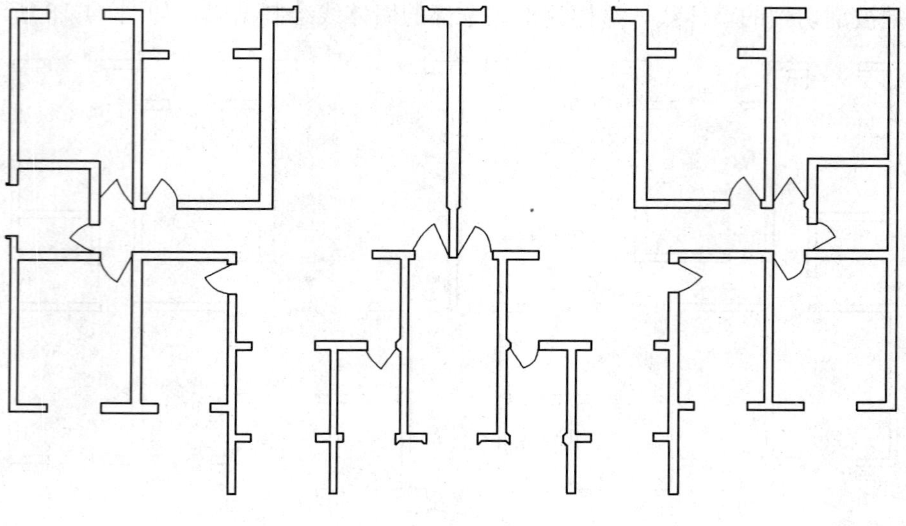

图 14-19 绘制门

（2）打开修改工具栏，选择偏移命令图标，把窗边线连续往下偏移 80 距离 3 次，就能得到一个窗户的图例，绘制结果如图 14-20 所示。

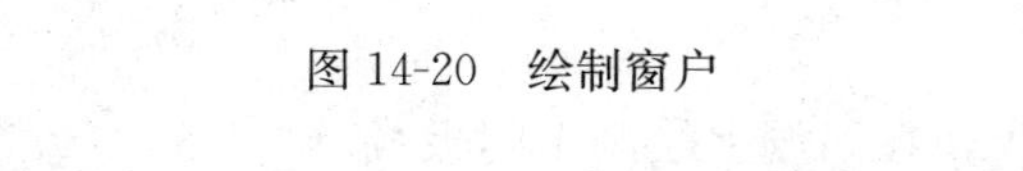

图 14-20 绘制窗户

（3）继续采用同样的方法绘制其余的 240 距离宽的窗户，绘制结果如图 14-21 所示。

（4）打开绘图工具栏，选择多段线命令图标，在左上角的窗洞口绘制多段线。选择上边的一个墙角作为起点，然后输入下一点的坐标“@ 0，220”，然后继续输入下一点的坐标“@1500，0”，最后回到对边的角点上，就能得到一条窗边线。

（5）打开修改工具栏，选择偏移命令图标，把窗边线连续往外偏移 60 距离 3 次，就能得到一个窗户的图例，绘制结果如图 14-22 所示。

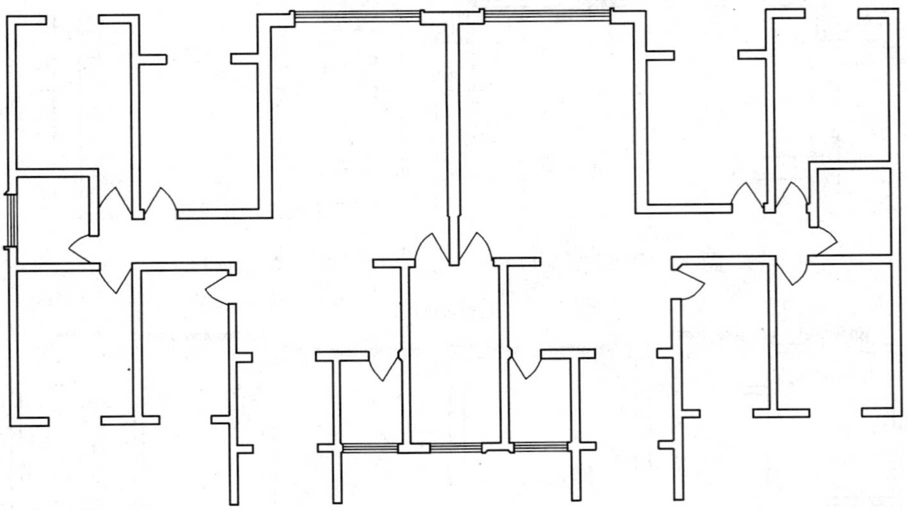

图 14-21　继续绘制相同的窗户

（6）继续采用同样的方法绘制其余 180 距离宽的窗户，绘制结果如图 14-23 所示。

（7）采用同样的方法绘制 120 距离宽的窗户，突出窗户和平窗绘制结果分别如图 14-24 和图14-25 所示。

（8）这样就绘制了全部窗户，绘制结果如图 14-26 所示。

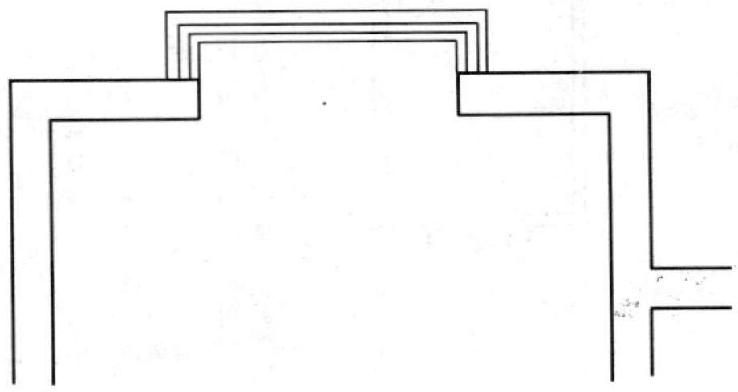

图 14-22　绘制窗户

（9）打开绘图工具栏，选择矩形命令图标，绘制两个 1400×40 的矩形，绘制结果如图 14-27 所示。这样就能得到一个隔断。

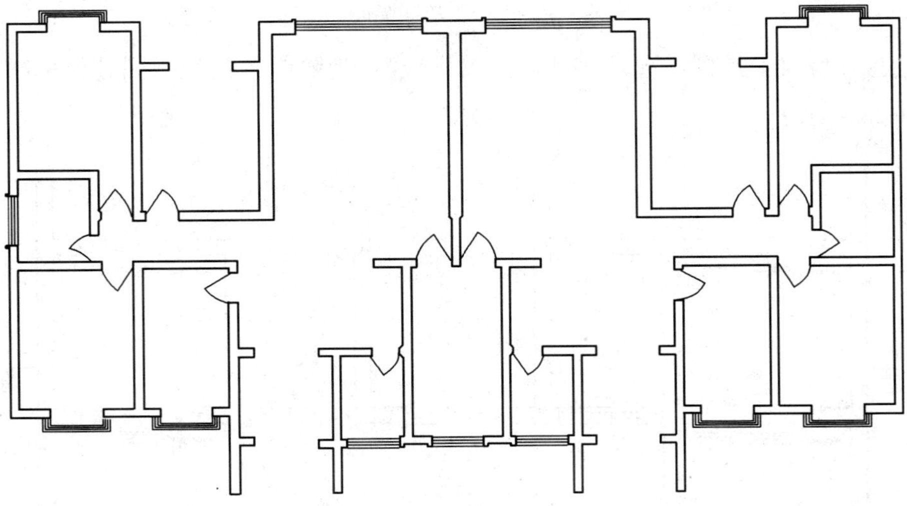

图 14-23　继续绘制相同的窗户

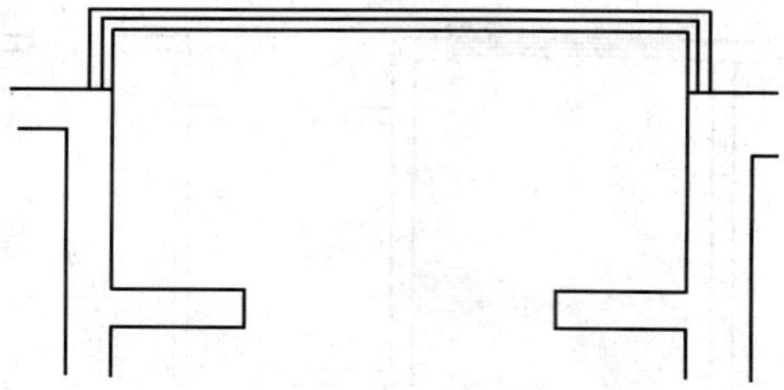

图 14-24　绘制窗户

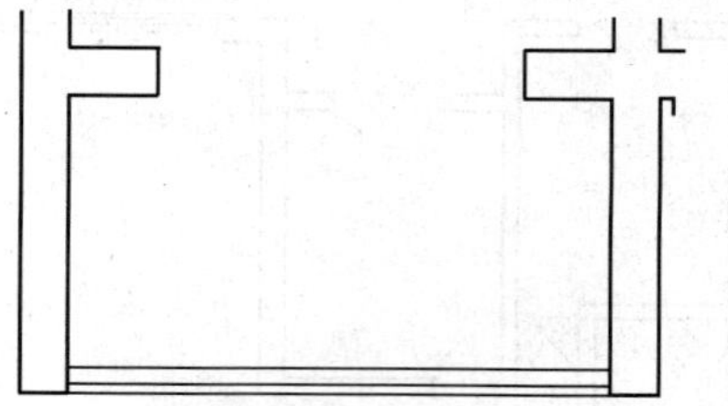

图 14-25　绘制窗户

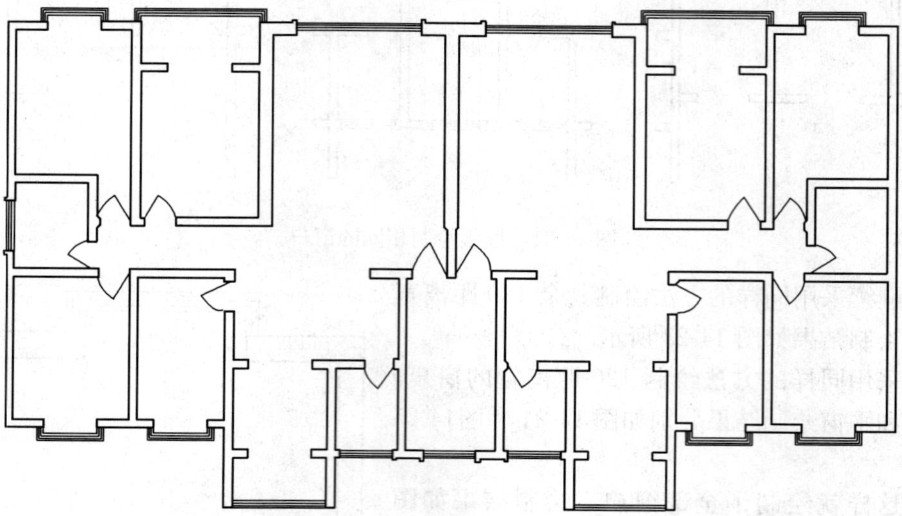

图 14-26　绘制完毕全部窗户

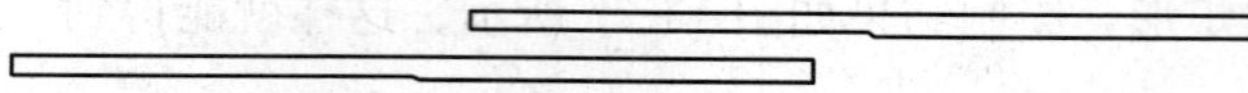

图 14-27　绘制隔断

（10）打开修改工具栏，选择复制命令图标，把隔断图例复制到其他房间，绘制结果如图 14-28 所示。

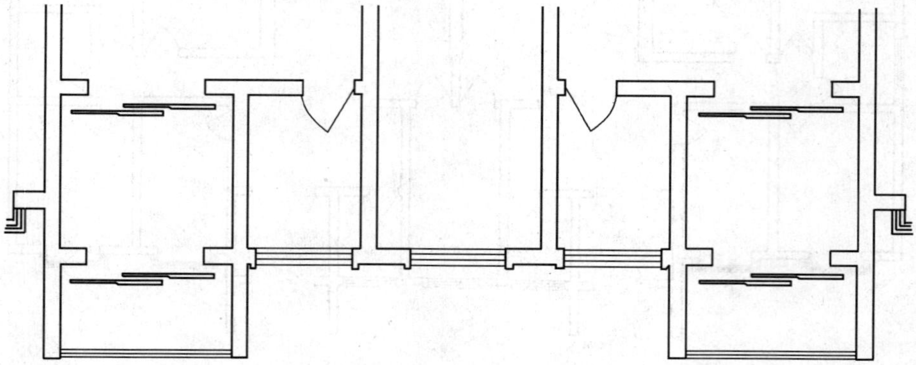

图 14-28　复制隔断

4. 绘制楼梯

(1) 打开图层工具栏，选择图层特性管理器图标，则系统弹出“图层特性管理器”对话框。双击图层“楼梯”，使得当前图层是“楼梯”。单击“确定”按钮退出“图层特性管理器”对话框。

(2) 打开绘图工具栏，选择直线命令图标，根据墙角点绘制楼梯边线，绘制结果如图 14-29 所示。

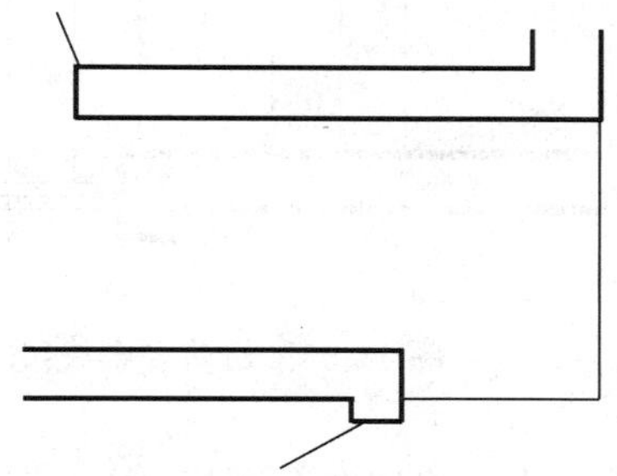

图 14-29 绘制楼梯

(3) 打开修改工具栏，选择阵列命令图标，则系统弹出“阵列”对话框，选择“矩形阵列”方式，选择楼梯竖直边线作为阵列对象，设置阵列行数为 1，列数为 9，设置列偏移为－280，如图 14-30 所示。

(4) 单击“确定”按钮完成阵列操作，阵列结果如图 14-31 所示。

(5) 打开修改工具栏，选择偏移命令图标，把水平直线往上连续偏移 60 距离 2 次，然后打开绘图工具栏，选择直线命令图标，绘制突出的扶手部分，绘制结果如图 14-32 所示。

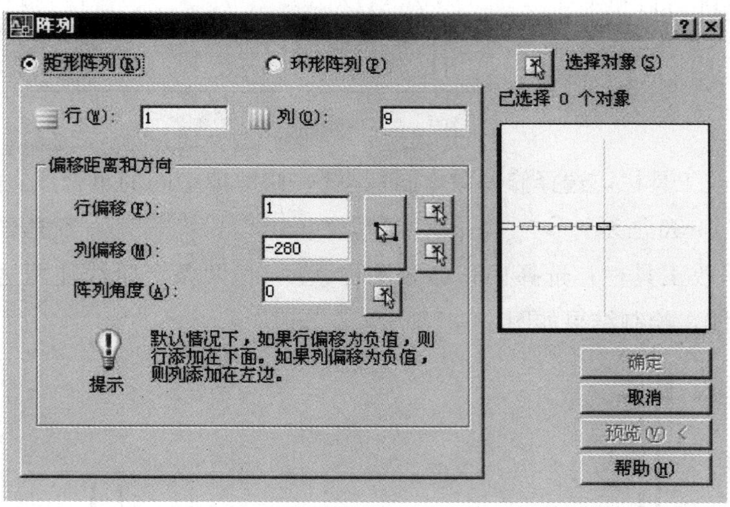


图 14-30 用“阵列”绘制楼梯线

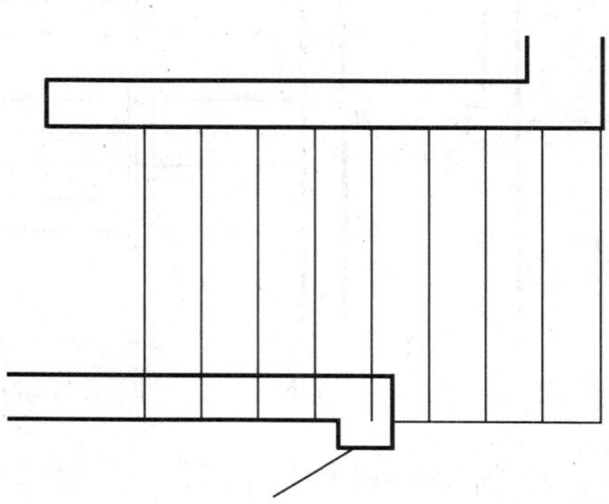

图 14-31 阵列结果

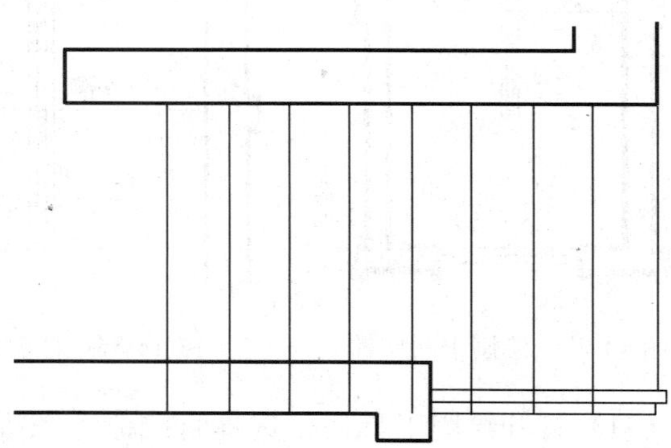

图 14-32 绘制楼梯扶手

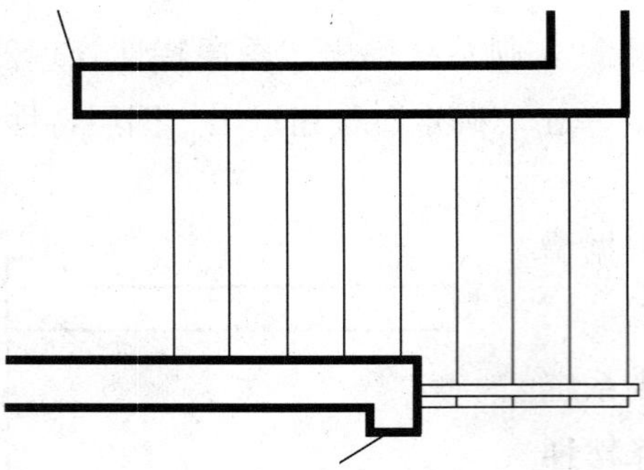

图 14-33　修剪多余线段

（6）打开修改工具栏，选择修剪命令图标，把多余的部分修剪掉，修剪结果如图 14-33 所示。这样，一个楼梯就绘制好了。

（7）打开修改工具栏，选择镜像命令图标，选择楼梯作为镜像对象，以单元中间轴线作为镜像轴，得到另外一个楼梯，如图 14-34 所示。

（8）接着绘制中间的楼梯。打开绘图工具栏，选择直线命令图标，捕捉中间房间的墙边中点绘制直线。打开绘图工具栏，选择矩形命令图标，绘制一个 60×2160 的矩形。打开修改工具栏，选择偏移命令图标，把矩形往外偏移 60 距离。然后打开修改工具栏，选择移动命令图标，把矩形移动到房间的正中间，结果如图 14-35 所示。

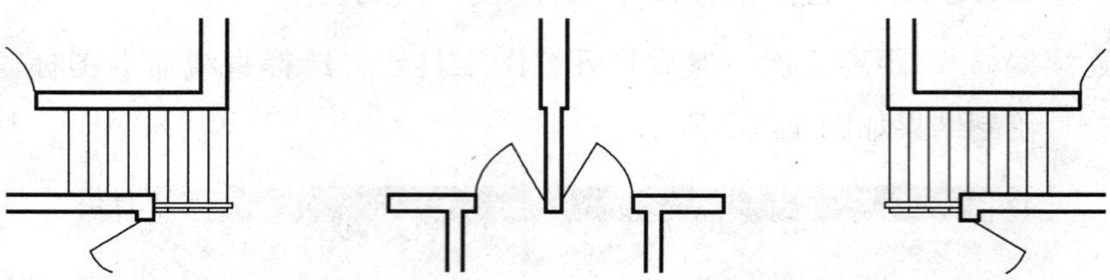

图 14-34　楼梯镜像

（9）打开修改工具栏，选择修剪命令图标，修剪掉中间的重合线，这样得到两根台阶线，结果如图 14-36 所示。

（10）打开修改工具栏，选择偏移命令图标，把两条台阶线往两边分别偏移 4 次，得到全部的台阶线，绘制结果如图 14-37 所示。

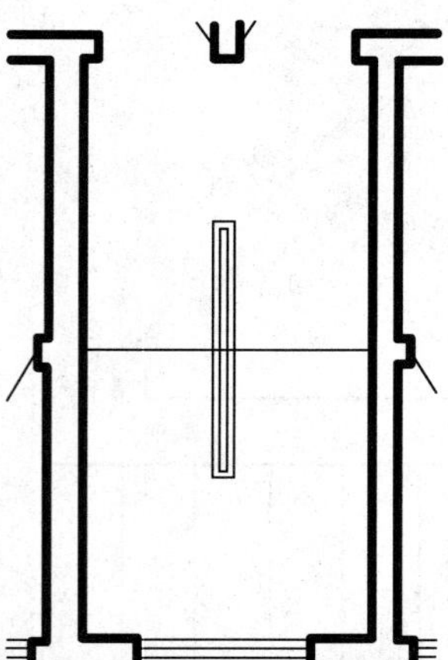

图 14-35　绘制中间楼梯

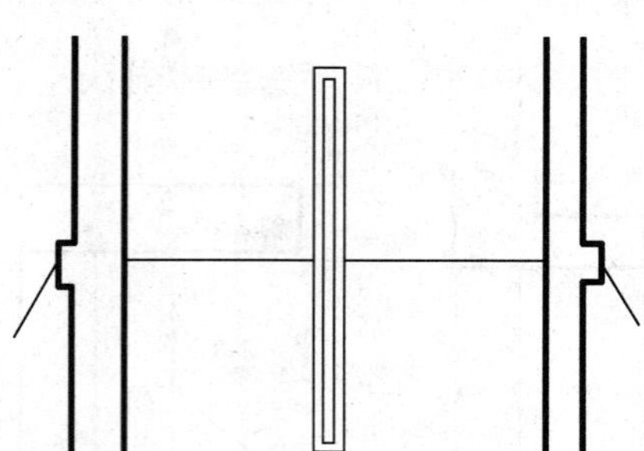

图 14-36　修剪重合线段

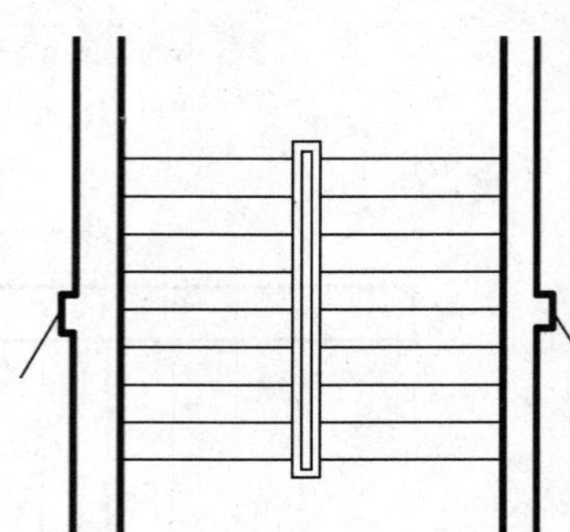

图 14-37　偏移台阶线

（11）打开绘图工具栏，选择直线命令图标，绘制出楼梯剖切符号，绘制结果如图 14-38 所示。

（12）打开修改工具栏，选择修剪命令图标 -/--，修剪掉剖切符号中的台阶线，这样就得到了中间的楼梯，如图 14-39 所示。

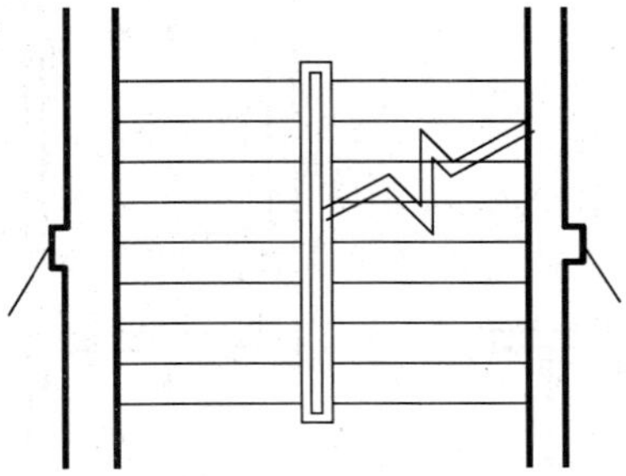

图 14-38　绘制楼梯剖切符号

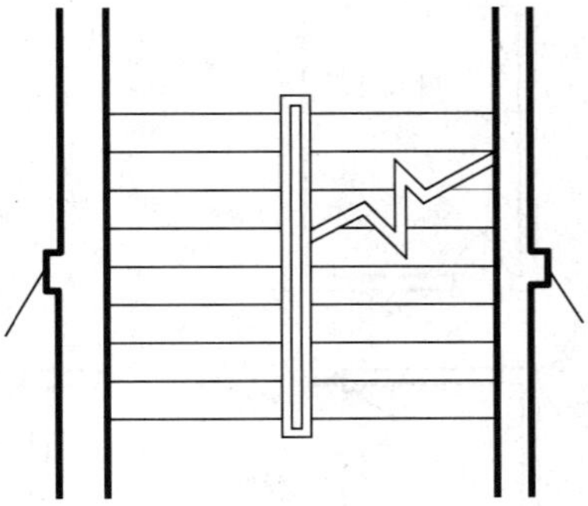

图 14-39　修剪剖切符号

（13）全部楼梯都绘制好了，整体结果如图 14-40 所示。

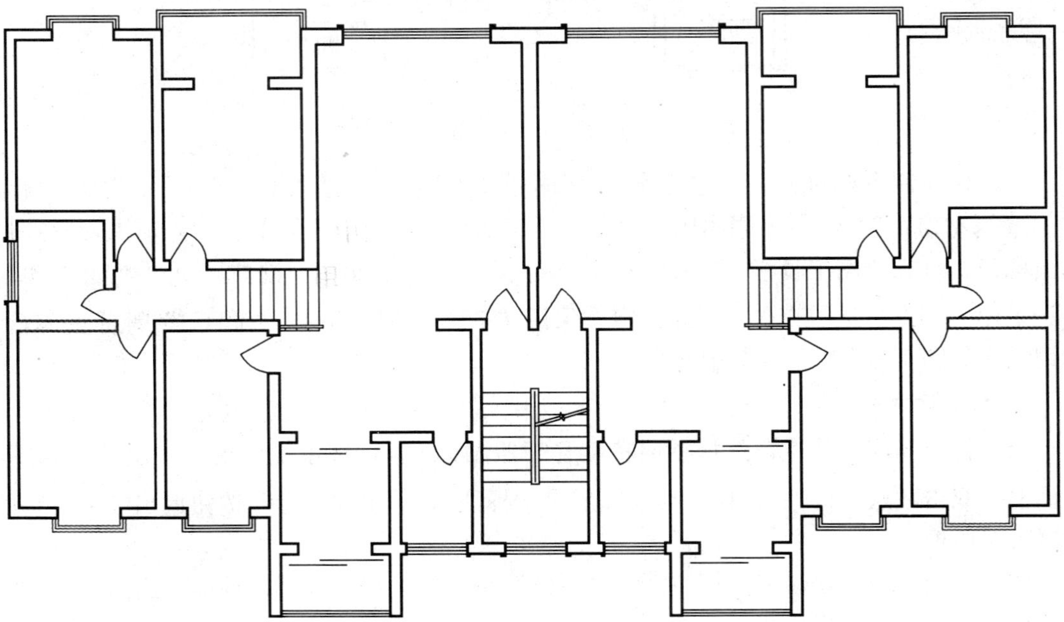

图 14-40　平面绘制效果

## 14.5　尺寸和文字标注

1. 文字标注

（1）打开图层工具栏，选择图层特性管理器图标 ，则系统弹出“图层特性管理器”对话框。双击图层“文字标注”，使得当前图层是“文字标注”。单击“确定”按钮退出“图层特性管理器”对话框。

（2）打开绘图工具栏，选择多行文字命令图标 A，在各个房间中间进行文字标注，注意设定文字高度为 300，然后在各个楼梯的出入口标注“上”或“下”，表示该楼梯的走向。文字标注结果如图 14-41 所示。

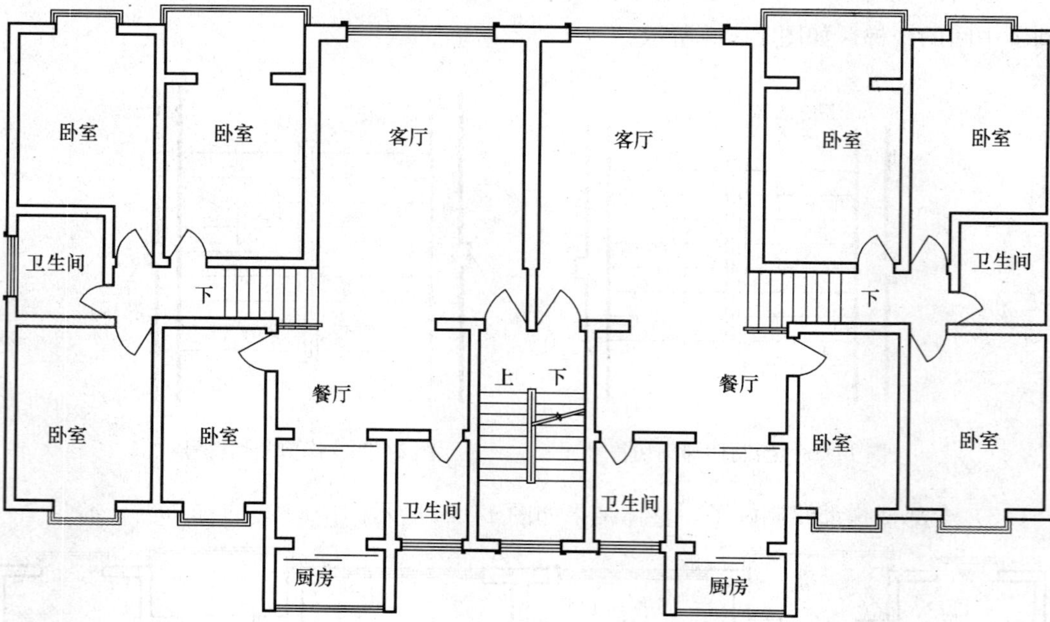


图 14-41 标注文字

(3) 建筑制图标准规定，在建筑平面图中采用大写字母“M”来表示门，大写字母“C”来表示窗，“YTC”来表示阳台窗。为了表示出平面图中不同的门窗，需要对这些门窗作出标记。打开绘图工具栏，选择多行文字命令图标，采用“M1”“M2”“M3”等标记门，采用“C1”“C2”“C3”等标记窗，采用“YTCl”“YTC2”“YTC3”等标记阳台窗，标记结果如图 14-42 所示。其中字高为 300。

2. 尺寸标注

(1) 打开图层工具栏，选择图层特性管理器图标，则系统弹出“图层特性管理器”对话框。双击图层“标注”，使得当前图层是“标注”。单击“确定”按钮退出“图层特性管理器”对话框。

(2) 调用下拉菜单命令“标注”→“对齐”进行尺寸标注，把建筑物里边的各个建筑部件进行标注，标注结果如图 14-43 所示。

(3) 下一步进行室内标高标注。这是一个标准层，可以进行多层的标高标注。打开绘图工具栏，选择直线命令图标，绘制一个标高符号。然后打开绘图工具栏，选择多行文字命令图标，在标高符号上注明各层的具体高度。中心室内的标高如图 14-44 所示。

(4) 由于这是一个带有室内楼梯的单元房，所以楼梯两端的房间标高是不一样的。另外房间的标高如图 14-45 所示。

(5) 室内标高的整体结果如图 14-46 所示。

(6) 调用下拉菜单命令“标注”—“对齐”进行尺寸标注，把建筑物外边的各个建筑部件进行标注，标注结果如图 14-47 所示。建筑外边的尺寸标注一般比较规则，形成多层次的标注。

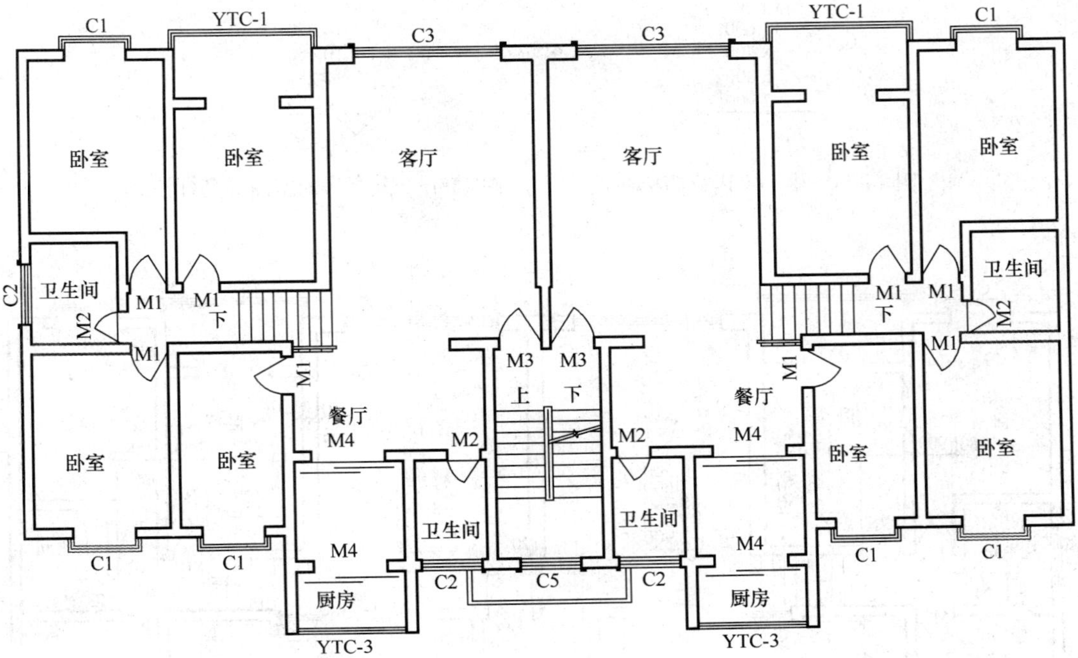


图 14-42　标注门窗号

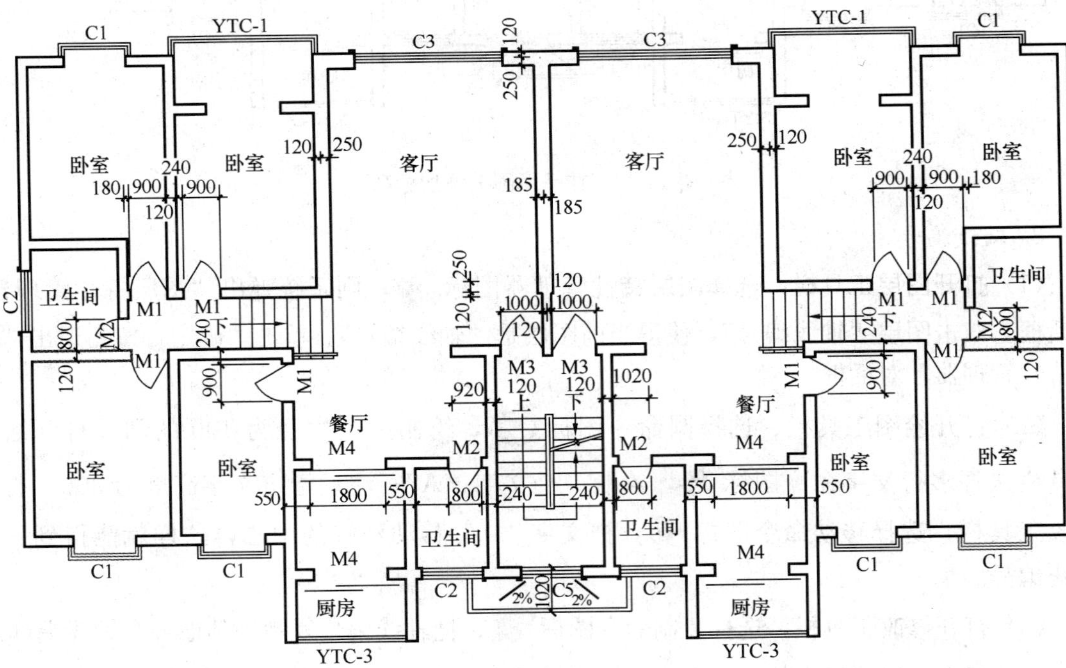


图 14-43　标注尺寸

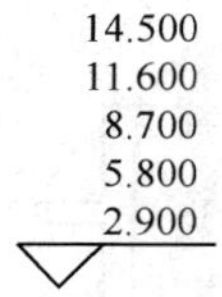


图 14-44　中心室内标高标注

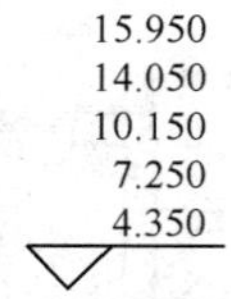


图 14-45　其余房间室内标高标注

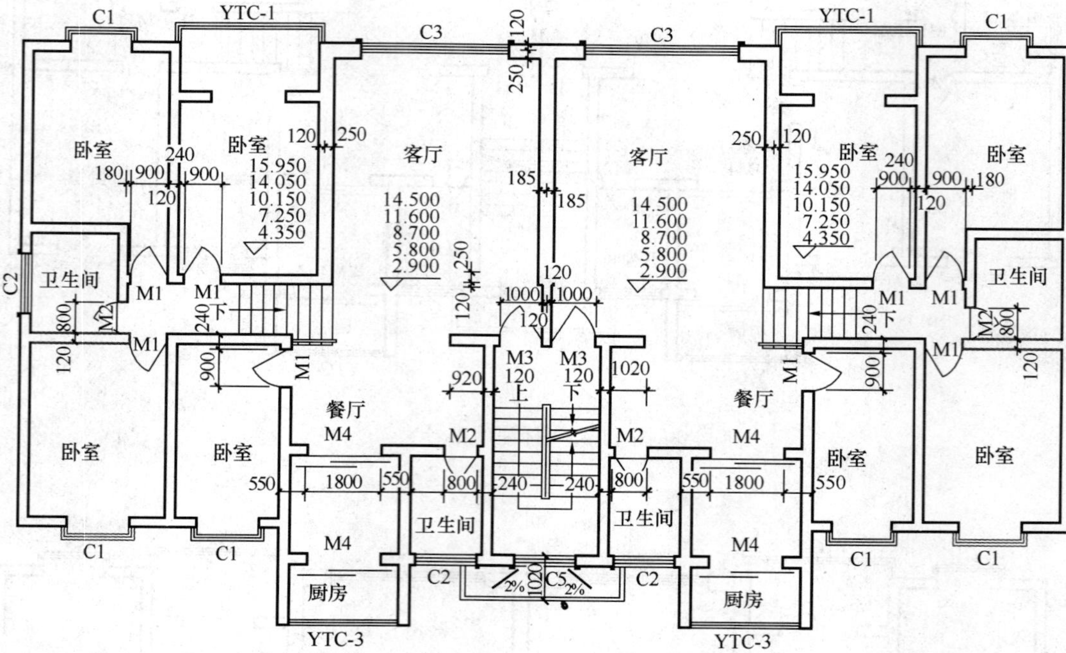


图 14-46　在平面图上添加标高

3. 轴线编号

（1）打开图层工具栏，选择图层特性管理器图标，则系统弹出“图层特性管理器”对话框。双击图层“轴线编号”，使得当前图层是“轴线编号”。单击“确定”按钮退出“图层特性管理器”对话框。

（2）打开绘图工具栏，选择圆命令图标，绘制一个半径为 400 的圆。打开绘图工具栏选择多行文字命令图标，绘制一个文字“A”，注意指定文字高度为 300。打开修改工具栏，选择移动命令图标，把文字“A”移动到圆的中心，这样就能得到一个轴线编号。

（3）打开修改工具栏，选择复制命令图标，把轴线编号复制到其他各个轴线端部。

（4）双击轴线编号内的文字来修改轴线编号内的文字，横向使用“1”“2”“3”“4”…来编号，竖向使用“A”“B”“C”“D”…来编号。

（5）这样就能得到一个单元内的平面图。绘制最终结果如图 14-48 所示。

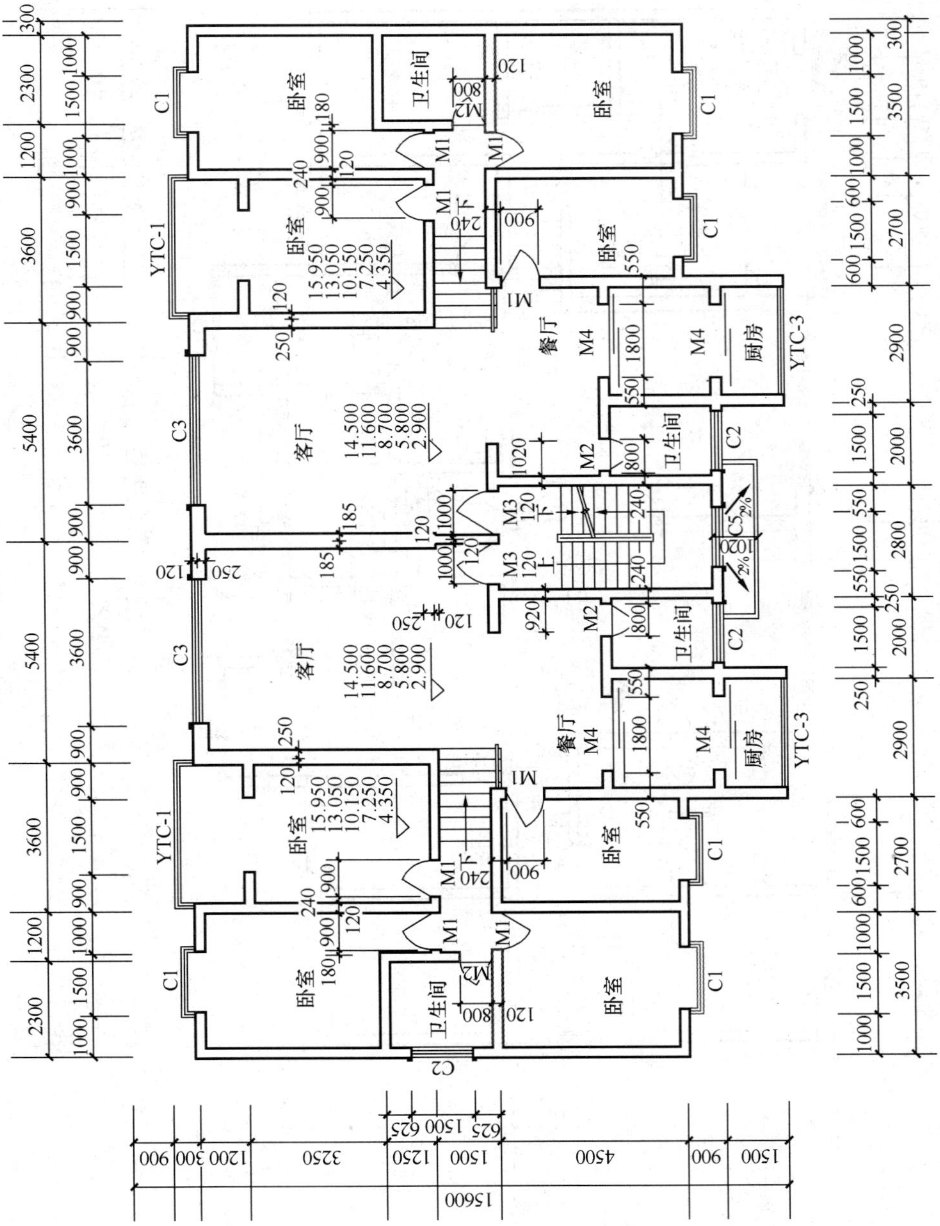

图 14-47 标注外边尺寸

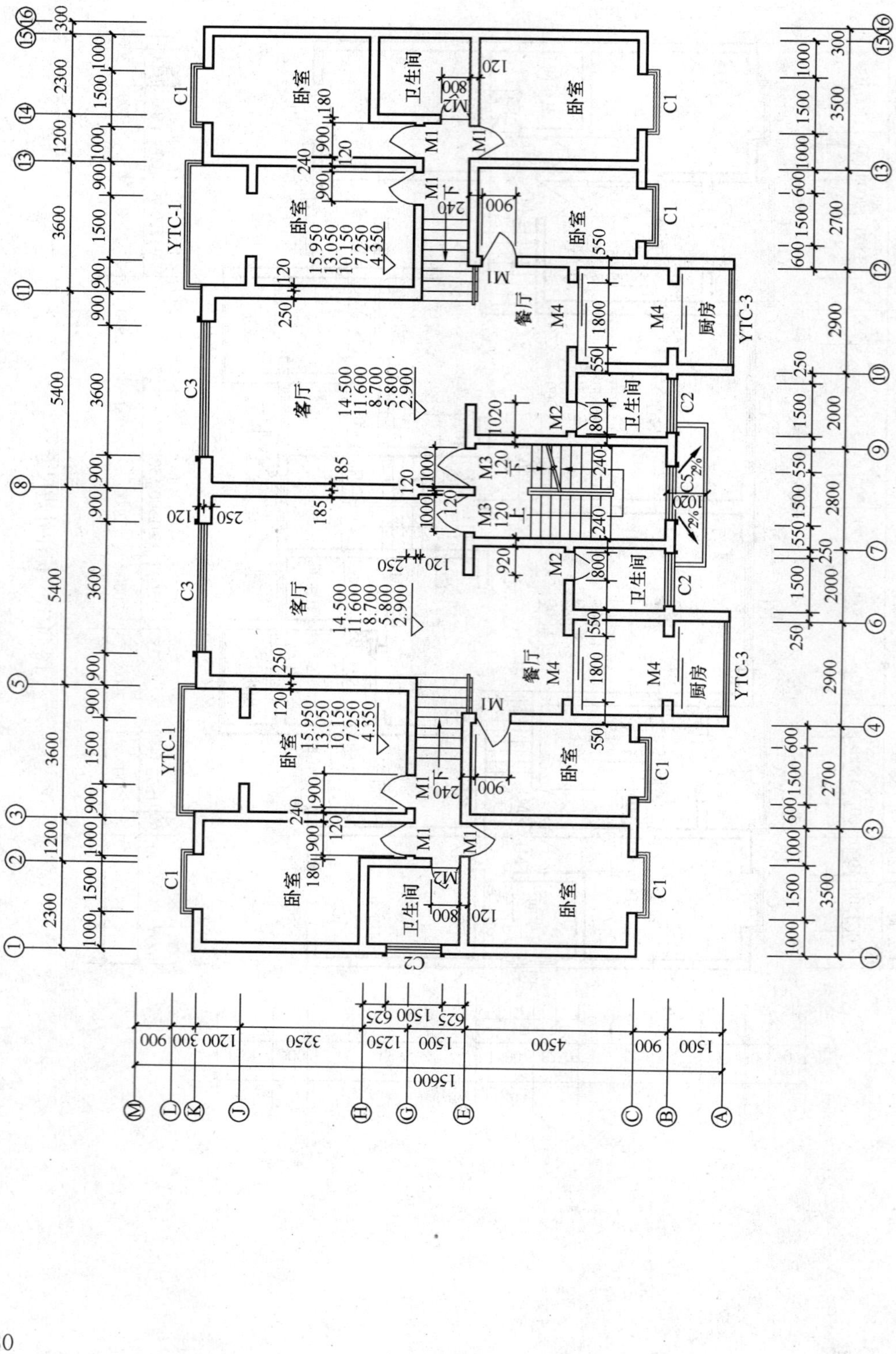


图 14-48 标注轴线

# 第 15 章　建筑立面图绘制

绘制立面图的一般原则是自下而上。由于建筑物的立面越来越复杂，需要表现的图形元素也就越来越多。在绘制的过程中，根据建筑物立面相似或是相同的图形对象很多，一般需要灵活应用复制、镜像、阵列等操作，才能快速绘制出建筑立面图。

## 15.1　设置绘图参数

建立本章需要的图层的具体步骤如下：

（1）打开图层工具栏，单击图层特性管理器命令图标，即可打开“图层特性管理器”对话框。

（2）在“图层特性管理器”对话框中单击上边的新建图层命令图标，新建图层“轴线”和“门”，指定图层颜色为洋红色。

（3）继续新建图层“墙”和“屋顶房”，指定颜色为红色：新建图层“屋板”和“窗户”，指定颜色为蓝色；新建图层“标注”，其他设置采用默认设置。这样就得到初步的图层设置，如图 15-1 所示。

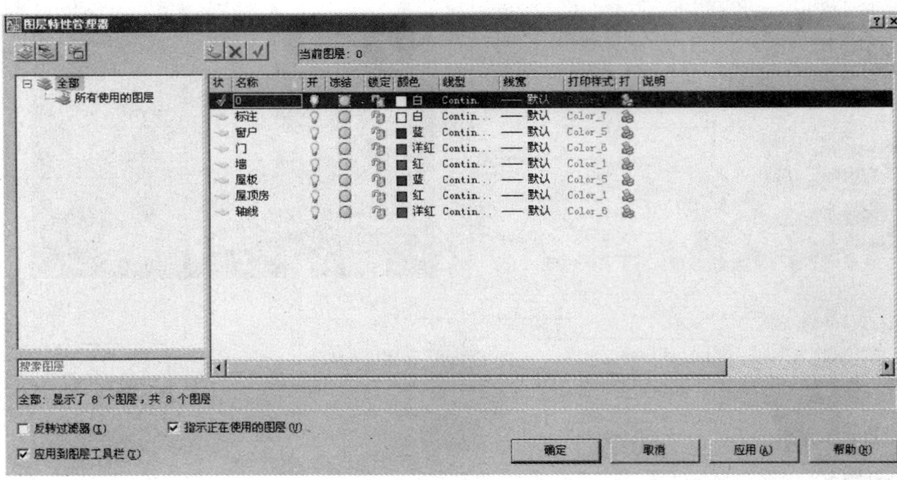


图 15-1　“图层特性管理器”对话框

## 15.2　设置标注样式

（1）调用下拉菜单命令“标注”→“样式”，则系统弹出“标注样式管理器”对话框，如图 15-2 所示，选择“修改”按钮，则进入“修改标注样式：ISO-25”对话框。

（2）选择“直线”选项卡，设定“尺寸线”列表框中的“基线间距”为 1，设定“尺寸界限”列表框中的“超出尺寸线”为 100，“起点偏移量”为 200，设置结果如图 15-3 所示。单击“符号和箭头”列表框，选择“建筑标记”，并设定“箭头大小”为 150，这样就完成了“直线和箭头”选项卡的设置，设置结果如图 15-4 所示。

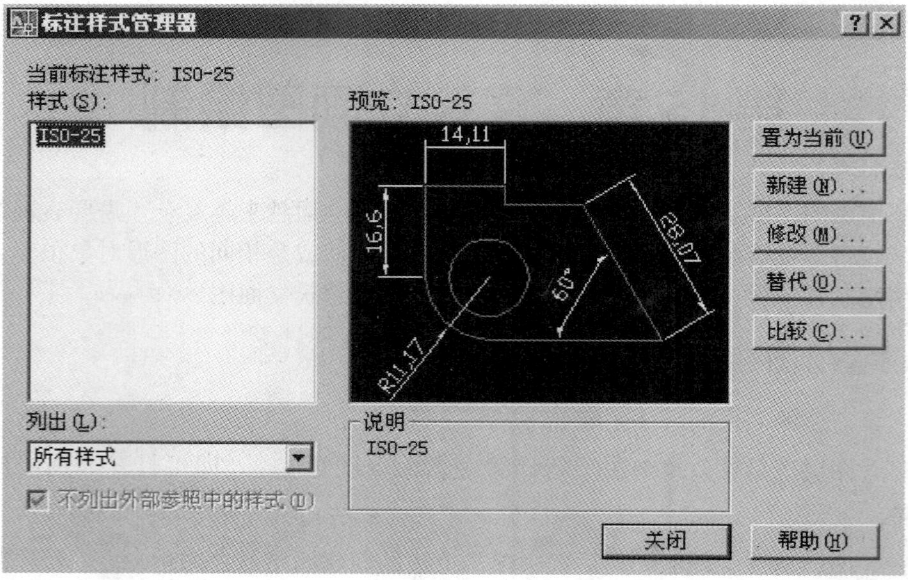


图 15-2 “标注样式管理器”对话框

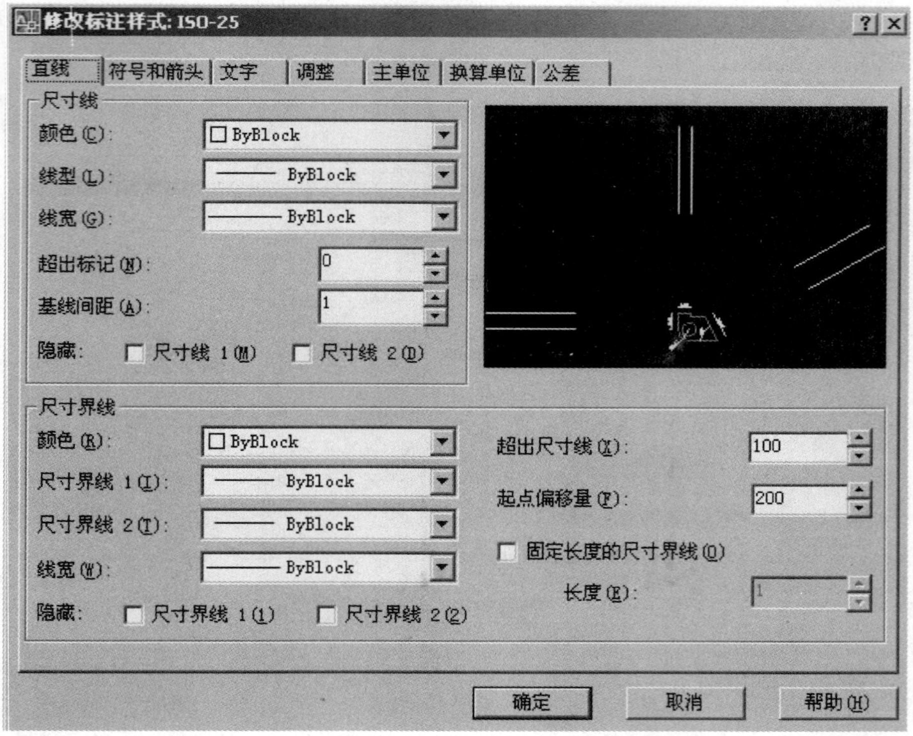


图 15-3 “修改标注样式：ISO-25”对话框

（3）选择“文字”选项卡，在“文字外观’列表框中的“文字高度”右边的文本框中填入“300”，在“文字位置”列表框中的“从尺寸线偏移”右边的文本框中填入“150”。这样就完成了“文字”选项卡的设置，结果如图 15-5 所示。

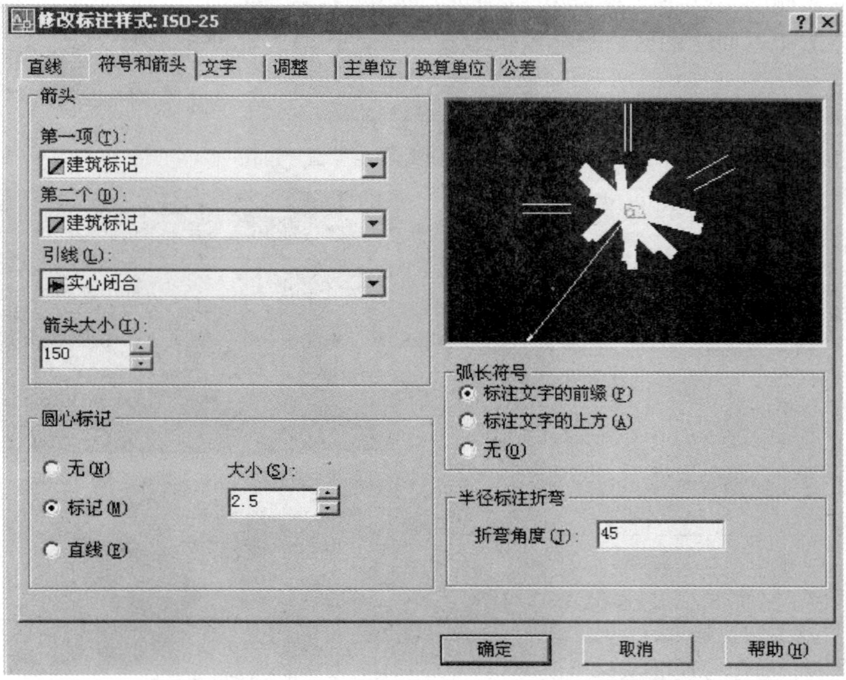


图 15-4 选择“符号和箭头”选项卡

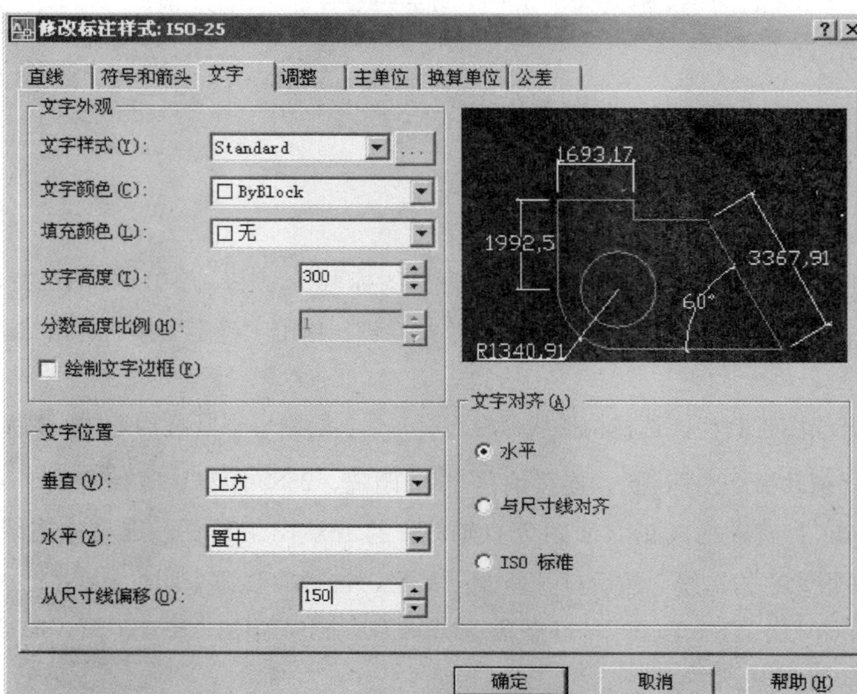


图 15-5 选择“文字”选项卡

（4）选择“调整”选项卡，在“调整选项”列表框中选择“文字或箭头”单选按钮，在“文字位置”列表框中选择“尺寸线上方，带引线”单选按钮。这样就完成了“调整”选项卡的设置，结果如图 15-6 所示。单击“确定”按钮返回“标注样式管理器”对话框，最后单击“关闭”按钮返回绘图区。这样就完成了标注样式的设置。

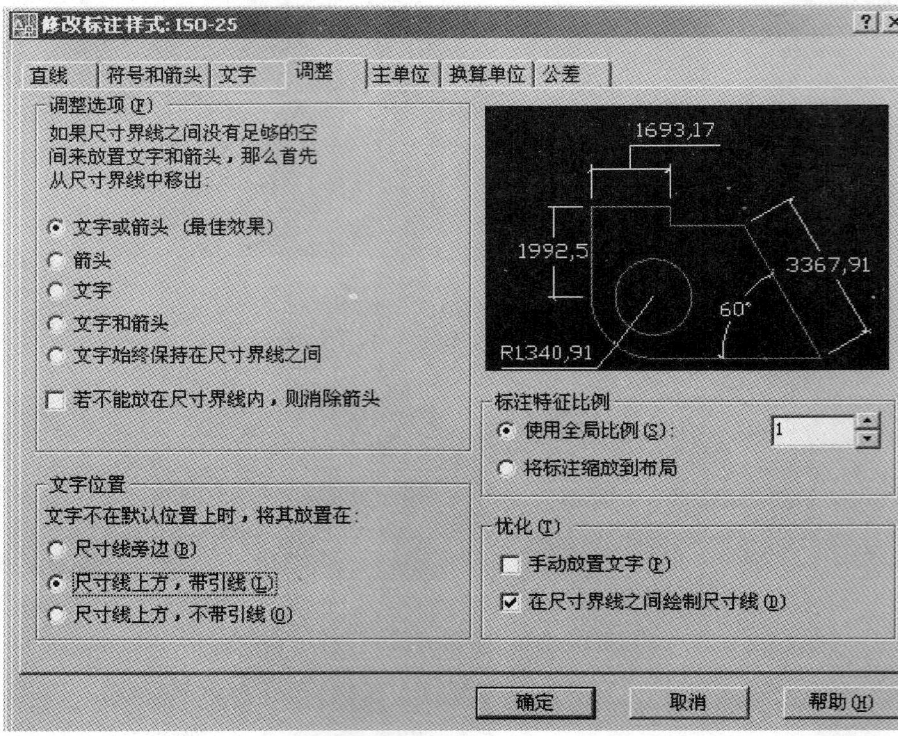


图 15-6　选择“调整”选项卡

## 15.3　绘制底层立面图

1. 绘制辅助线

（1）打开图层工具栏，选择图层特性管理器图标，则系统弹出“图层特性管理器”对话框。双击图层“轴线”，使得当前图层是“轴线”。单击“确定”按钮退出“图层特性管理器”对话框。

（2）打开绘图工具栏，选择构造线命令图标，绘制一根竖直构造线。然后打开修改工具栏，选择偏移命令图标，连续偏移 3500 距离、2580 距离、3140 距离、1360 距离、1170 距离、750 距离，构成正立面图竖直轴线。打开绘图工具栏，选择构造线命令图标，绘制一根水平构造线，然后打开修改工具栏，选择偏移命令图标，把水平构造线往上偏移 100 距离、2150 距离、750 距离、800 距离、350 距离、350 距离，形成底层的轴线网，结果如图 15-7 所示。

2. 绘制墙体

（1）打开图层工具栏，选择图层特性管理器图标，则系统弹出“图层特性管理器”对话框。双击图层“墙”，使得当前图层是“墙”。单击“确定”按钮退出“图层特性管理器”对话框。

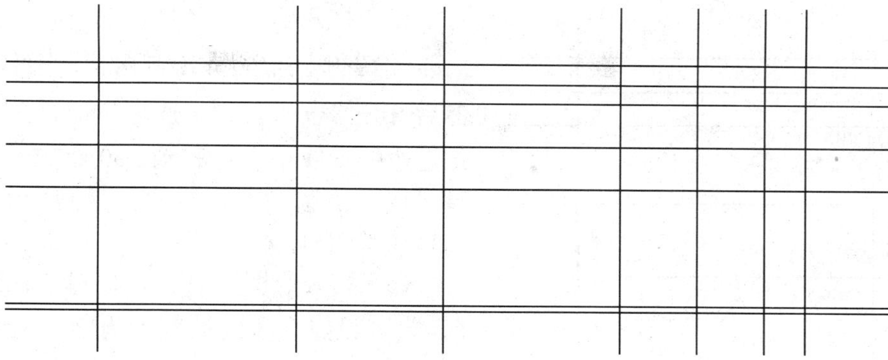

图 15-7　轴线网示意

（2）打开修改工具栏，选择偏移命令图标，把左边的两根竖直线往左右两边各偏移 120 距离，得到墙的边界线，如图 15-8 所示。

（3）打开绘图工具栏，选择多段线命令图标，设定多段线的宽度为 50，根据轴线绘制出墙轮廓，结果如图 15-9 所示。

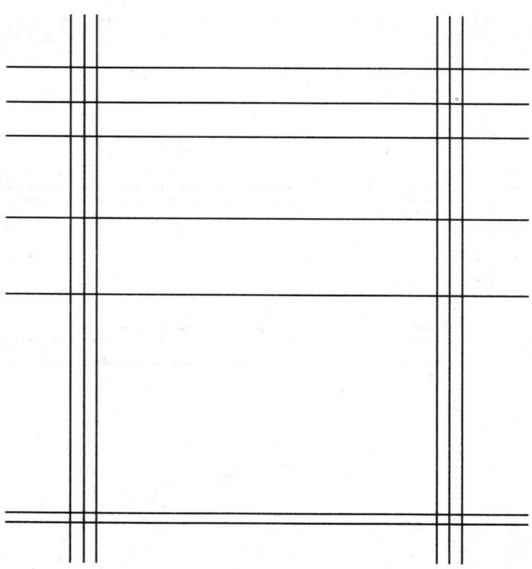

图 15-8　墙线示意

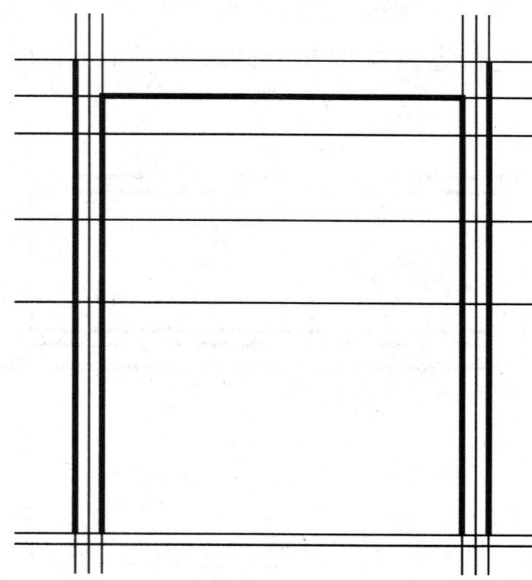

图 15-9　墙轮廓线

（4）打开绘图工具栏，选择多段线命令图标，根据轴线绘制出中间的墙轮廓，结果如图 15-10 所示。

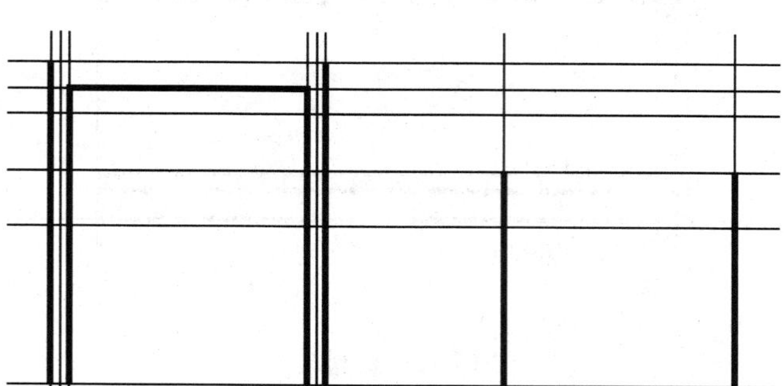

图 15-10　中间的墙轮廓线

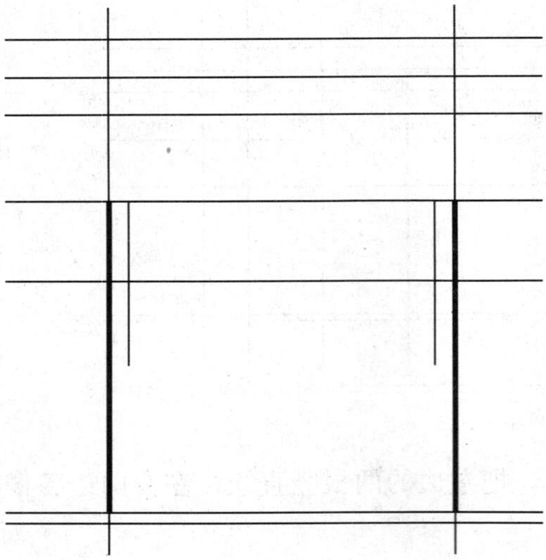

图 15-11　中间墙体线

（5）打开绘图工具栏，选择直线命令图标 ，沿着中间墙边界绘制两条竖直线长 1520。然后打开修改工具栏，选择移动命令图标 ，把左边的直线往右边移动 190 距离，把右边的直线往左边移动 190 距离，得到中间的墙体，结果如图 15-11 所示。

（6）打开绘图工具栏，选择多段线命令图标 ，设定多段线的宽度为 20，根据右边的轴线绘制出一条水平直线。打开修改工具栏，选择偏移命令图标 ，把刚才绘制的直线连续往上偏移 100 距离、60 距离、580 距离、60 距离，结果如图 15-12 所示。

（7）打开修改工具栏，选择偏移命令图标 ，把竖直轴线往左边偏移 40 距离，往右边偏移 60 距离。然后使用夹点编辑命令把上边的 4 条直线拉到左边偏移轴线，把下边的一条直线拉到右边偏移轴线，结果如图 15-13 所示。

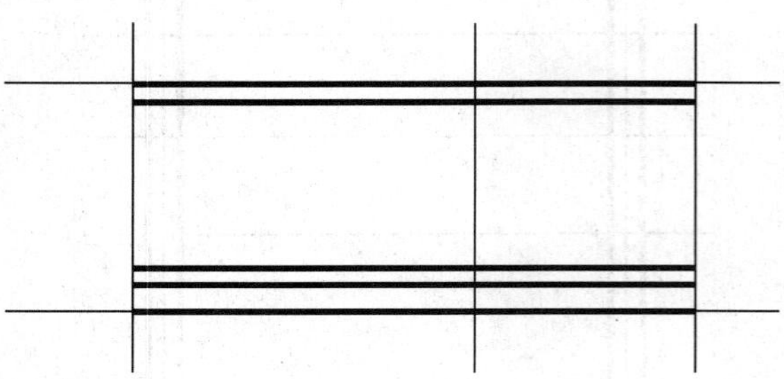

图 15-12　绘制水平线

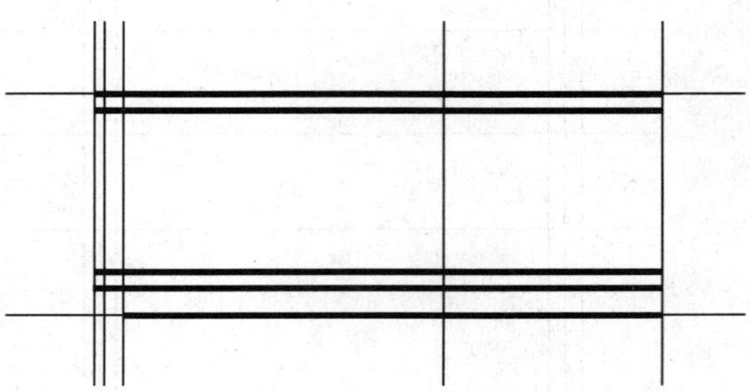

图 15-13　偏移竖直线

（8）打开绘图工具栏，选择多段线命令图标 ，绘制多段线，把左边的偏移直线连上，结果如图 15-14 所示。

图 15-14　绘制结果

（9）打开修改工具栏，选择偏移命令图标 ，把墙边的轴线往外偏移 900 距离。然后打开绘图工具栏，选择多段线命令图标，绘制剖切的斜地面共 4 段，如图 15-15 所示。

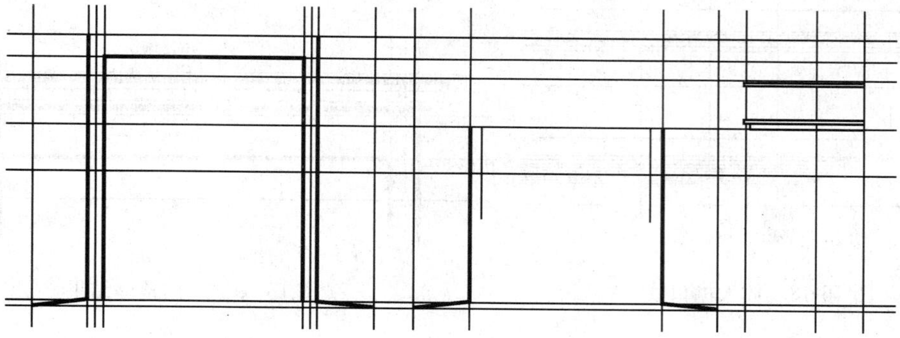

图 15-15　绘制剖切到的斜地面

3. 绘制屋板

（1）打开图层工具栏，选择图层特性管理器图标，则系统弹出“图层特性管理器”对话框。双击图层“屋板”，使得当前图层是“屋板”。单击“确定”按钮退出“图层特性管理器”对话框。

（2）打开绘图工具栏，选择多段线命令图标，设定多段线的宽度为 0，在墙上绘制出如图 15-16 所示的檐边线。

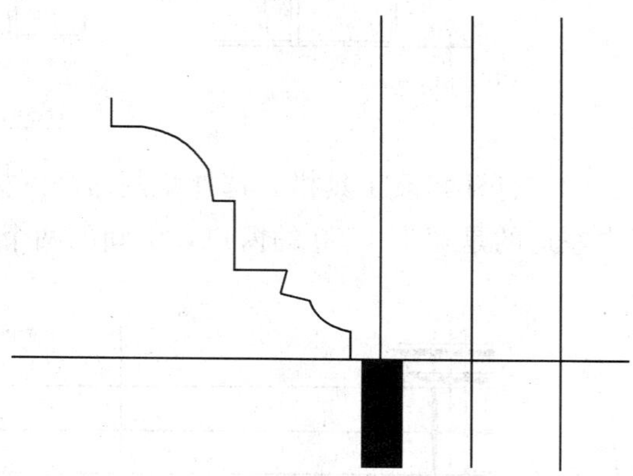

图 15-16　绘制檐边线

（3）打开修改工具栏，选择镜像命令图标，镜像得到另一端的檐边线，绘制结果如图 15-17 所示。

（4）打开绘图工具栏，选择直线命令图标，捕捉两边檐边线的对称点绘制直线，绘制结果放大如图 15-18 所示，屋檐整体结果如图 15-19 所示。

4. 绘制门窗

（1）打开图层工具栏，选择图层特性管理器图标，则系统弹出“图层特性管理器”对话框。双击图层“门窗”，使得当前图层是“门窗”。单击“确定”按钮退出“图层特性管理器”对话框。

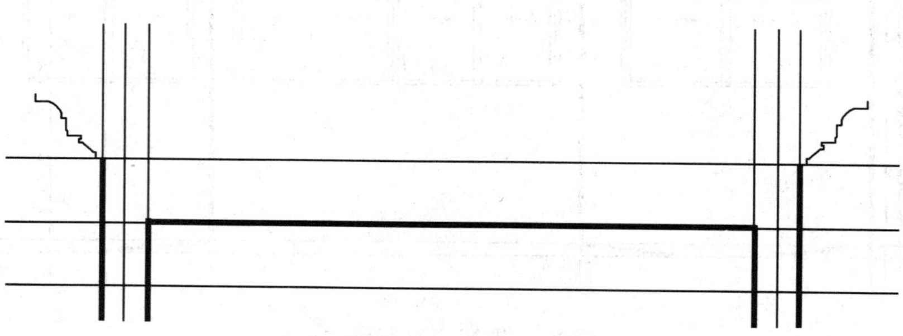

图 15-17　镜像檐边线

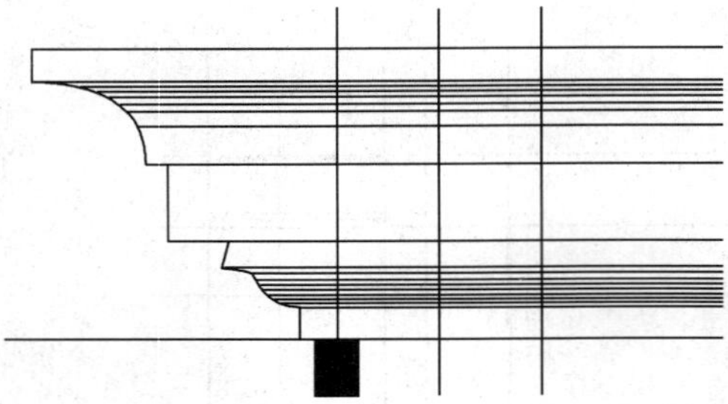

图 15-18　放大檐口线

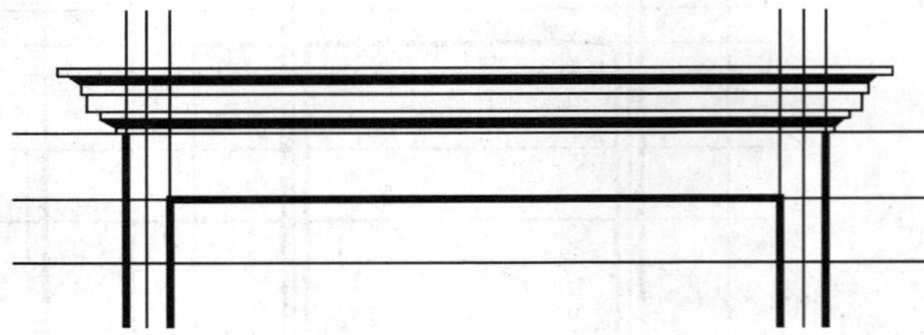

图 15-19　屋檐整体结果

（2）打开绘图工具栏，选择直线命令图标，绘制 3 个不同规格的窗户，各个窗户的具体规格如图 15-20 所示。

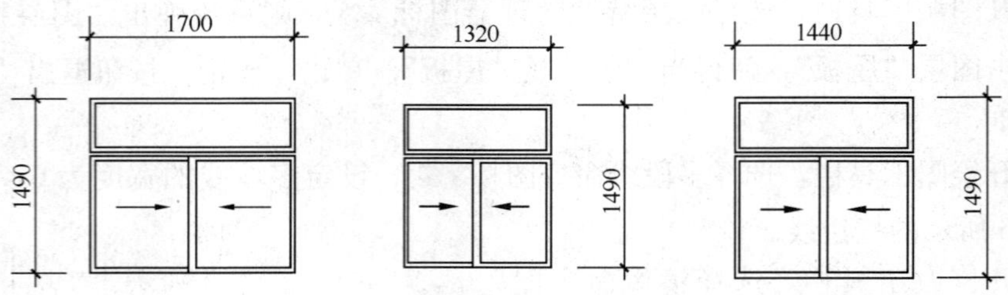


图 15-20　绘制窗户

（3）打开修改工具栏，选择复制命令图标，复制窗户到立面图中，如图 15-21 所示。其中左边的是宽为 1700 的窗户，中间的两个都是 1320 宽的，最右边的是 1440 宽的窗户。

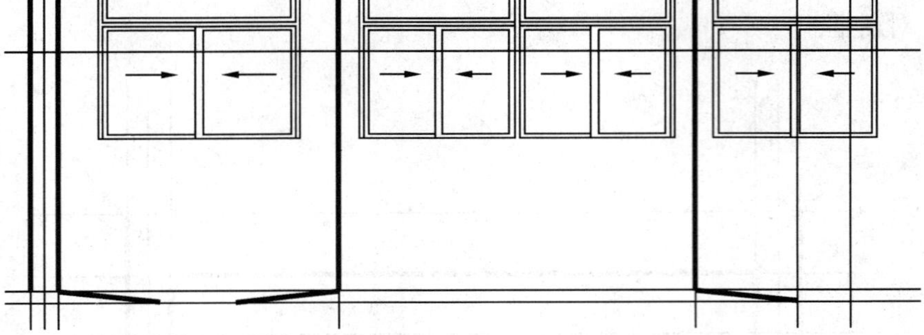

图 15-21　把窗户复制到立面中

（4）打开修改工具栏，选择复制命令图标，复制屋板的中间直线部分到窗户上方。

打开修改工具栏，选择延伸命令图标--/，把屋板线延伸到两边的墙上，得到中间的屋板，绘制结果如图 15-22 所示。

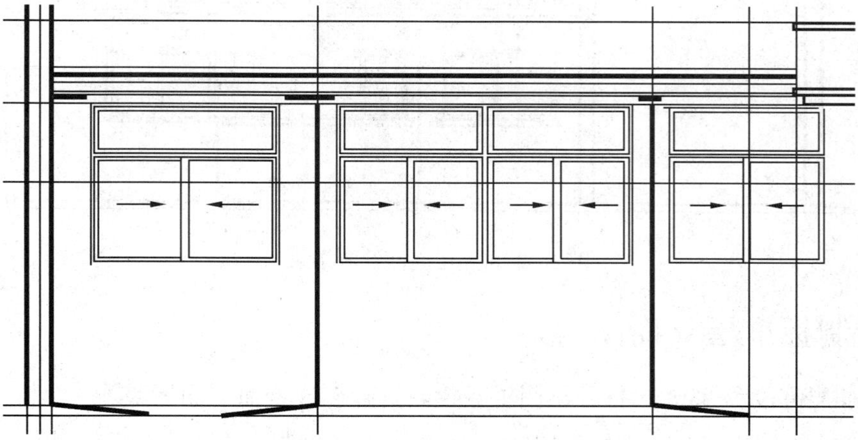

图 15-22　绘制屋板线

（5）打开绘图工具栏，选择直线命令图标╱，在入口屋板上绘制一个冒头的窗户，结果如图 15-23 所示。

（6）打开绘图工具栏，选择直线命令图标╱，根据辅助线绘制入口的大门，绘制结果如图 15-24 所示。

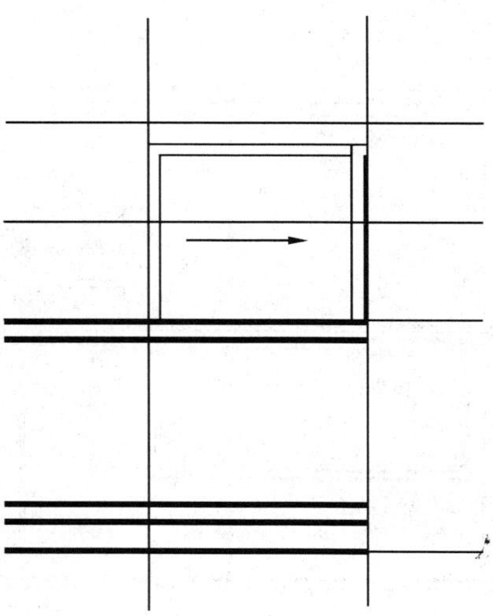

图 15-23　绘制冒头窗户

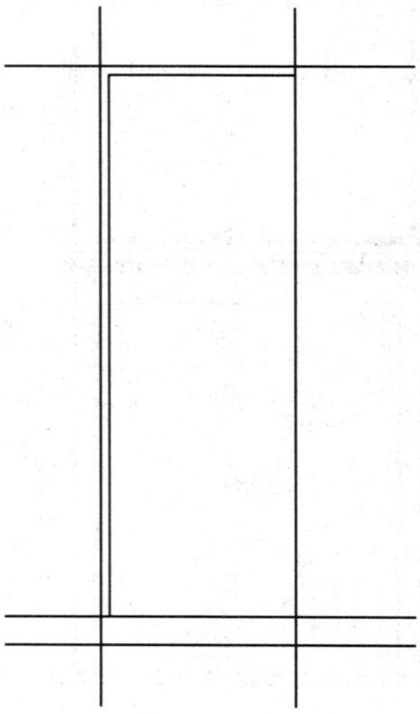

图 15-24　绘制入口的大门

（7）打开绘图工具栏，选择直线命令图标╱，按照辅助线把地面线绘制出来。

（8）打开绘图工具栏，选择多段线命令图标，指定线的宽度为 50，在各个窗户上方和下方绘制矩形窗台。这样底层立面就绘制好了，绘制结果如图 15-25 所示。

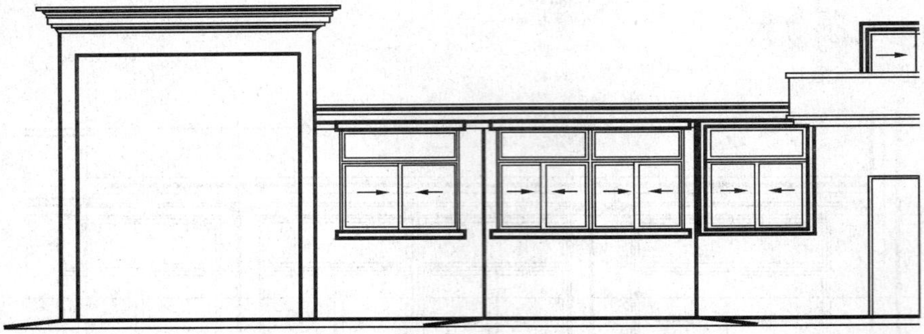

图 15-25　底层立面绘制结果

## 15.4　绘制标准层立面图

（1）标准层高度为 2900。打开绘图工具栏，选择多段线命令图标 ，绘制一根竖直的多段线长 2900 作为墙的边线。打开修改工具栏，选择复制命令图标 ，复制多段线到各个墙边处。然后打开绘图工具栏，选择直线命令图标 ，绘制两条直线在墙的端部作为顶边上边线。打开修改工具栏，选择偏移命令图标 ，让顶板上边线往下连续偏移 140 距离、20 距离、140 距离，即可得到楼板线。这样标准层框架就绘制好了，绘制结果如图 15-26所示。

图 15-26　绘制标准层楼板线

（2）打开修改工具栏，选择复制命令图标 ，复制宽 1700 的窗户一个到左边的房间立面上，绘制结果如图 15-27 所示。

（3）打开修改工具栏，选择复制命令图标 ，把底层的 4 个窗户复制到标准层对应位置，结果如图 15-28 所示。

（4）绘制标准层右边的窗户。打开修改工具栏，选择复制命令图标 ，复制下边只有

图 15-27　复制窗户

一半的窗户。打开修改工具栏，选择偏移命令图标，把窗户里边的最下边的水平直线往下连续偏移 625 距离、40 距离、30 距离，结果如图 15-29 所示。

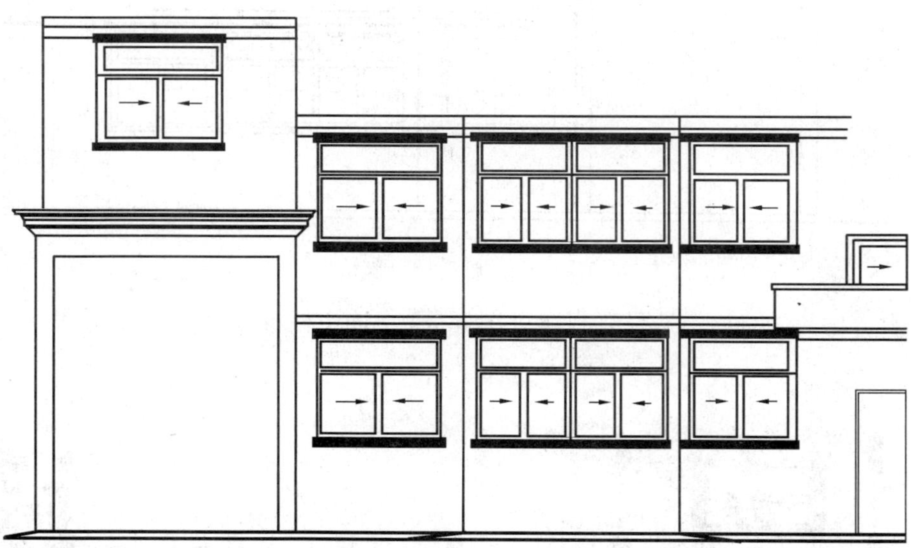

图 15-28　复制 4 个窗户

（5）使用夹点编辑命令把窗户里边的直线闭合。打开绘图工具栏，选择多段线命令图标，使用多段线把窗户包围起来，得到窗框，绘制结果如图 15-30 所示。

（6）打开修改工具栏，选择镜像命令图标，对前边的绘制结果进行镜像操作，即可得到标准层右边的窗户，绘制结果如图 15-31 所示。

（7）就这样，标准层绘制好了，绘制结果如图 15-32 所示。

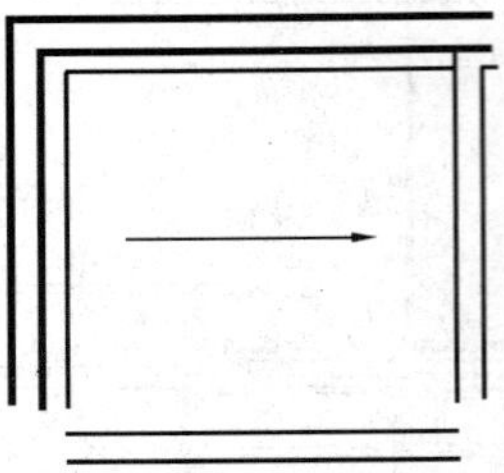

图 15-29　偏移

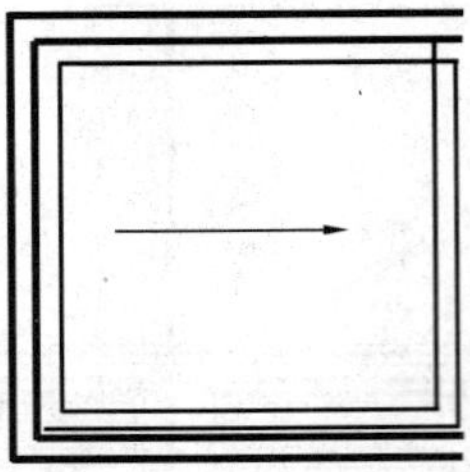

图 15-30　窗框

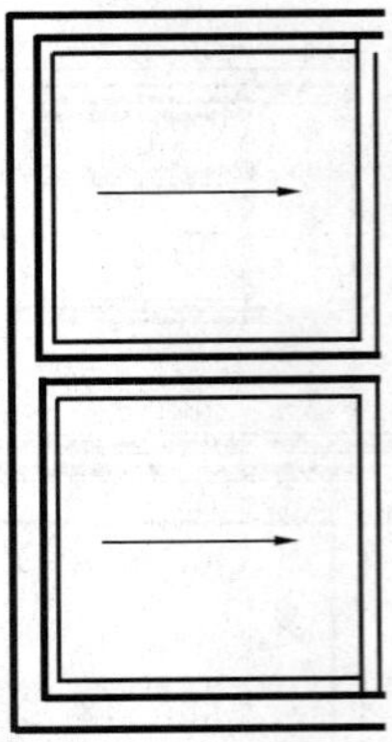

图 15-31　镜像窗户

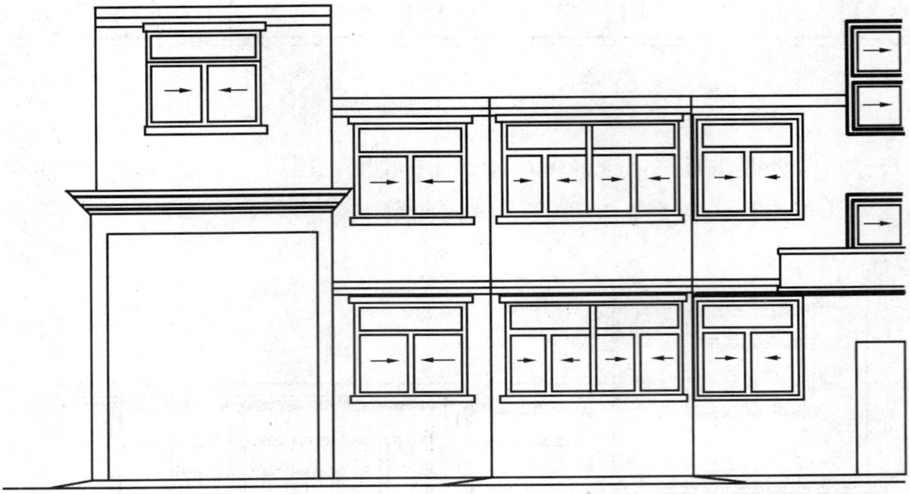

图 15-32　标准层绘制结果

（8）打开修改工具栏，选择复制命令图标，选中标准层作为复制对象，如图 15-33 所示。

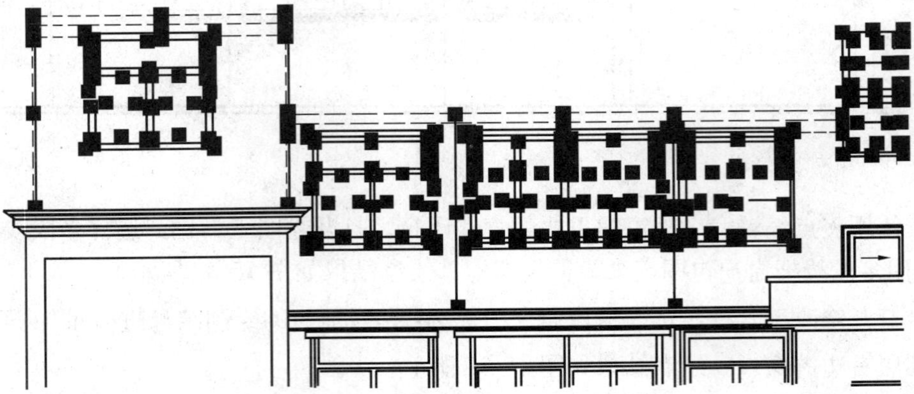

图 15-33　选中标准层作为复制对象

(9) 捕捉标准层的最左下角点作为基准点，不断把标准层复制到标准层的最左上角点，总共复制 4 个标准层，加上原来的一个标准层，共有 5 个标准层。绘制结果如图 15-34 所示。

图 15-34 修改顶层立面

## 15.5 绘制顶层立面图

（1）打开修改工具栏，选择删除命令图标，删除掉顶层立面不需要的图形元素，如右边的窗户和楼板等，结果如图 15-34 所示。

（2）打开绘图工具栏，选择多段线命令图标，在顶层上部绘制墙体框架，然后调出修改工具栏，选择复制命令图标，把底层的檐口边线复制到墙边处，结果如图 15-35 所示。

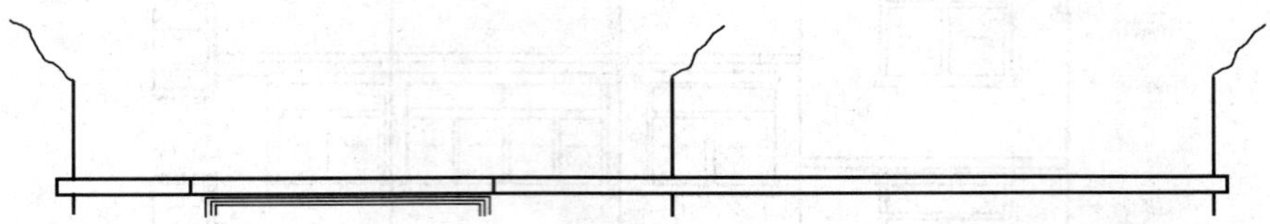

图 15-35　复制底层檐口边线

（3）打开修改工具栏，选择复制命令图标，复制底层的顶板图案到最顶对应位置。打开修改工具栏，选择延伸命令图标，把所有直线延伸到最远的两端，结果如图 15-36 所示。

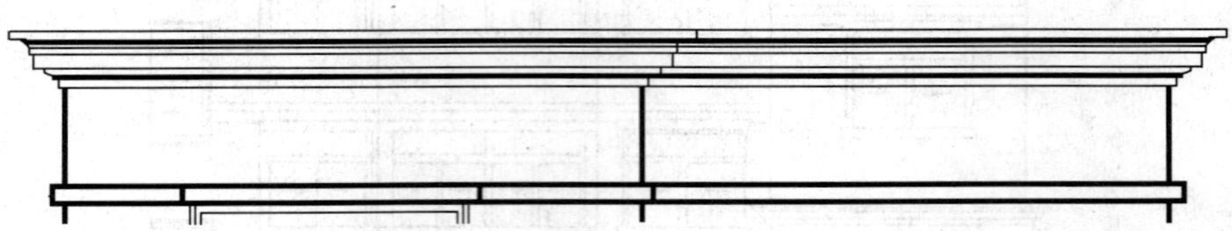

图 15-36　绘制檐口线

（4）采用同样的办法绘制下→级的顶板，绘制结果如图 15-37 所示。

（5）打开绘图工具栏，选择直线命令图标，绘制一个三角屋顶，绘制结果如图15-38 所示。

（6）就这样，整个立面效果如图 15-39 所示。

图 15-37　绘制其他顶板

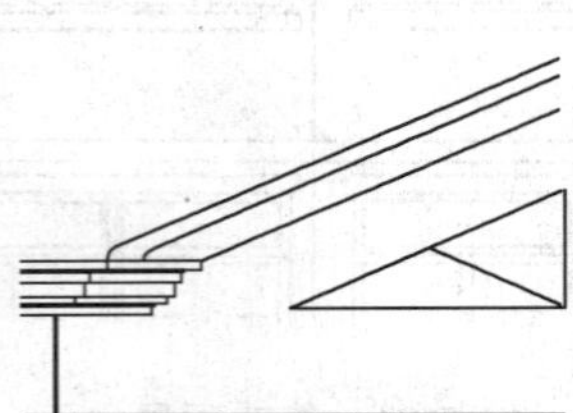

图 15-38　绘制三角形屋顶

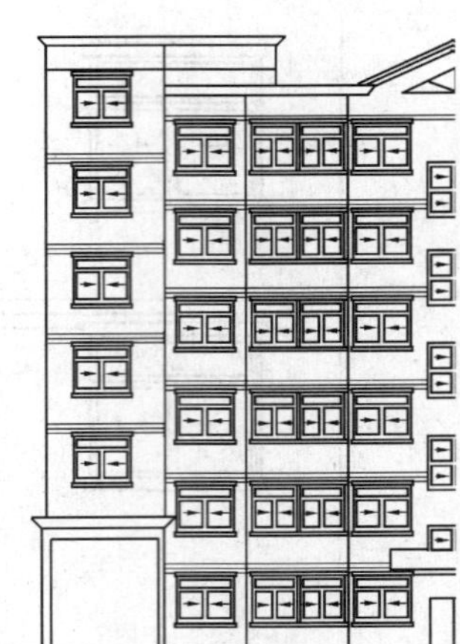

图 15-39　立面效果

（7）打开修改工具栏，选择镜像命令图标，选中所有的图形，进行镜像操作，结果如图 15-40 所示。

图 15-40 镜像立面

（8）打开修改工具栏，选择删除命令图标，删除右下角的墙线，然后打开修改工具栏，选择复制命令图标，复制两个小窗户到对应的墙面上。现在，整个墙的立面最终绘制好了，绘制结果如图 15-41 所示。

图 15-41 整体效果

## 15.6 尺寸标注和文字说明

(1) 打开图层工具栏，选择图层特性管理器图标，则系统弹出“图层特性管理器”对话框。双击图层“标注”，使得当前图层是“标注”。单击“确定”按钮退出“图层特性管理器”对话框。

(2) 打开绘图工具栏，选择直线命令图标，在立面上引出折线。打开绘图工具栏，选择多行文字命令图标，在折线上标出各个立面的材料，这样就得到建筑外立面图，如图 15-42 和图 15-43 所示。

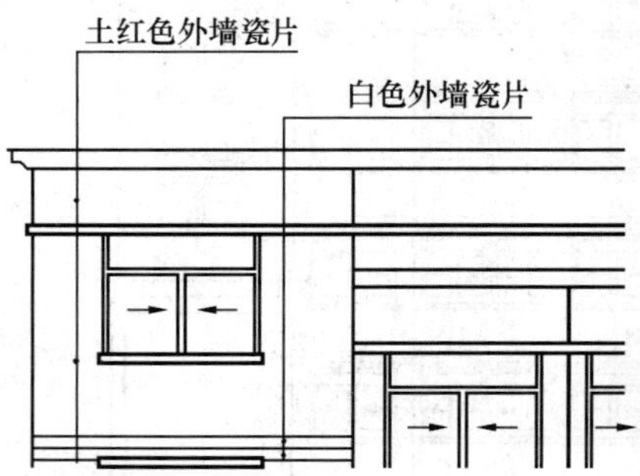


图 15-42 标注立面材料

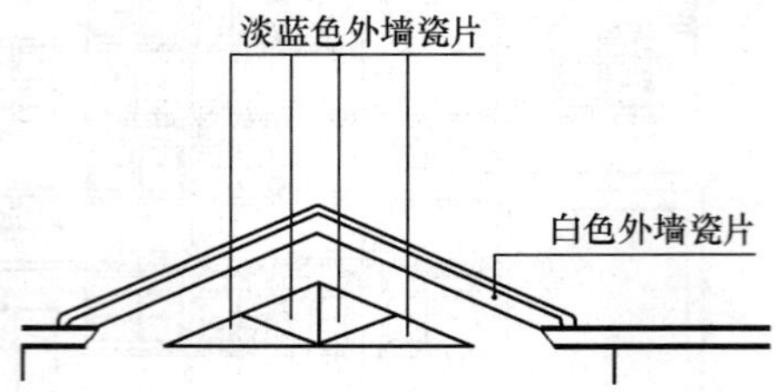


图 15-43 标注三角屋顶

(3) 调用下拉菜单命令“标注”→“对齐”进行尺寸标注，立面内部的标注结果如图 15-44 所示。

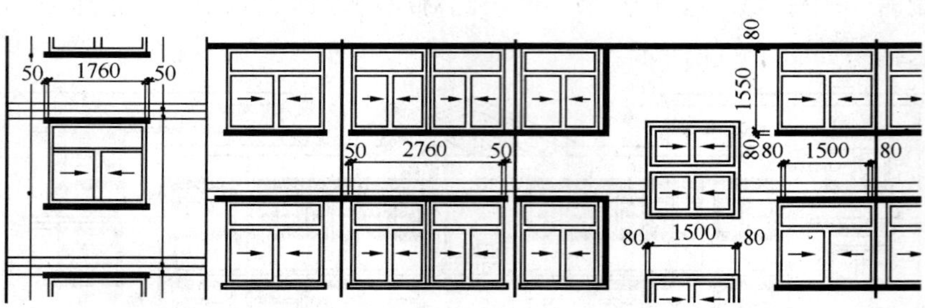


图 15-44 尺寸标注

(4) 执行“标注”→“对齐”命令进行尺寸标注，立面外部的标注结果如图 15-45 所示。

(5) 打开绘图工具栏，选择直线命令图标，绘制一个标高符号。打开修改工具栏，选择复制命令图标，把标高符号复制到各个需要处。打开绘图工具栏，选择多行文字命令图标，在标高符号上方标出具体高度值。标注结果如图 15-46 所示。

(6) 绘制两边的定位轴线编号：单击绘图工具栏上的图标，绘制一个小圆作为轴线编号的圆圈。然后打开绘图工具栏，选择多行文字命令图标，在圆圈内标注文字“1”，得到 1 轴的编号。打开修改工具栏，选择复制命令图标，复制一个轴线编号到 13 轴处，

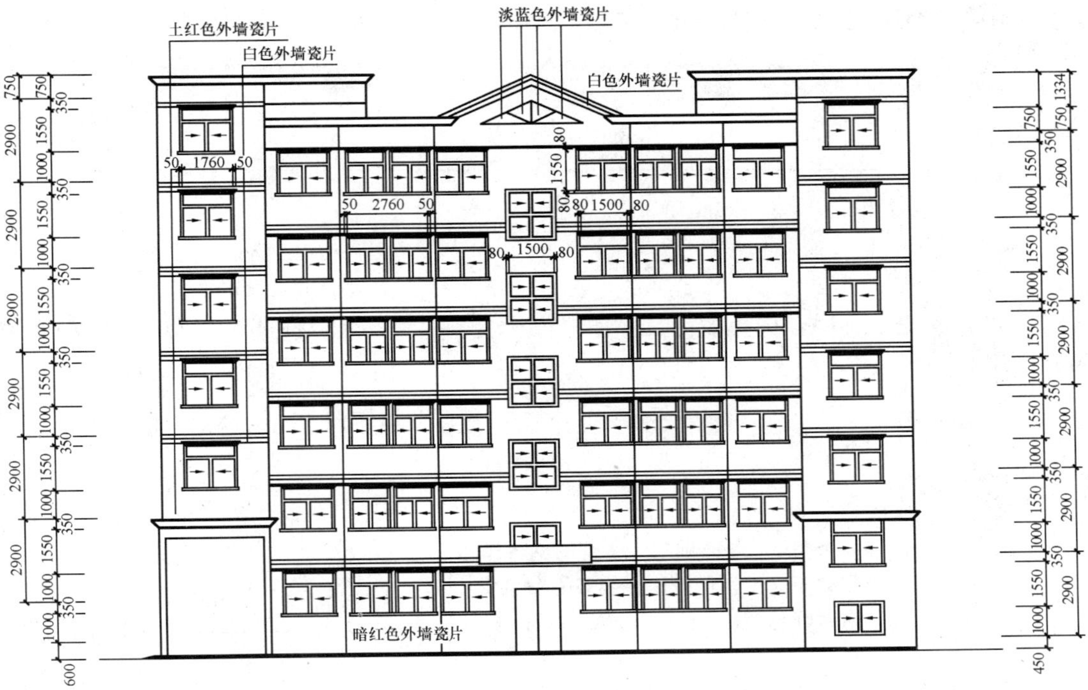


图 15-45　标注立面外部尺寸

说明:
1.屋顶三角装饰,墙面细部线条装饰见各详图
2.大面积墙面为土红色瓷片,线条为白色瓷片
3.一层为暗红色瓷片,沿口刷白色外墙涂料

正立面图1:100

图 15-46　标注标高

并双击其中的文字，把其中的文字改为“15”。轴线标注结果如图 15-47 所示。

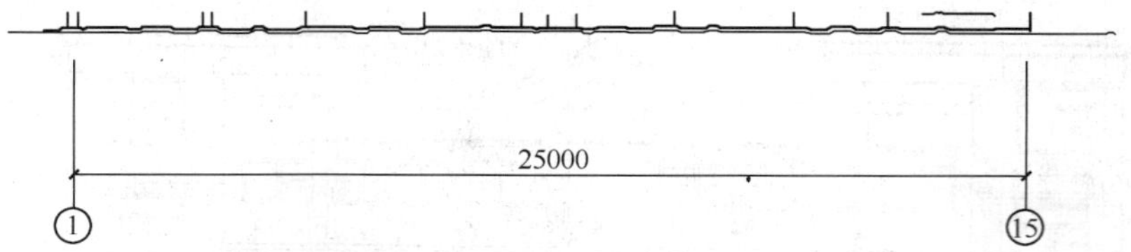


图 15-47　标注轴线

（7）打开绘图工具栏，选择多行文字命令图标 A，在右下角标注上如图 15-48 所示的文字。

（8）打开绘图工具栏，选择多行文字命令图标 A，在图纸正下方标注上图名，如图 15-49 所示。

说明：
1.屋顶三角装饰，墙面细部线条装饰见各详图
2.大面积墙面为土红色瓷片，线条为白色瓷片
3.一层为暗红色瓷片,沿口刷白色外墙涂料

图 15-48　标注说明文字

正立面图 1:100

图 15-49　标注图名

（9）立面图的绘制最终效果如图 15-50 所示。

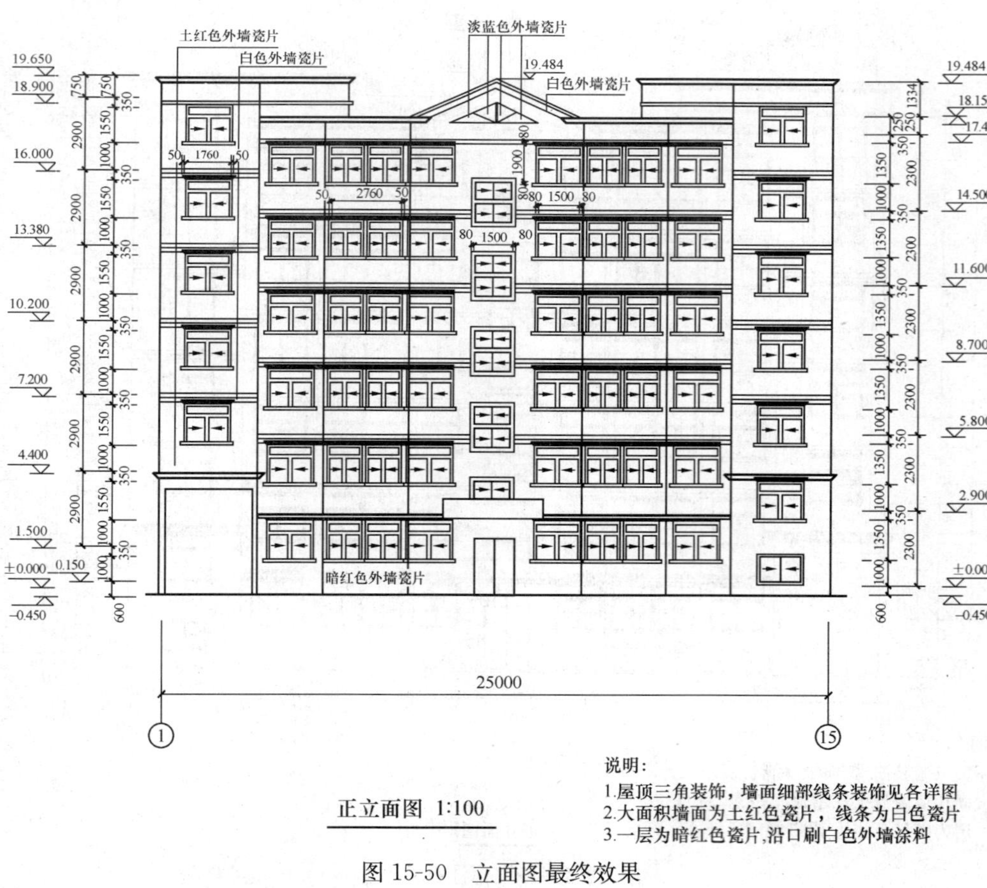


图 15-50　立面图最终效果

# 第 16 章　建筑剖面图绘制

建筑剖面图就是假想使用一个或多个垂直于外墙轴线的铅垂剖切面，将建筑物剖开后所得的投影图。其简称是剖面图。剖面图的剖切方向一般是横向（平行于侧面），当然这不是绝对的要求。剖切位置一般选择在能反映出建筑物内部构造比较复杂和典型的部位，并应通过门窗的位置。多层建筑物应该选择在楼梯间或层高不同位置。剖面图上的图名应与平面图上所标注的剖切符号的编号一致。剖面图的断面处理和平面图的处理相同。

## 16.1　绘制辅助线

（1）打开标准工具栏，选择新建命令图标，建立一个新图形文件。打开图层工具栏，选择图层特性管理器图标，则系统弹出“图层特性管理器”对话框。在“图层特性管理器”对话框中单击“新建”按钮，新建图层“辅助线”，一切设置采用默认设置。然后双击新建的图层，使得当前图层是“辅助线”。单击“确定”按钮退出“图层特性管理器”对话框。

（2）按下 F8 键打开“正交”模式。打开绘图工具栏，选择构造线命令图标，绘制一条水平构造线和一条竖直构造线，组成“十”字构造线，如图 16-1 所示。

（3）打开修改工具栏，选择偏移命令图标，让水平构造线连续往上偏移 3300 距离 3 次，得到水平方向的辅助线。打开修改工具栏，选择偏移命令图标，让竖直构造线连续分别往右偏移 3300 距离、1600 距离、2100 距离和 4500 距离，得到竖直方向的辅助线。它们和水平辅助线一起构成主要辅助线网，如图 16-2 所示。

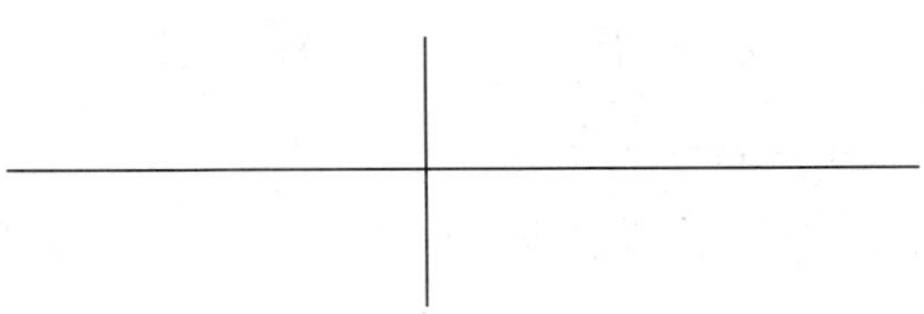

图 16-1　绘制“十”字构造线

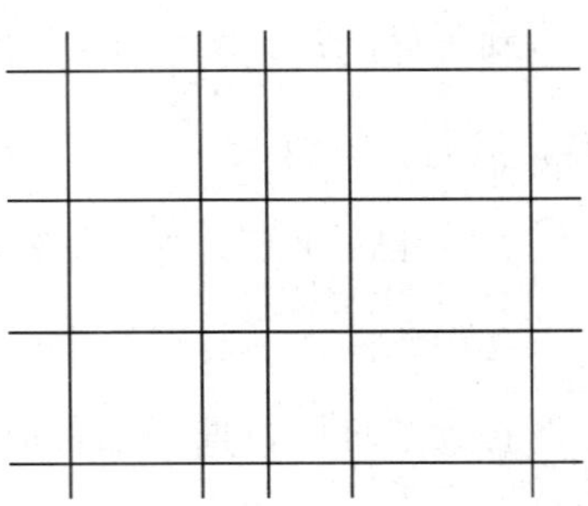

图 16-2　绘制辅助线网

## 16.2　绘制主要框架

（1）打开绘图工具栏，选择直线命令图标，根据辅助线绘制 2 根竖直直线，然后打开修改工具栏，选择偏移命令图标，让绘制的竖直直线分别向两边偏移 120 距离，得到主要墙体，绘制结果如图 16-3 所示。

（2）打开绘图工具栏，选择直线命令图标，根据辅助线绘制 3 根水平直线，然后打开修改工具栏，选择偏移命令图标，让绘制的水平直线往下偏移 100 距离，得到主要楼板，绘制结果如图 16-4 所示。

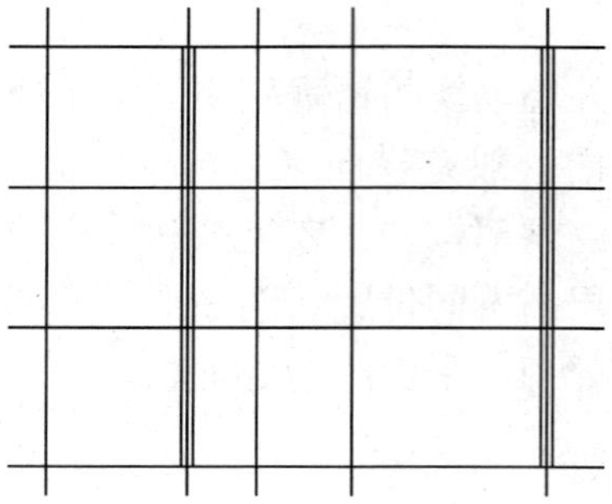

图 16-3　绘制墙体

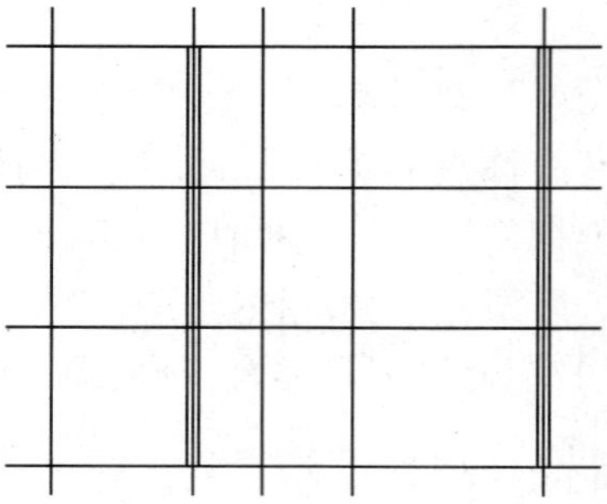

图 16-4　绘制楼板

（3）绘制楼顶的护栏。打开修改工具栏，选择偏移命令图标，让顶层的楼板线往上偏移 600 距离，所得直线再往下偏移 100 距离。打开绘图工具栏，选择直线命令图标，在两端绘制直线把护栏和顶层连接起来。最后打开修改工具栏，选择偏移命令图标，让连接线往里偏移 100 距离，结果如图 16-5 所示。

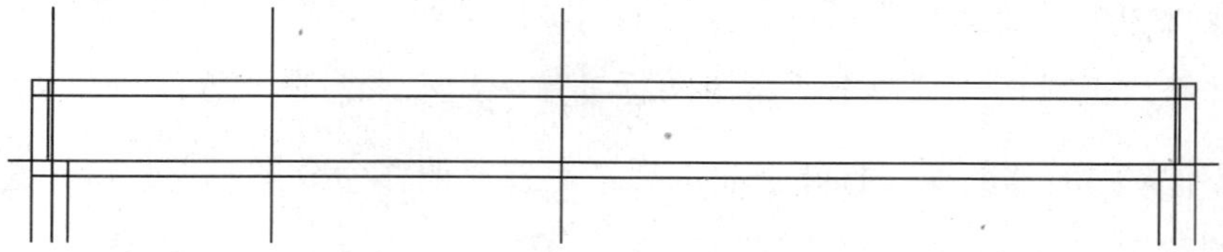

图 16-5　绘制楼顶护栏

（4）绘制进楼的门厅。打开修改工具栏，选择偏移命令图标，把地面线往上偏移 3200 距离，然后打开修改工具栏，选择修剪图标，把两端多余的线条修剪掉，得到一条直线，结果如图 16-6 所示。打开修改工具栏，选择偏移命令图标量，把所得直线连续往下偏移 100 距离两次。打开绘图工具栏，选择直线命令图标，在左端把偏移线都连接起来。打开修改工具栏，选择偏移命令图标，让连接线往右偏移 100 距离，得到门厅顶板，结果如图 16-7 所示。

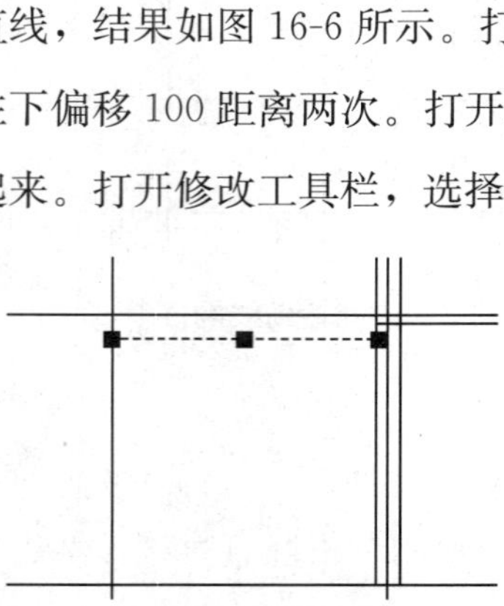

图 16-6　绘制门厅顶板

（5）打开修改工具栏，选择修剪图标，把多余的线条修剪掉，得到具有剖视效果的门厅顶板，绘制结果如图 16-8 所示。

（6）打开修改工具栏，选择偏移命令图标，把最左边的竖直构造线往右连续偏移 90 距离和 300 距离，得到立柱的辅助线，结果如图 16-9 所示。

(7) 打开绘图工具栏，选择直线命令图标，根据辅助线绘制柱子。打开修改工具栏，选择偏移命令图标，把地面线往上偏移 2000 距离，然后打开修改工具栏，选择修剪图标把两端多余的线条修剪掉，在墙体上得到一条短直线，作为门的框架，绘制结果如图 16-10 所示。

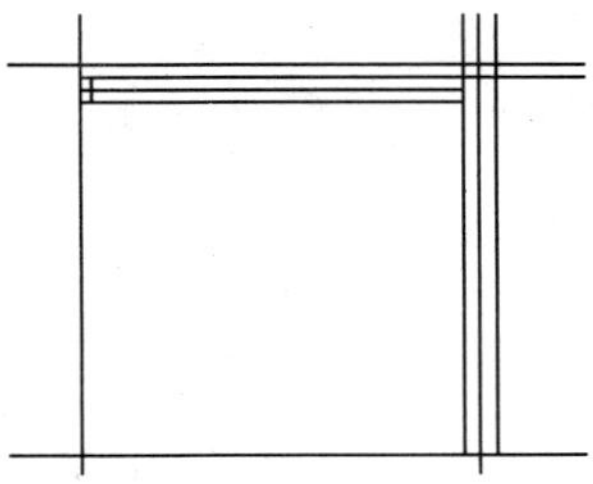

图 16-7　绘制门厅顶板

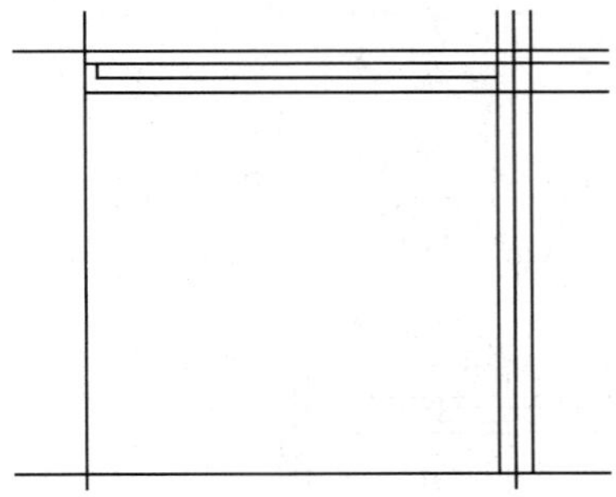

图 16-8　修剪成具有剖面效果的门厅顶板

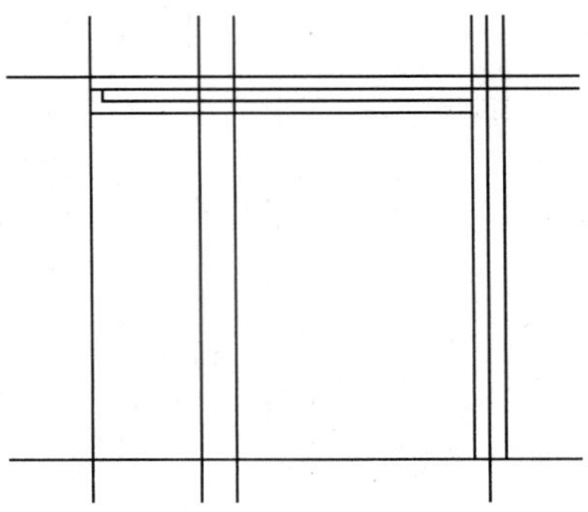

图 16-9　绘制立柱辅助线

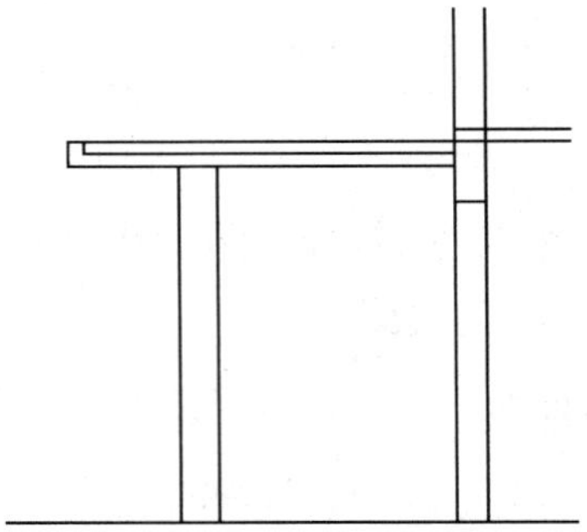

图 16-10　绘制结果

## 16.3　绘制建筑细部

建筑细部包括结构梁、楼梯、台阶等，其绘制步骤如下：

(1) 打开修改工具栏，选择偏移命令图标，把左边墙体的竖直构造线往右连续偏移 1600 距离、500 距离、1000 距离和 600 距离，再把地面的水平构造线往上偏移 2000 距离，得到进一步细化的辅助线，绘制结果如图 16-11 所示。

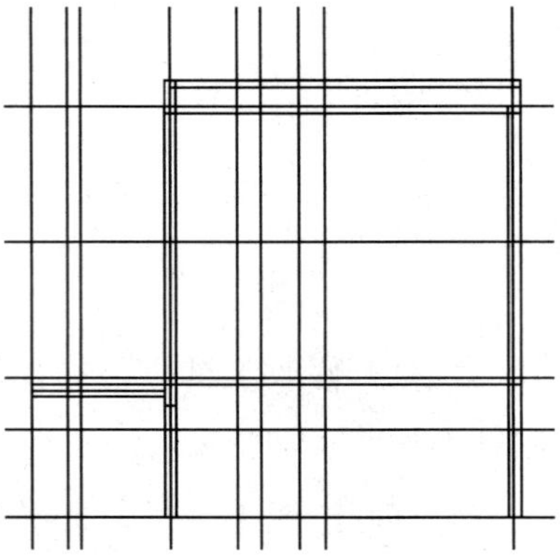

图 16-11　绘制辅助线

(2) 打开绘图工具栏，选择直线命令图标，根据辅助线绘制门，绘制结果如图 16-12 所示。

(3) 打开修改工具栏，选择偏移命令图标，把地面线连续往上偏移 1550 距离和 100 距离，然后打开修

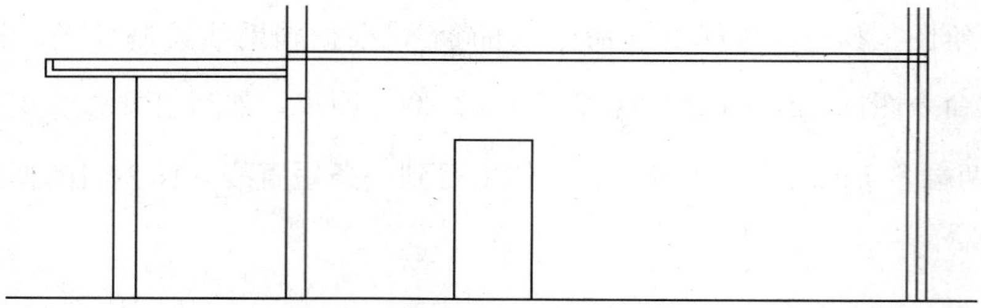

图 16-12　绘制门

改工具栏，选择修剪图标，把两端多余的线条修剪掉，则得到楼梯转角平台的楼板，绘制结果如图 16-13 所示。

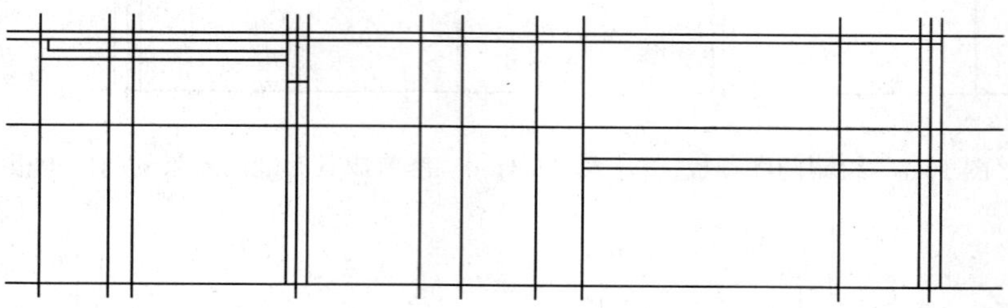

图 16-13　绘制楼梯平台

（4）绘制结构梁。打开绘图工具栏，选择矩形命令图标，在空白处绘制一个 240×200 的矩形作为梁的截面。

（5）调出修改工具栏，选择复制命令图标，把矩形梁复制到楼梯转角平台的楼板下。然后打开绘图工具栏，选择直线命令图标，根据辅助线绘制楼梯斜板，绘制结果如图 16-14 所示。

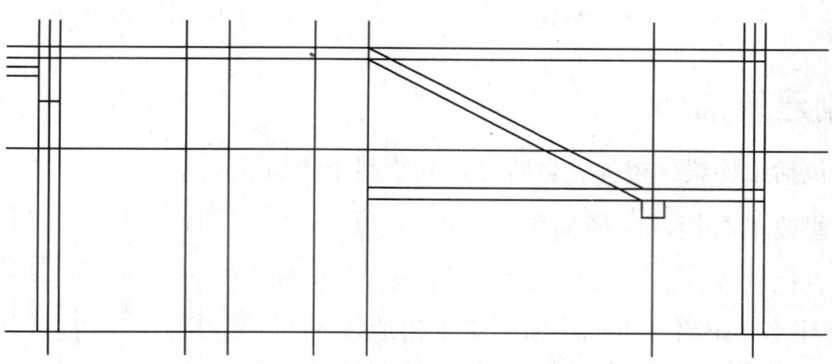

图 16-14　复制矩形梁

（6）打开修改工具栏，选择修剪图标，把多余的线条修剪掉，得到连贯的楼梯板，绘制结果如图 16-15 所示。

（7）打开绘图工具栏，选择直线命令图标，根据辅助线绘制两条高为 1100 的竖直线，然后把它们连接起来，结果如图 16-16 所示。

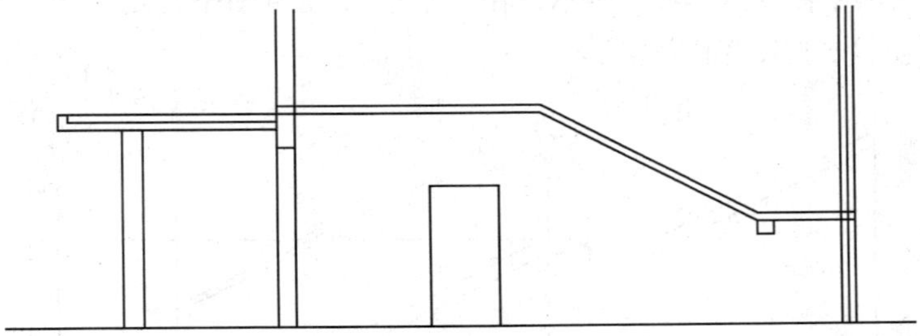

图 16-15　绘制结果

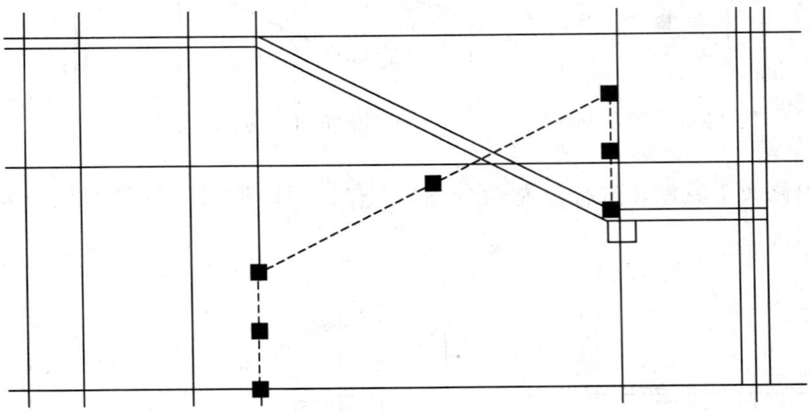

图 16-16　绘制辅助线

（8）打开修改工具栏，选择偏移命令图标，让连接线往下边偏移 50 距离，打开修改工具栏，选择修剪图标，把被遮挡的多余线条修剪掉。打开绘图工具栏，选择直线命令图标，绘制直线把下边连接起来，得到下部分的楼梯。绘制结果如图 16-17 所示。

（9）采用同样的方法绘制上部分的楼梯，绘制结果如图 16-18 所示。

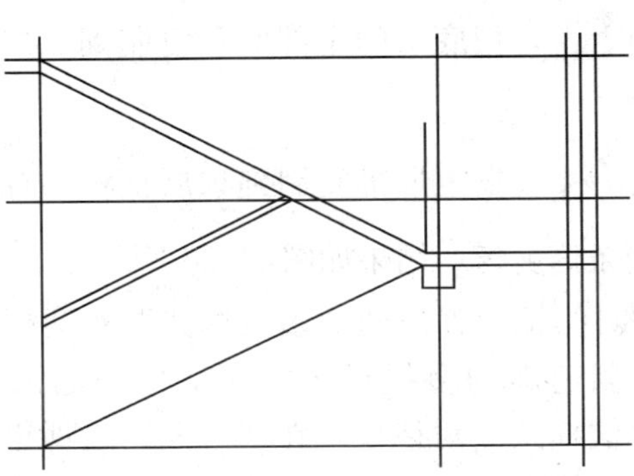

图 16-17　修剪多余线条

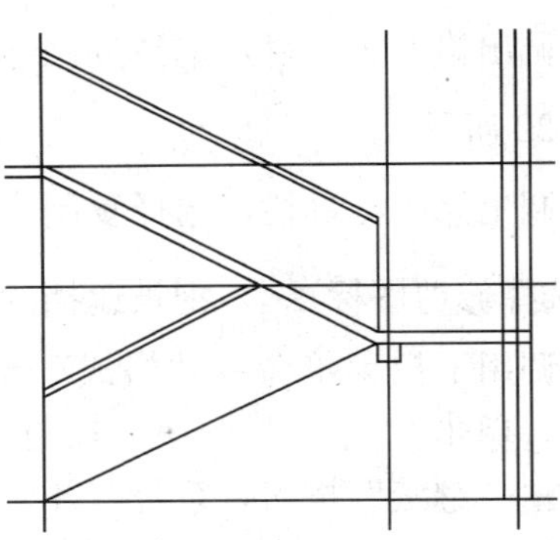

图 16-18　用同样的方法绘制上部分楼梯

（10）绘制台阶踏步。打开绘图工具栏，选择直线命令图标，按照图 16-19 绘制台阶踏步。

（11）调出修改工具栏，选择复制命令图标，把台阶踏步不断往斜线处复制，则得到全部的台阶，绘制结果如图 16-20 所示。由于台阶在建筑图中肯定另有台阶详图，所以这里没有必要按照实际尺寸来绘制台阶。

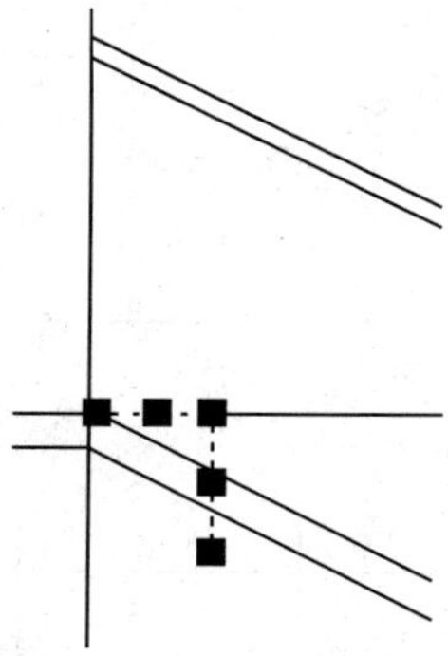

图 16-19　绘制踏步

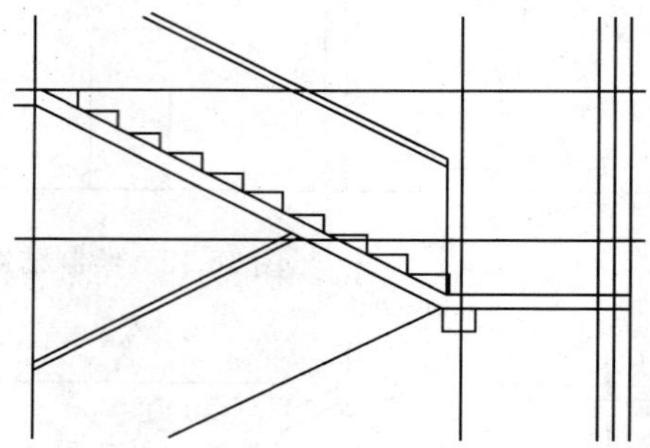

图 16-20　复制踏步

（12）调出修改工具栏，选择复制命令图标，把矩形梁复制到其他各处，结果如图 16-21 所示。

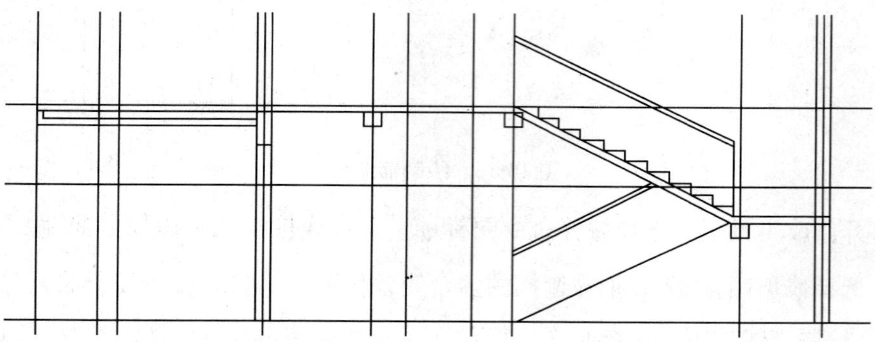

图 16-21　复制矩形梁

（13）调出修改工具栏，选择复制命令图标，把底层的全部对象复制到二层，则结果如图 16-22 所示。

（14）调出修改工具栏，选择复制命令图标，把矩形梁复制到顶层楼板。打开修改工具栏，选择修剪图标，把被遮挡的多余线条修剪掉，结果如图 16-23 所示。

（15）调用下拉菜单命令“格式”－“多线样式”，弹出的“多线样式”对话框，如图 16-24 所示。单击“新建”按钮，在打开的“创建新的多线样式”对话框中输入样式名“win”，单击“继续”按钮，系统打开“新建多线样式”对话框，在“元素”选项组，单击“添加”按钮，添加两个元素把其中的元素偏移量设为 120、20、－20 和－120，如图 16-25 所示。单击“确定”按钮，返回“多线样式”对话框，如果当前的多线名称不是“win”，则单击“置为当前”按钮即可。然后单击“确定”按钮完成多线的设置。

（16）调用下拉菜单命令“绘图”→“多线”，根据命令提示把对齐方式设为“无”，把多线比例设为“1”，注意多线的样式为“win”。这样完成多线样式的调节。

（17）调用下拉菜单命令“绘图”→“多线”，在二层墙体高为 1200 处绘制长为 1600 距离的多线，得到一个窗户，绘制结果如图 16-26 所示。

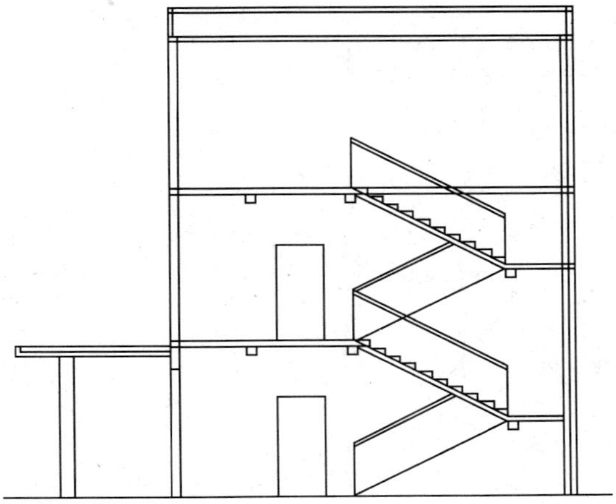

图 16-22　复制楼梯到二层

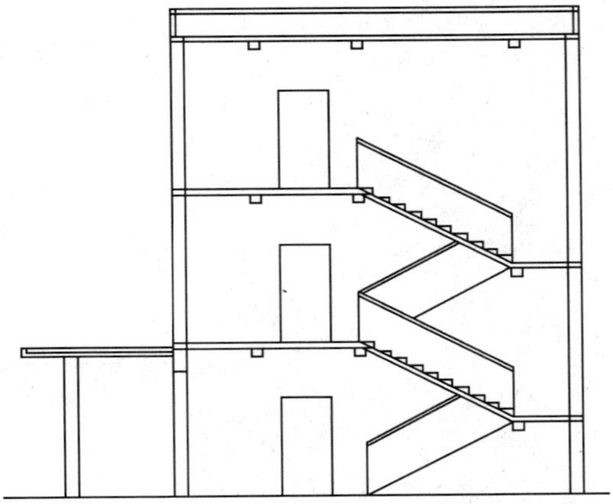

图 16-23　修剪多余线条

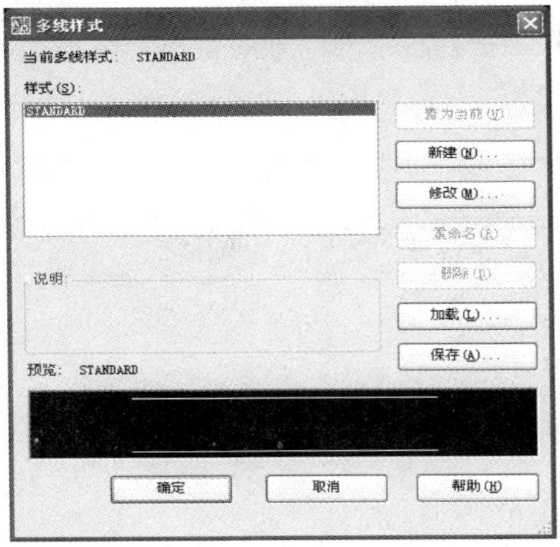


图 16-24　“多线样式”对话框

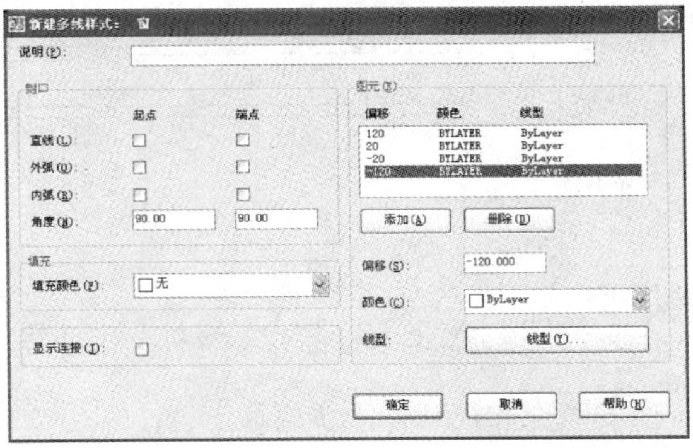


图 16-25　“新建多线样式”对话框

（18）调出修改工具栏，选择复制命令图标 ，把窗户复制到其他各处，结果如图 16-27所示。

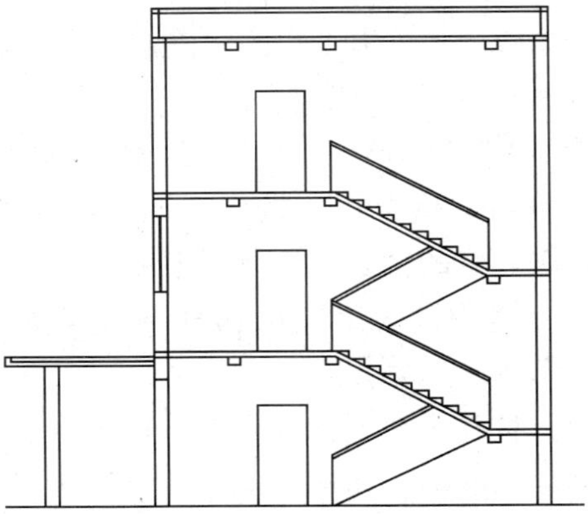

图 16-26　绘制一层窗户

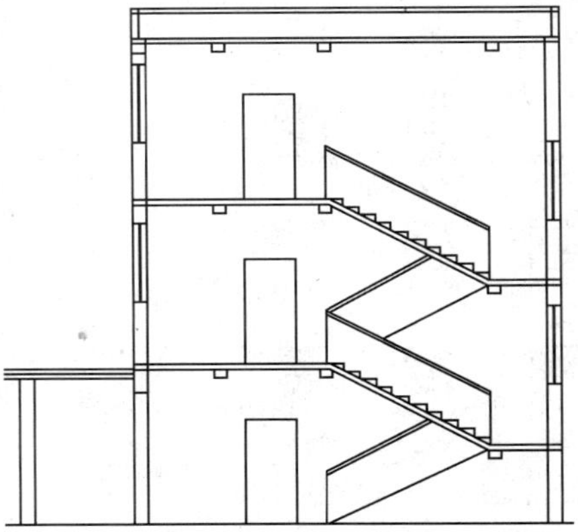

图 16-27　复制窗户

（19）打开绘图工具栏，选择直线命令图标，在墙的下面绘制直线，使得墙穿透地面往下延伸，如图 16-28 所示。

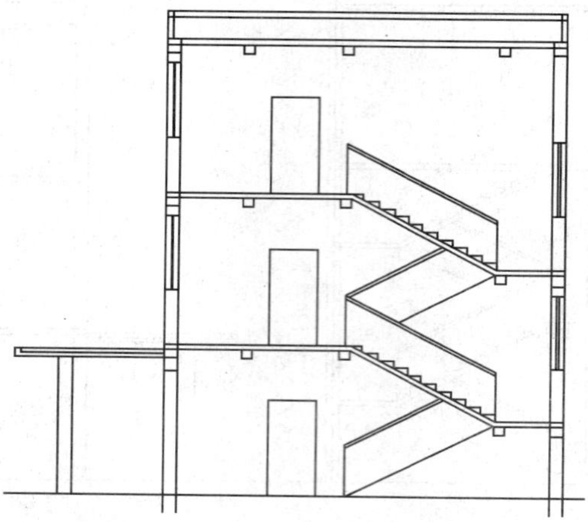

图 16-28　延伸墙线

（20）打开修改工具栏，选择修剪图标，将顶层护栏多余的部分修剪掉，使得顶层具有剖视效果，如图 16-29 所示。

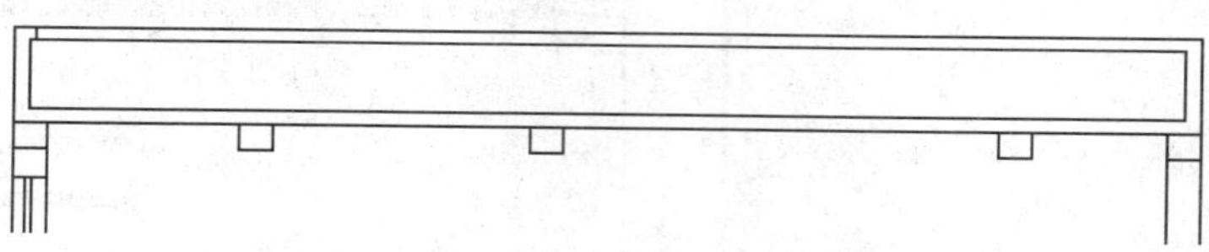

图 16-29　修剪护栏线

## 16.4　图案填充和尺寸标注

图案填充和尺寸标注步骤如下：

（1）打开绘图工具栏，选择图案填充命令图标，则系统弹出“图案填充和渐变色”对话框，单击“样例”后面的图形按钮，则系统弹出“填充图案选项板”对话框，选择“其他预定义”选项卡，选择其中的“SOLID”图标，如图 16-30 所示。单击下边的“确定”按钮返回“图案填充和渐变色”对话框。

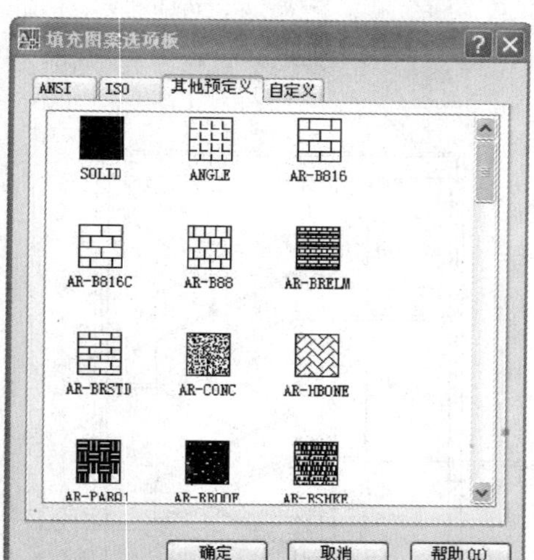


图 16-30　“填充图案选项板”对话框

（2）“图案填充和渐变色”对话框如图 16-31 所示，单击“拾取点”按钮，返回绘图区。把楼板、台阶，梁的剖切面进行图案填充。

（3）单击“确定”按钮完成实体填充操作，结果如图 16-32 所示。

（4）打开绘图工具栏，选择直线命令图标，在墙的下端部绘制隔断符号，如图 16-33 所示。

（5）打开绘图工具栏，选择图案填充命令图标，则系统弹出“图案填充和渐变色”对话框，单击“样例”按钮，则系统弹出“填充图案选项板”对话框，选择“ANSI”选项卡，选择其中的“ANSI31”图标。单击下边的“确定”按钮返回“图案填充和渐变色”对话框。

（6）打开“图案填充和渐变色”对话框如图 16-34 所示，单击“拾取点”按钮，返回绘图区。把墙体的剖切面进行图案填充。

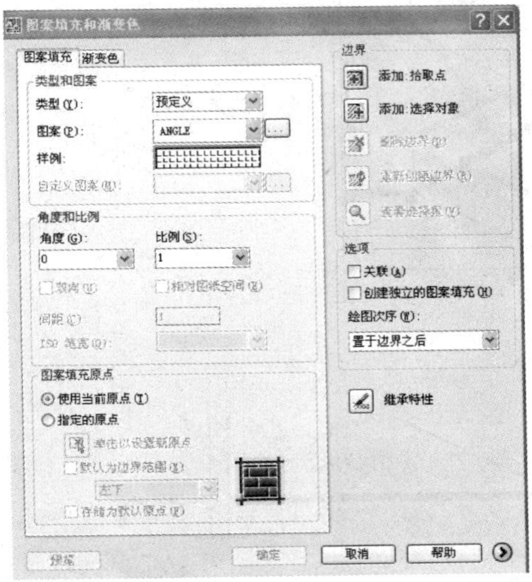


图 16-31 “图案填充和渐变色”对话框

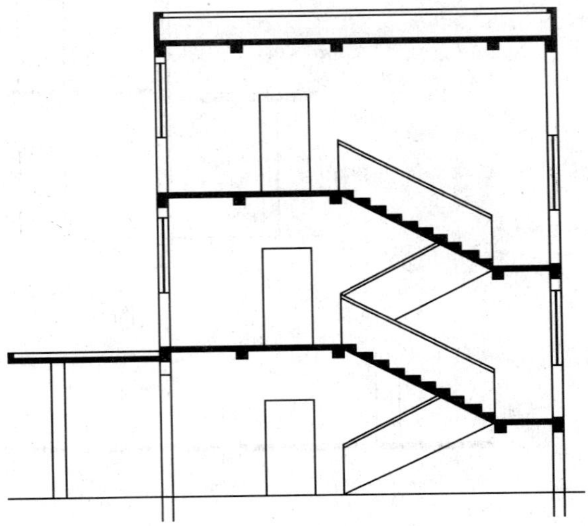

图 16-32 填充

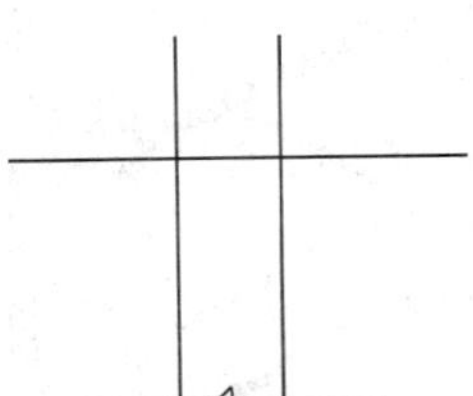

图 16-33 绘制剖断符号

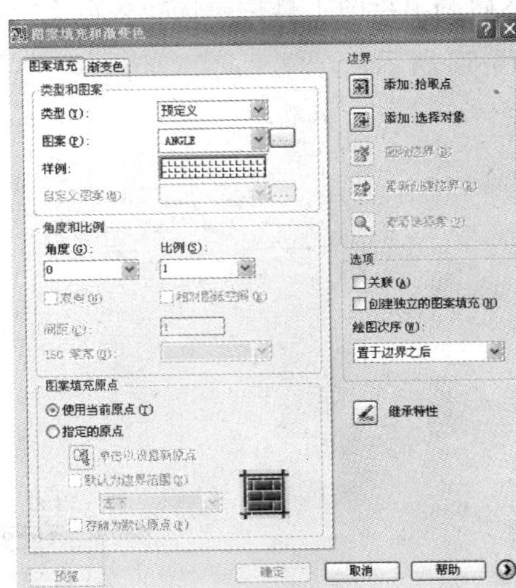


图 16-34 “图案填充和渐变色”对话框

（7）单击“确定”按钮完成墙体填充操作，结果如图 16-35 所示。

（8）把地面修改成如图 16-36 所示。

（9）打开绘图工具栏，选择直线命令图标，绘制一个标高符号，结果如图 16-37 所示。

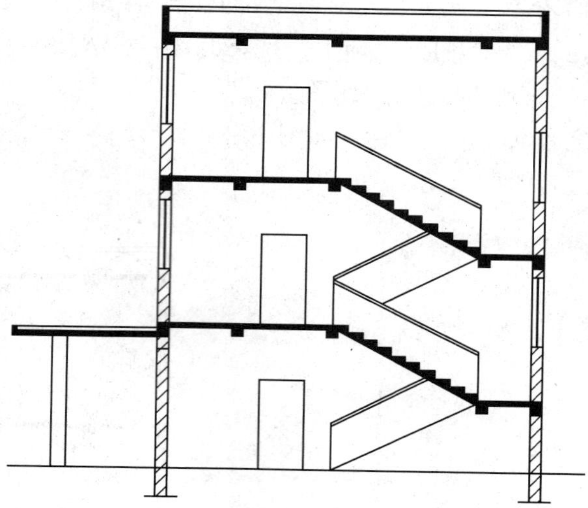

图 16-35　填充墙体

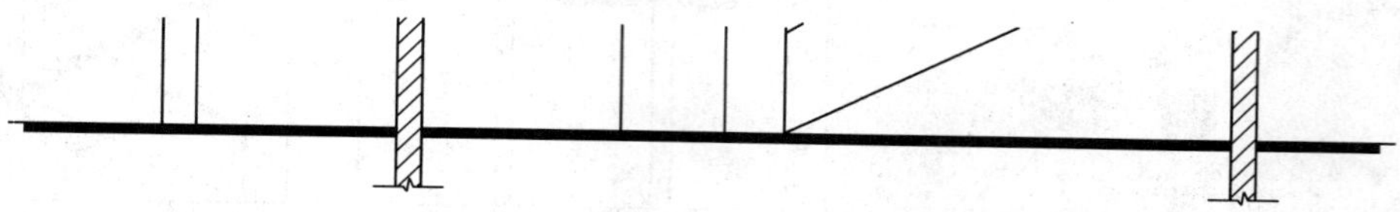

图 16-36　修改地面

（10）调出修改工具栏，选择复制命令图标，把标高符号复制到各个需要标高标注的地方，然后调出绘图工具栏，选择多行文字命令图标，在标高符号上标出具体的标高，结果如图 16-38 所示。

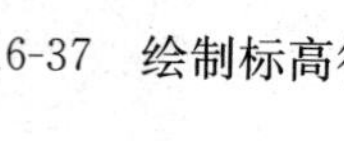

图 16-37　绘制标高符号

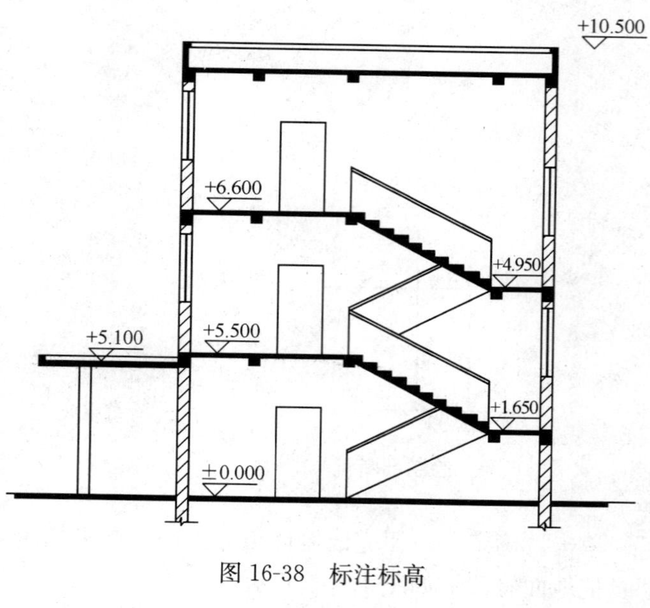


图 16-38　标注标高

（11）调用下拉菜单命令“标注”→“样式”，则系统弹出“标注样式管理器”对话框，单击右边的“修改”按钮，则弹出“修改标注样式：ISO-25”对话框，按照图 16-39 把“直线”、“符号和箭头”选项卡修改好。

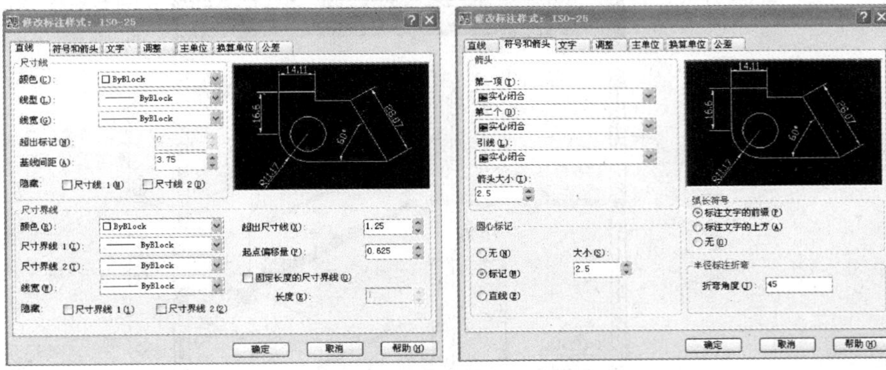


图 16-39 “修改标注样式管理器”对话框

(12) 选择“文字”选项卡，按照图 16-40 把“文字”选项卡修改好。然后单击“确定”按钮退出“修改标注样式：ISO-25”对话框，返回“标注样式管理器”对话框，单击下边的“关闭”按钮，退出“标注样式管理器”对话框。

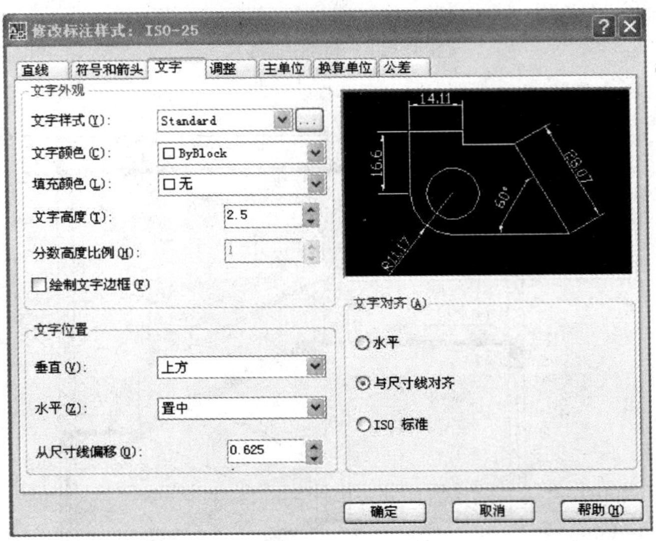


图 16-40 选择“文字”选项卡

(13) 调用下拉菜单命令“标注”→“对齐”，把剖面图的各个细部进行尺寸标注，则结果如图 16-41 所示。

(14) 调出绘图工具栏，选择多行文字命令图标 A，在图形的正下方选择文字区域，则系统弹出“文字格式”对话框，在其中输入“小楼建筑剖面图 1∶100”，字高为 300 然后打开绘图工具栏，选择直线命令图标 ╱，在文字下方绘制一根线宽为 0.3mm 的直线，这样就全部绘制好了。绘制最终结果如图 16-42 所示。

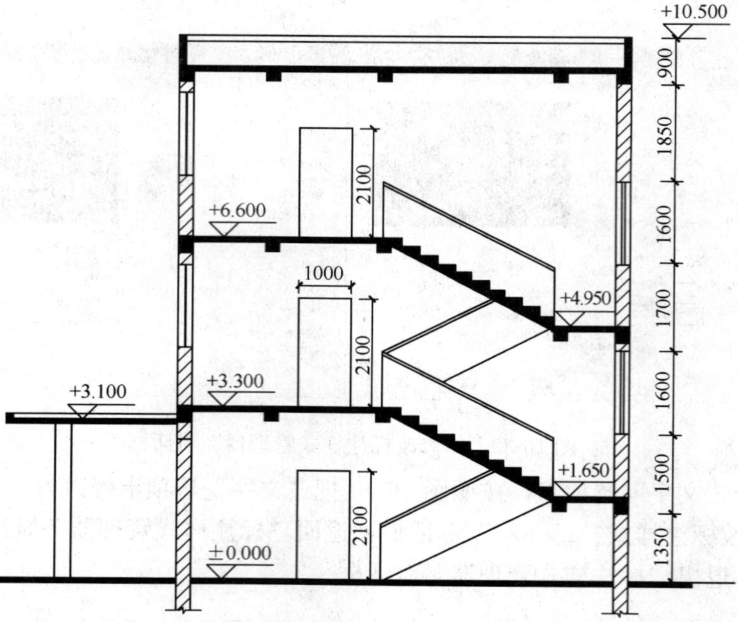


图 16-41 标注细部尺寸

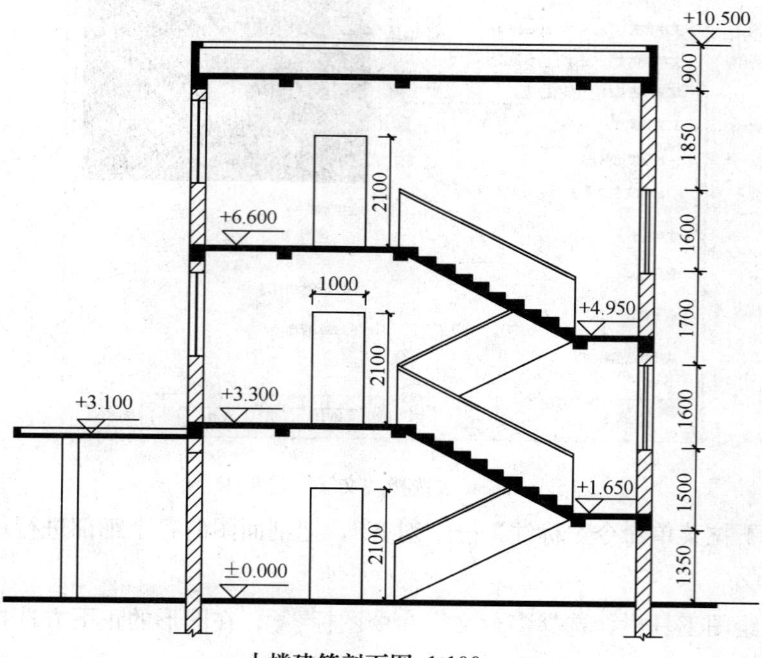


图 16-42 剖面图绘制结果

# 参 考 文 献


[1] 张小平．建筑识图与房屋构造［M］．武汉．武汉理工大学出版社，2005.

[2] 季敏．建筑制图与构造基础［M］．北京．北京机械工业出版社，2007.

[3] 孙世青．建筑制图［M］．北京．北京科学出版社，2008.

[4] 毛家华．建筑工程制图与识图［M］．北京．高等教育出版社，2005.

[5] 黄书珍．Auto CAD 中文版建筑设计实例教程［M］．北京．北京机械工业出版社，2007.

[6] 胡任喜．Auto CAD 中文版建筑设计实例教程［M］．北京．北京机械工业出版社，2009.

# 建筑制图与CAD习题集

张玉萍　主编

中国建材工业出版社

**图书在版编目（CIP）数据**

建筑制图与 CAD 习题集/张玉萍主编．—北京：中国建材工业出版社，2011.1（2016.8 重印）

ISBN 978-7-80227-818-9

Ⅰ．①建… Ⅱ．①张… Ⅲ．①建筑制图—计算机辅助设计-应用软件，Auto CAD-高等学校：技术学校-习题 Ⅳ．①TU204-44

中国版本图书馆 CIP 数据核字（2010）第 236884 号

**建筑制图与 CAD 习题集**

张玉萍　主编

出版发行：中国建材工业出版社

地　　址：北京市海淀区三里河路 1 号

邮　　编：100044

经　　销：全国各地新华书店

印　　刷：北京雁林吉兆印刷有限公司

开　　本：787mm×1092mm　1/16

印　　张：20

字　　数：384 千字

版　　次：2011 年 1 月第 1 版

印　　次：2016 年 8 月第 3 次

**定　　价：46.00 元（共两册）**

---

**本社网址：www.jccbs.com.cn**

**本书如出现印装质量问题，由我社发行部负责调换。联系电话：（010）88386906**

# 目　录

## 1-1 字体练习(一)

建筑制图标准规定幅面字体线型宽长高投影透视尺

寸民用东西南北正水平侧墙梁板柱圆锥截交相贯台

钢筋混凝土顶泥砂浆比例号实虚轮廓承重框架结构

1-1 字体练习(二)

轴测楼梯踏步射螺旋换转表达方法简化断局部阶梯剖窗门阳

檐天沟形分析识读步骤拱模板基础厂房地产设备给排水采暖

光通风空调总粗细点划构配件坡装饰箭头要素顶底角数材料

1-2 数字和字母练习

ABCDEFGHIJKLMNOPQRSTUVWXYZ

abcdefghijklmnopqrstuvwxyz

0123456789

*0123456789*

*ABCDEFGHWXYabcdefghwxy*

1-3　用A3幅1:1比例抄绘所给图样。注意线型及画法，并应符合制图标准。图名：线型练习。

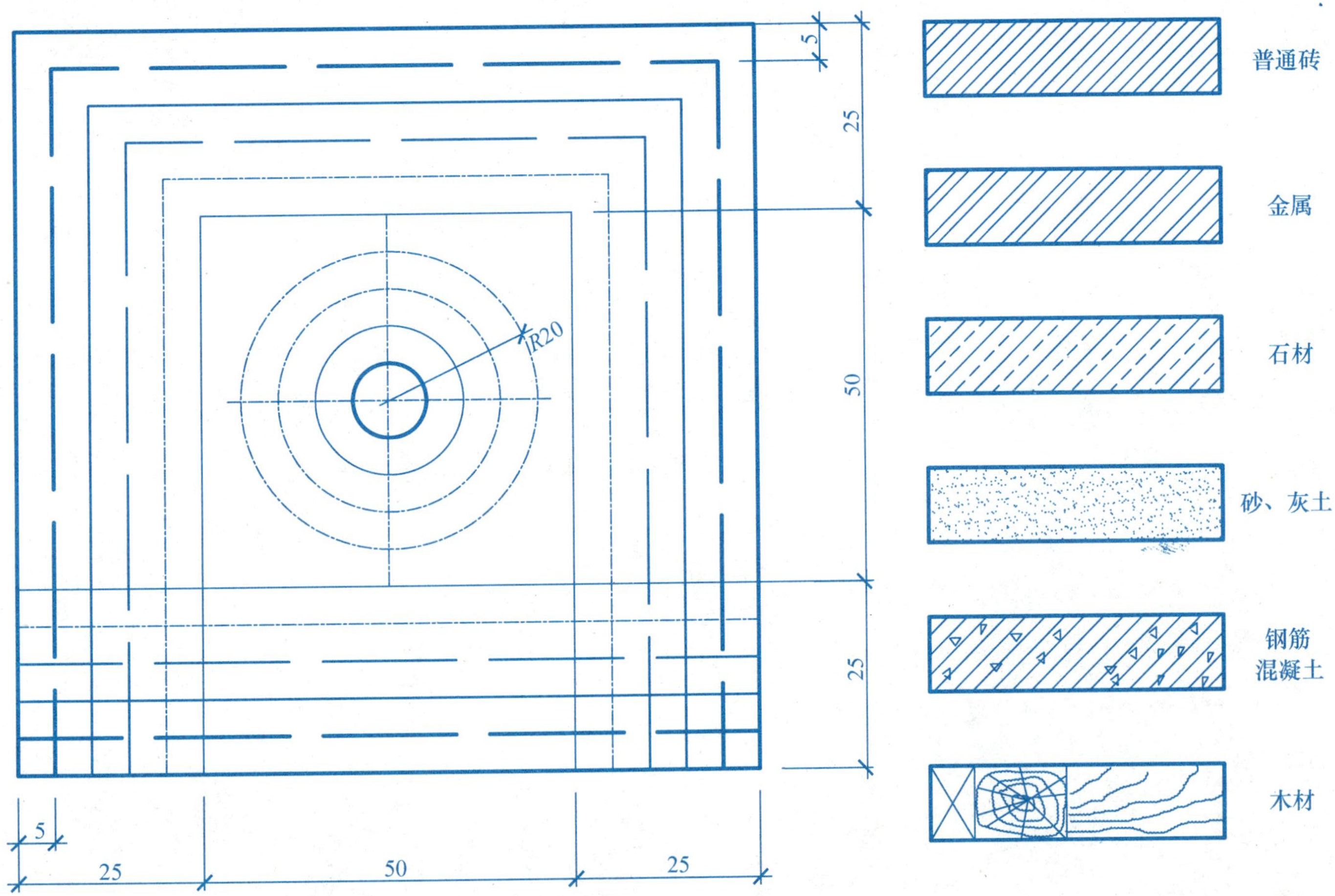

1-4　按 1:1 的比例抄绘所给图形并标注尺寸。

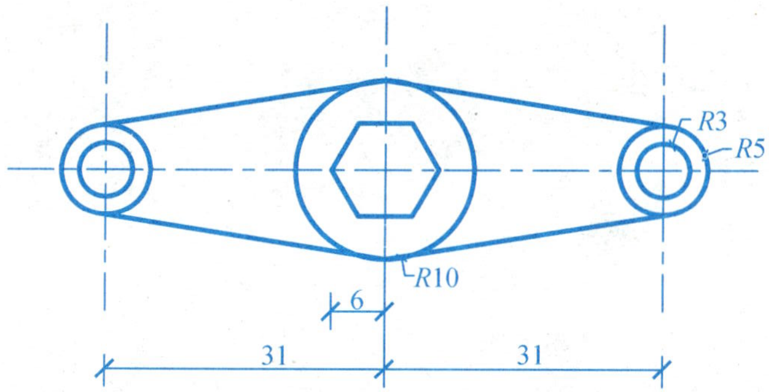


1-5　按 1:1 的比例抄绘所给图形并标注尺寸。

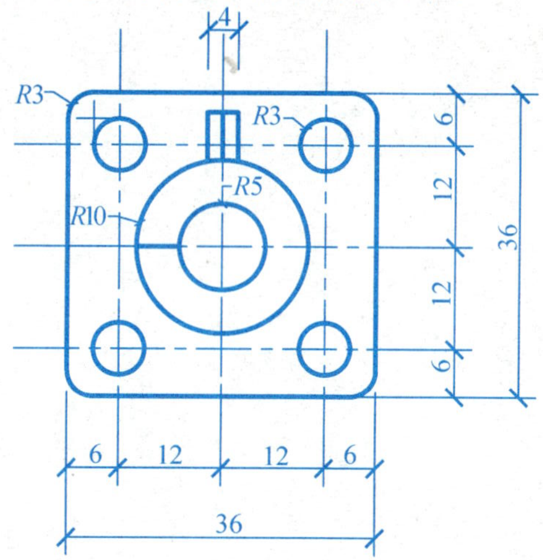

1-6　绘制椭圆，长轴100mm，短轴60mm，并标注尺寸。

1-7　绘制圆内接正六边形和正五边形，圆的直径为50mm。

1-8 用 A3 幅面选取适当比例抄绘下面的图形，要求线型分明，交接正确，连接光滑。

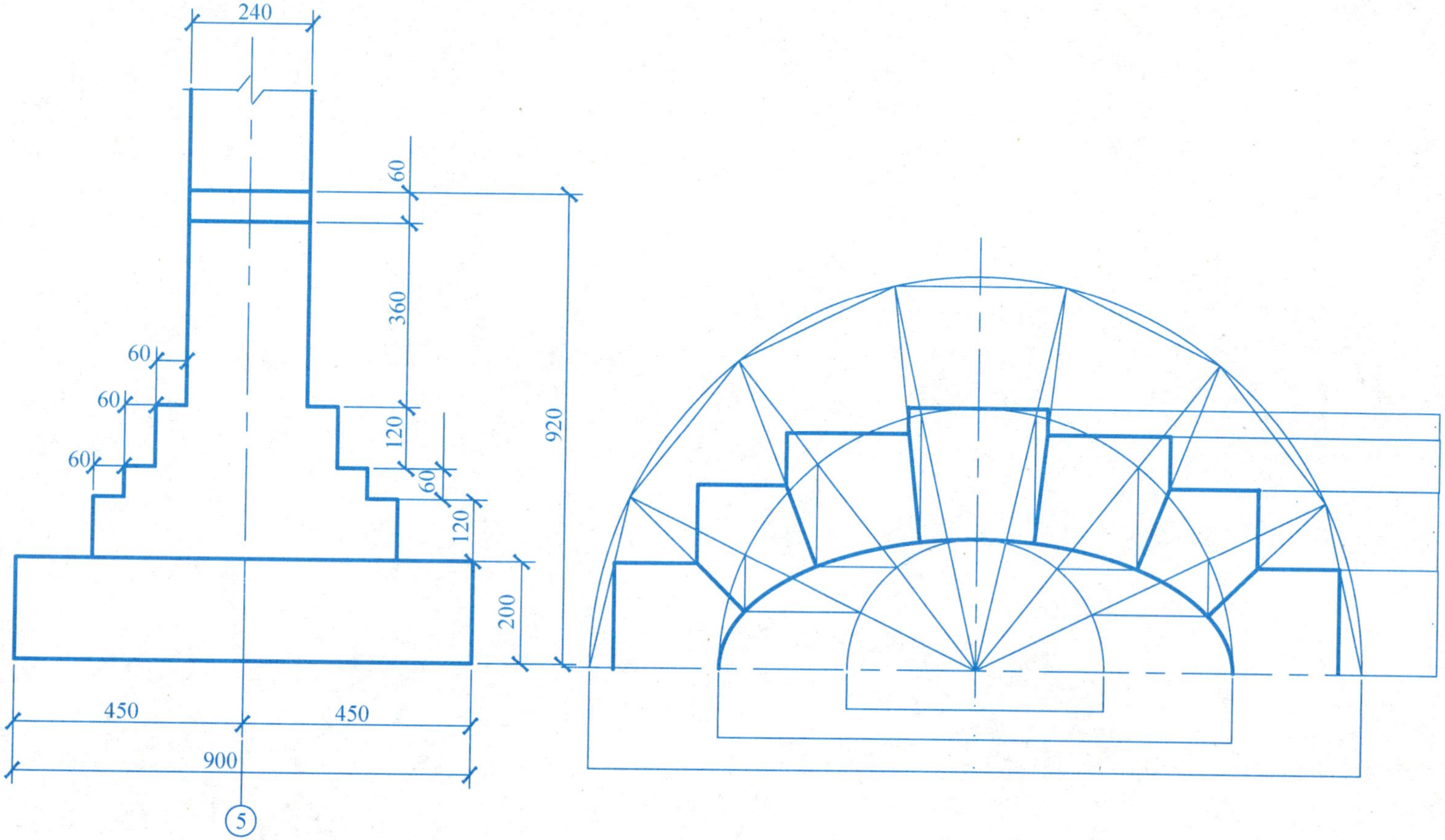

1-9　选择相应的图形编号到三视图内。

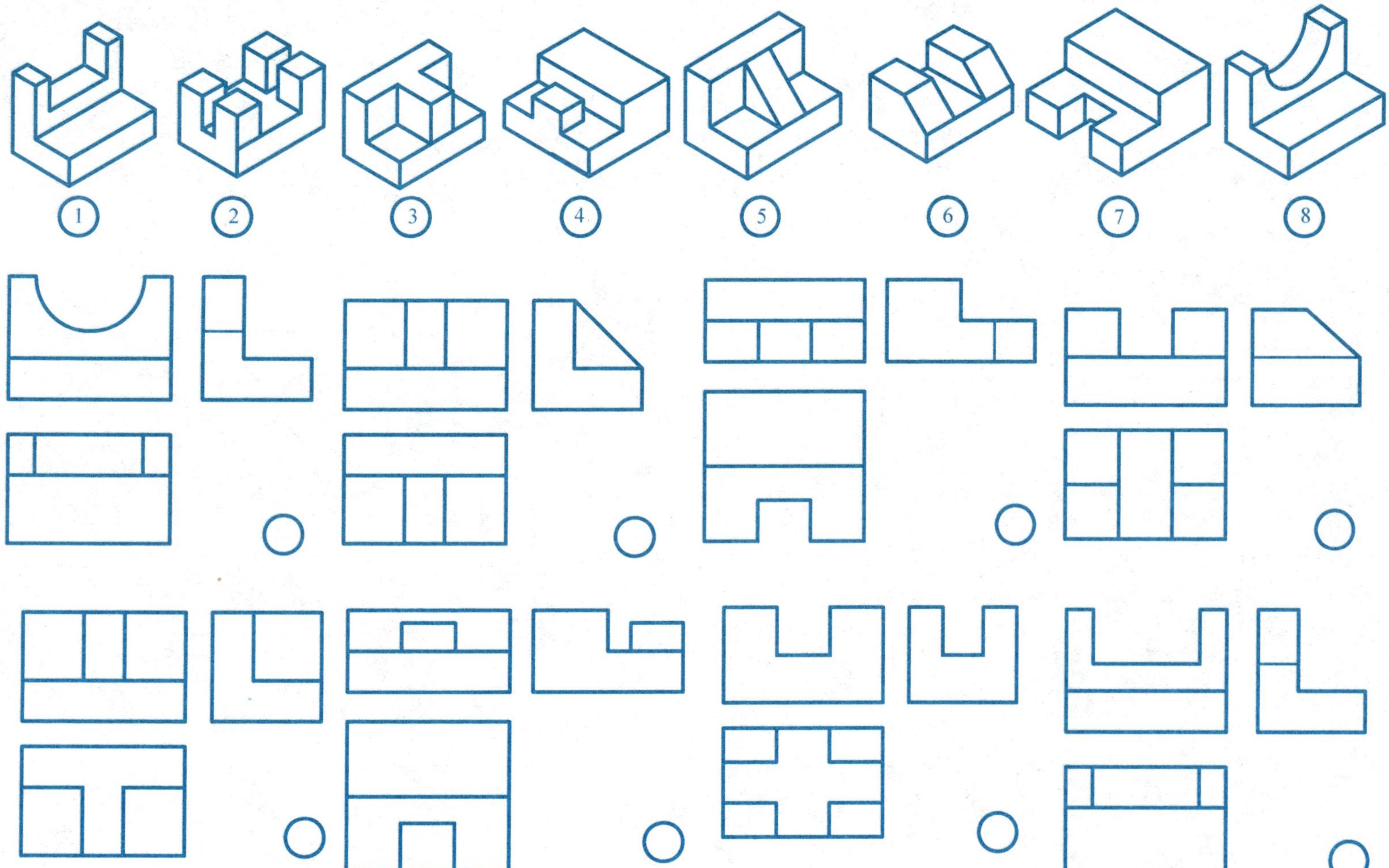

3-1　根据点的立体图作出其三面投影。

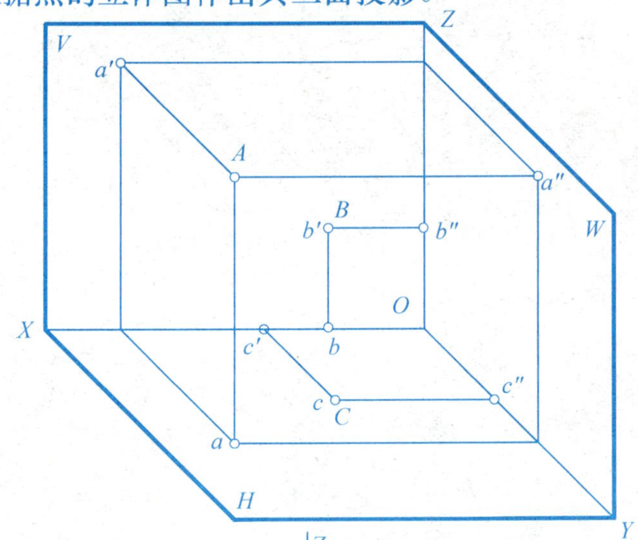


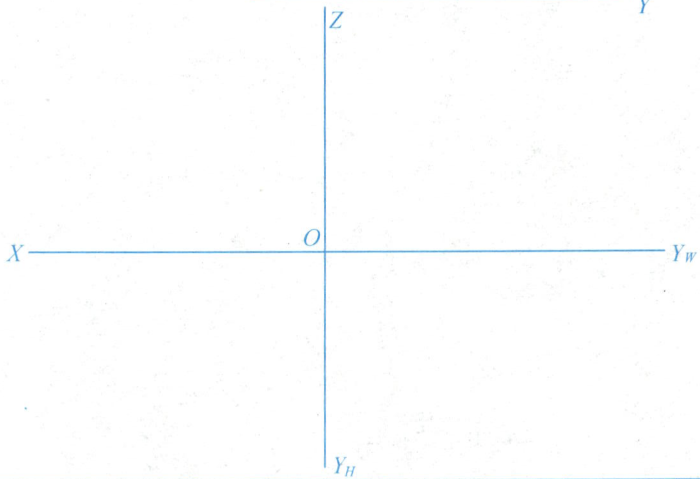


3-2　根据点的三面投影图求作其立体图。

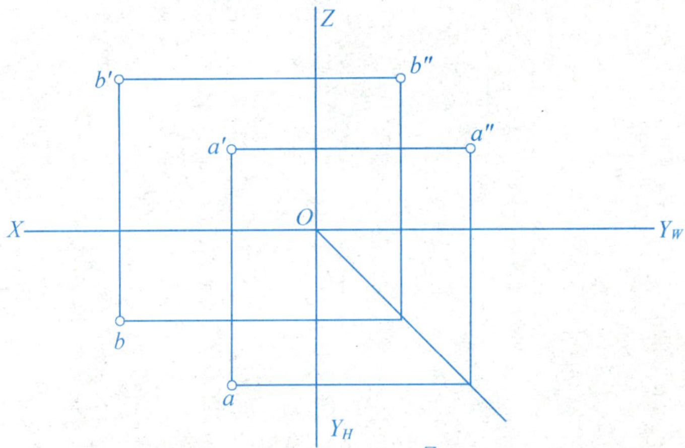


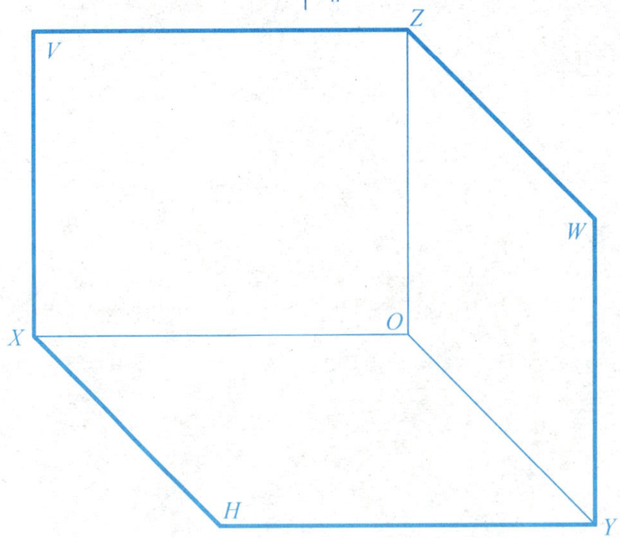

3-3 根据点的立体图作出其三面投影。

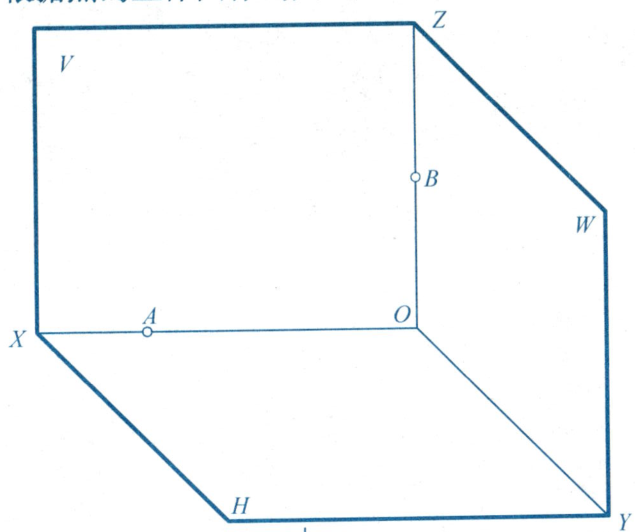


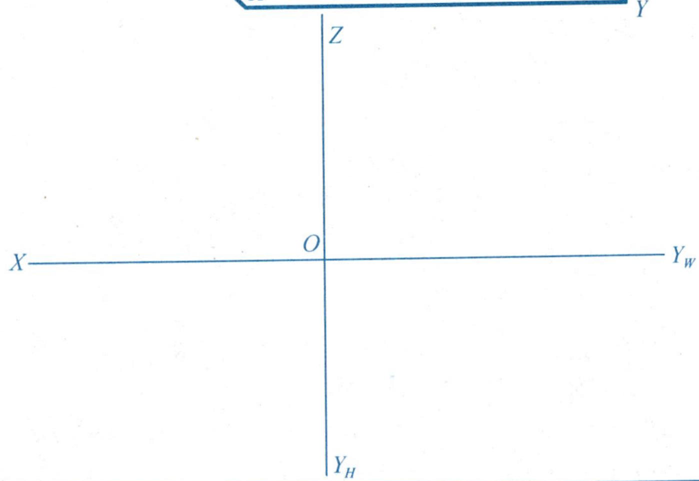


3-4 已知点的两面投影，补全第三面投影。

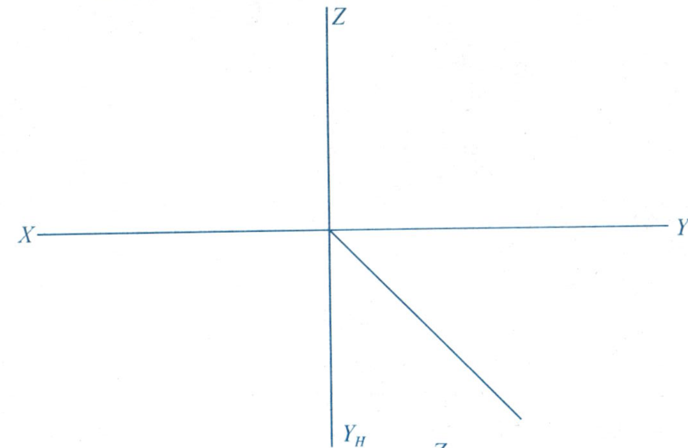


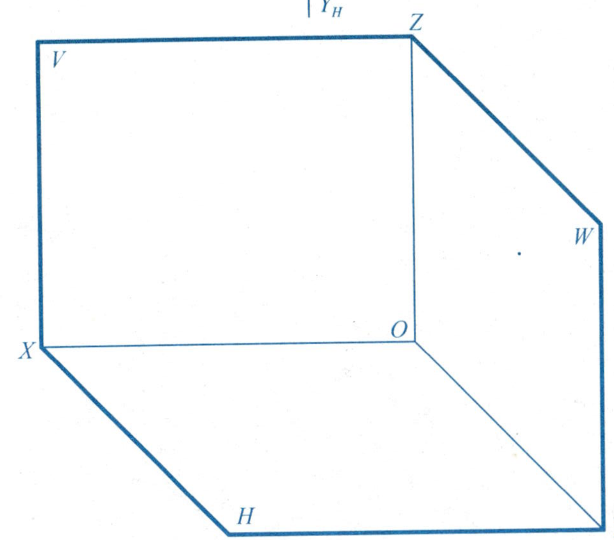

3-5　已知$A$(20,15,10)、$B$(25，10，0)、$C$(15，0，15)，作出它们的三面投影。

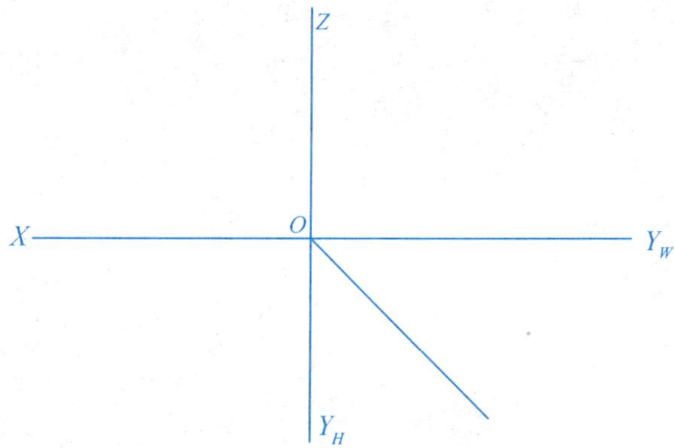


3-6　已知$A$、$B$、$C$三点到$H$面、$V$面、$W$面的距离分别为（20，15，10）；(25，15，0）；(15，0，15)，作出它们的三面投影。

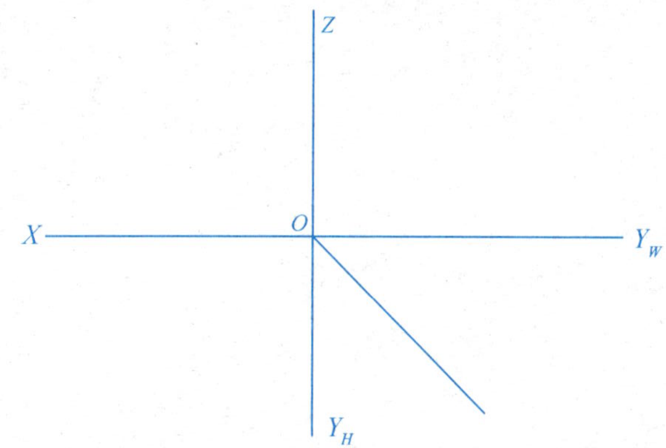


3-7　已知点$A$（15，20，10），点$B$在点$A$的左方5，后方10，上方10，作出它们的三面投影。

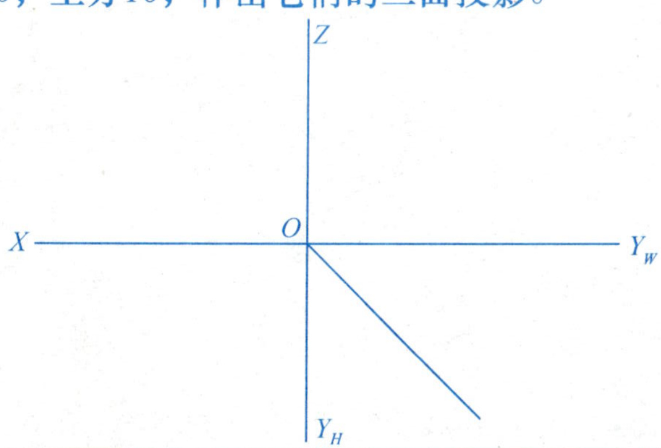


3-8　已知点$A$（20，20，15），点$B$在点$A$的正右方10，点$C$在点$A$的正前方10，点$D$在点$A$的正下方5，作出它们的三面投影，并判别可见性。

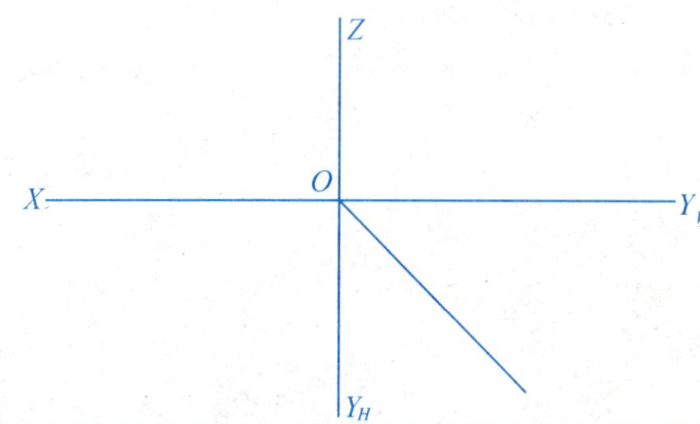

3-9 判定$A$、$B$两点的相对位置。

(1)

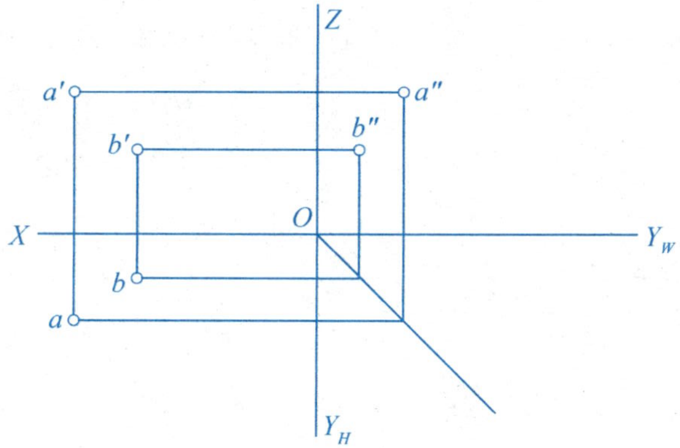


$A$点在$B$点的 _____ 方、_____ 方、_____ 方。

(2)

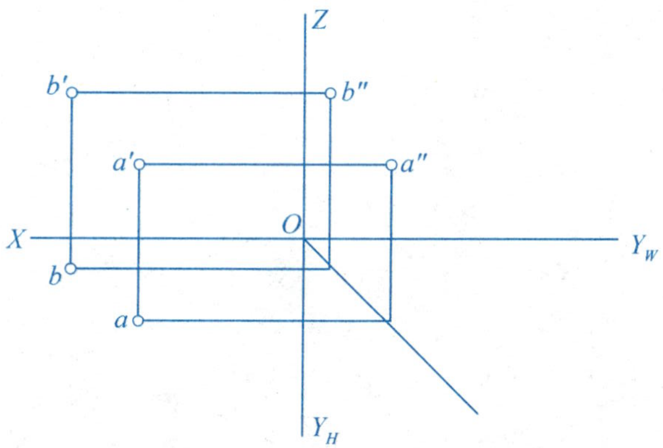


$A$点在$B$点的 _____方、_____方、_____方。

3-10 已知$A$、$B$两点的两面投影，判定它们的相对位置，并画出投影的立体图。

(1)

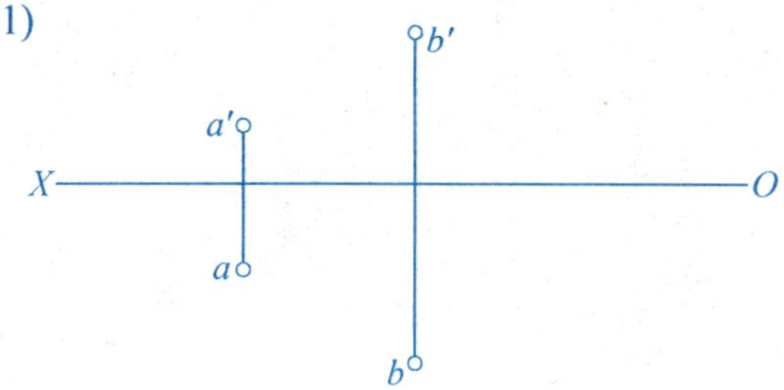


$B$点在$A$ 点的 _____ 方、_____ 方、_____ 方。

(2)

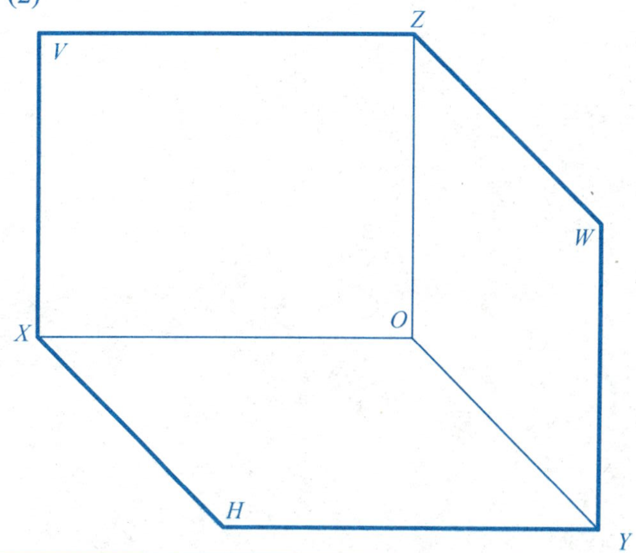


| 第3章 形体基本元素的投影·点的投影 | 班级 | | 姓名 | | 学号 | | 12 |
|---|---|---|---|---|---|---|---|

3-11　标出立体图中各指定点的三面投影。

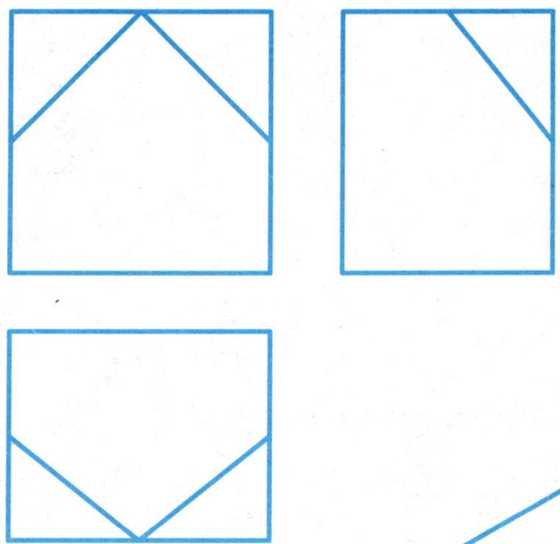

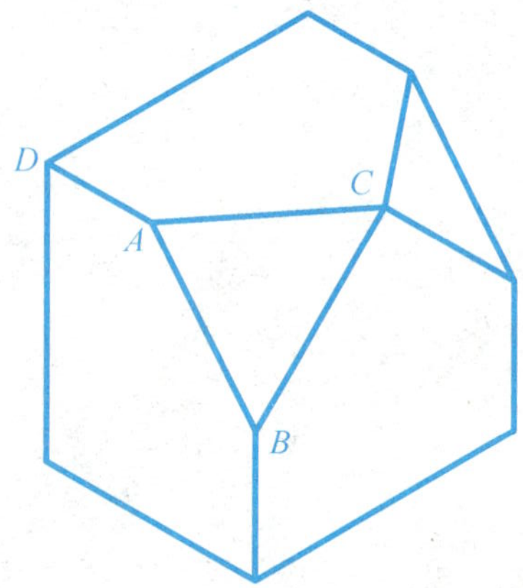


3-12　已知 $A$、$B$ 两点的两面投影，判定它们的相对位置，并画出投影的立体图。

(1)

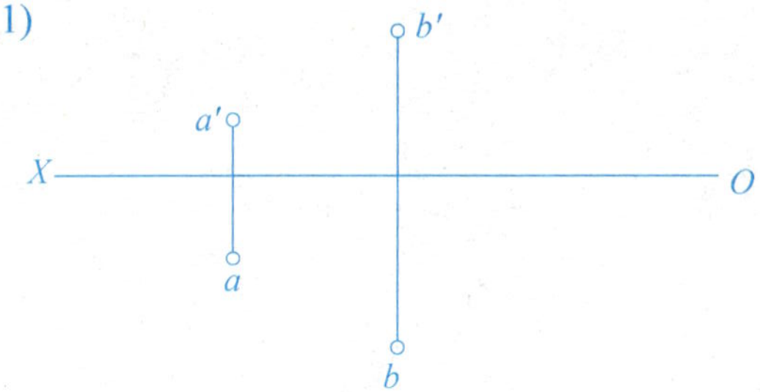


$B$点在 $A$ 点的 _____ 方、_____ 方、_____ 方。

(2)

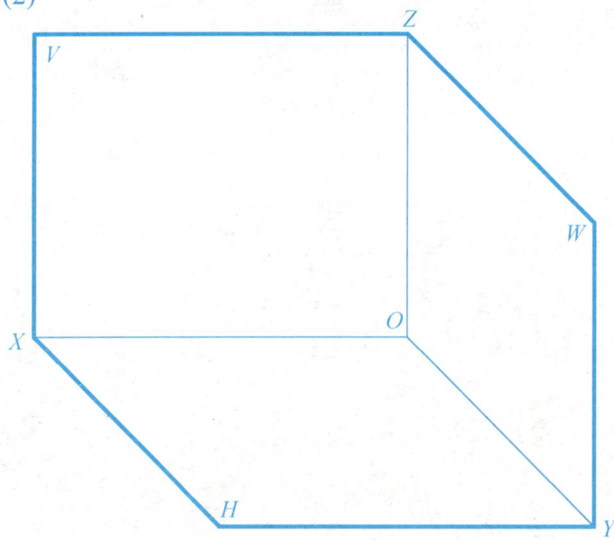

3-13 已知 $A$、$B$ 两点的两面投影，作直线 $AB$ 的三面投影并判定其空间位置。

(1)

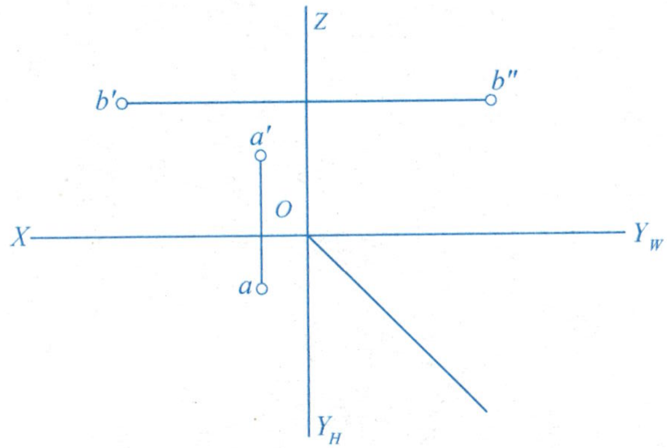


$AB$ 是__________线。

(2)

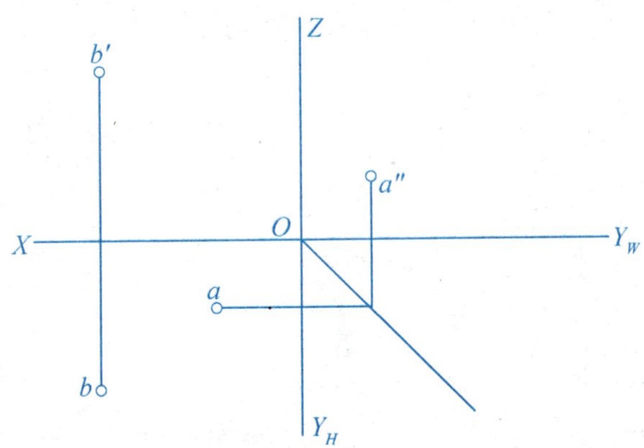


$AB$ 是__________线。

3-14 已知直线 $AB$ 两点的两面投影，作其第三面投影并判定其空间位置。

(1)

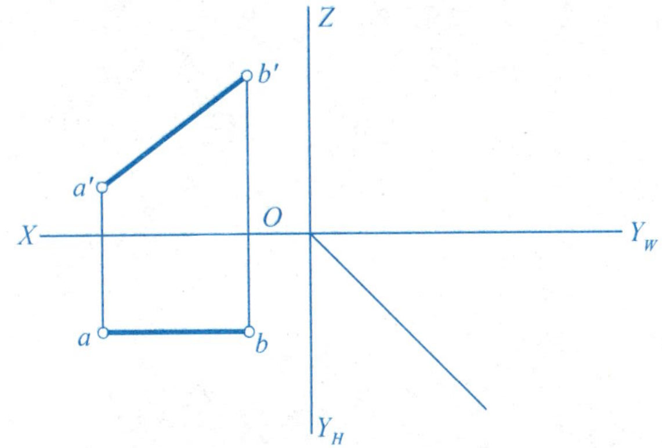


$AB$ 是__________线。

(2)

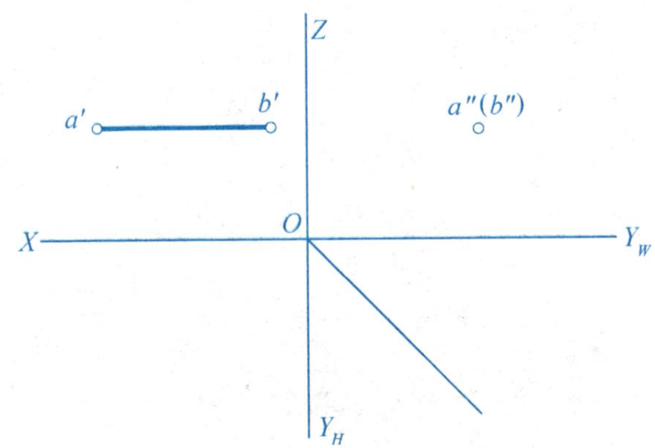


$AB$ 是__________线。

(3)

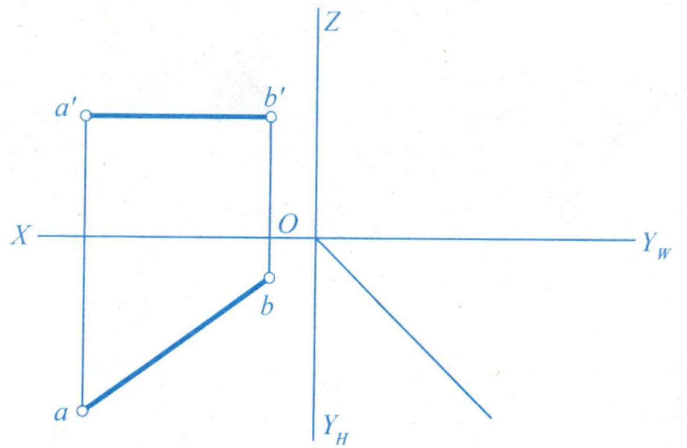


$AB$是＿＿＿＿＿＿线。

(4)

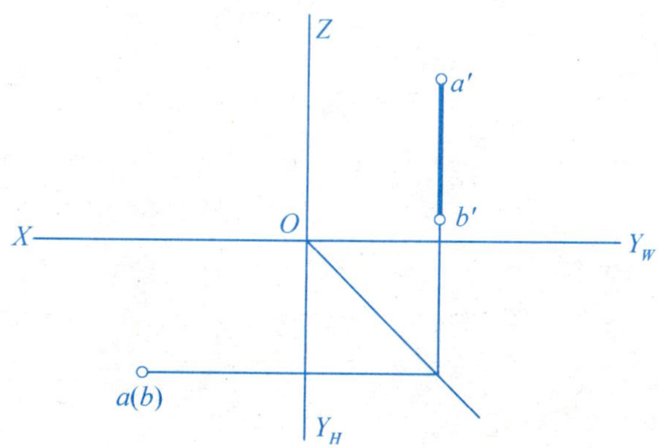


$AB$是＿＿＿＿＿＿线。

3-15　已知直线$AB$为正平线，$AB$=20mm，对$H$面的倾角为45°，和$a$、$a'$，求作它的第三面投影。

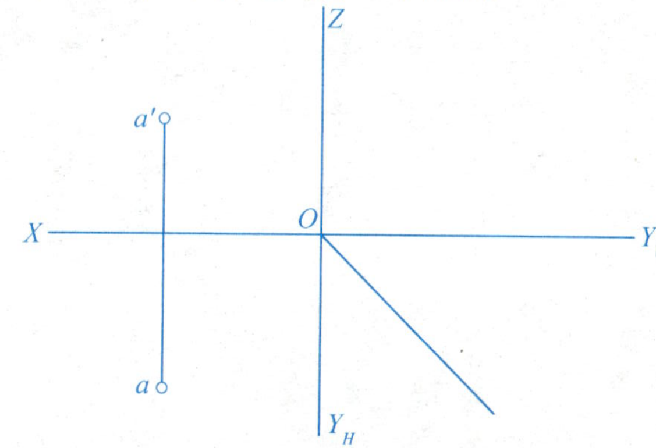


3-16　已知直线$AB$为铅垂线，$AB$=20，$A$点在$B$点的上方和$a$、$a'$，求作它的第三面投影。

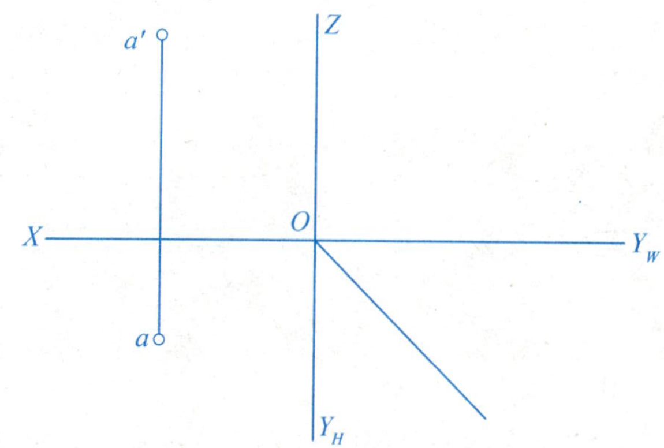

3-17　已知正三棱锥和正四棱锥的两面投影，求作其第三面投影并判定各棱线的空间位置。

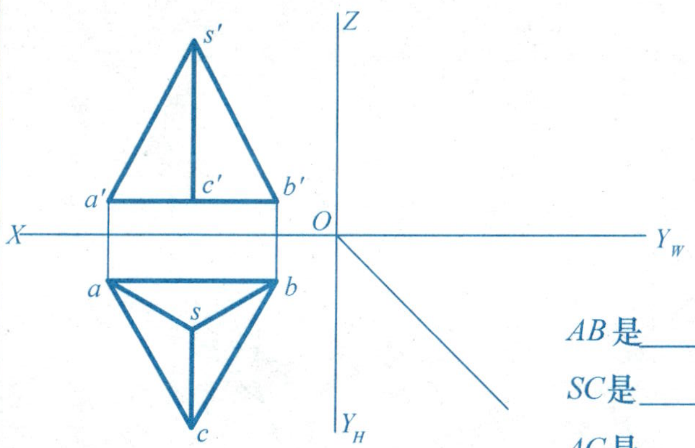


$AB$是________线。

$SC$是________线。

$AC$是________线。

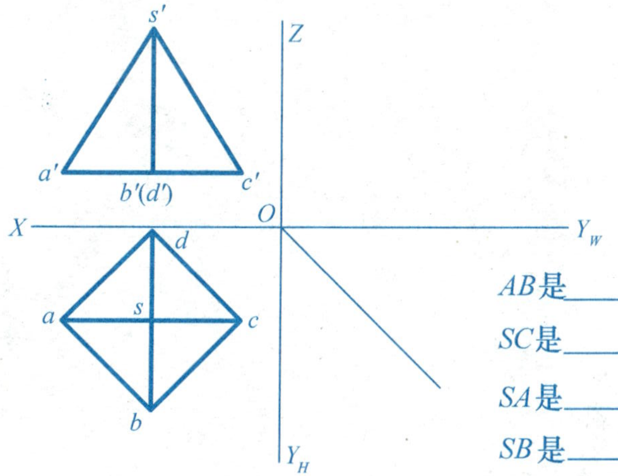


$AB$是________线。

$SC$是________线。

$SA$是________线。

$SB$是________线。

3-18　根据已知条件，求直线$AB$上的点$S$。

（1）与$H$面、$V$面等距。

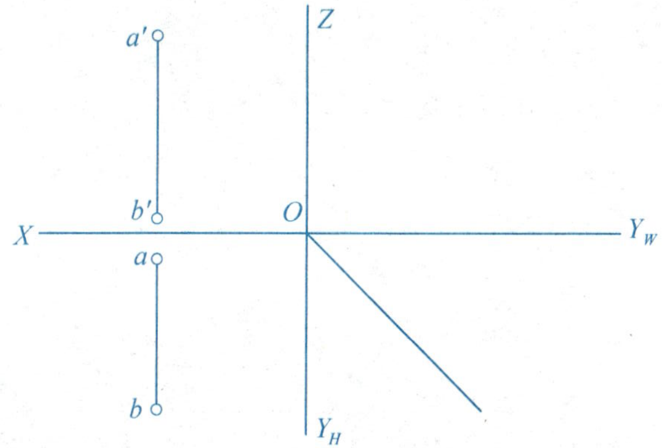


（2）距$V$面20mm。

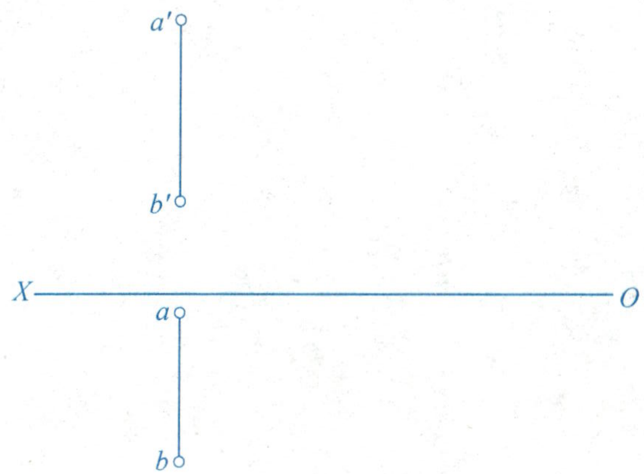

3-19　在直线$AB$上求作一点$S$，使$AS:SB=2:3$。

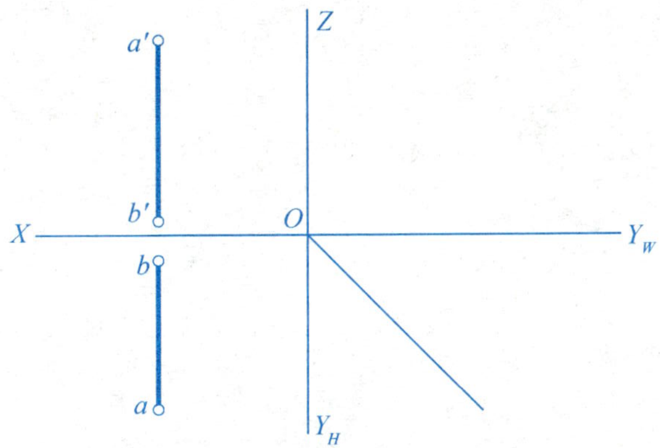


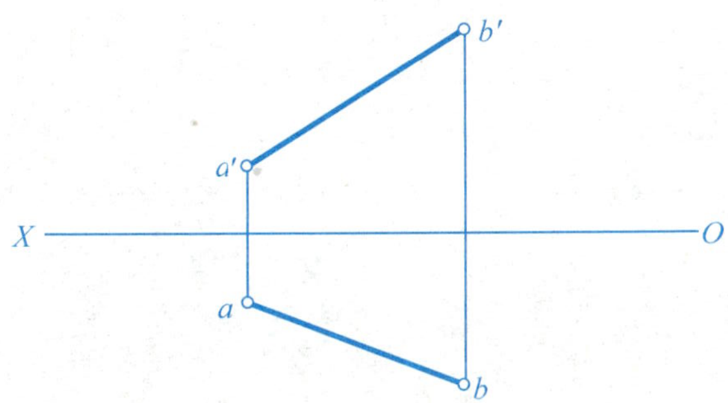


3-20　验证$S$点是否在直线$AB$上。

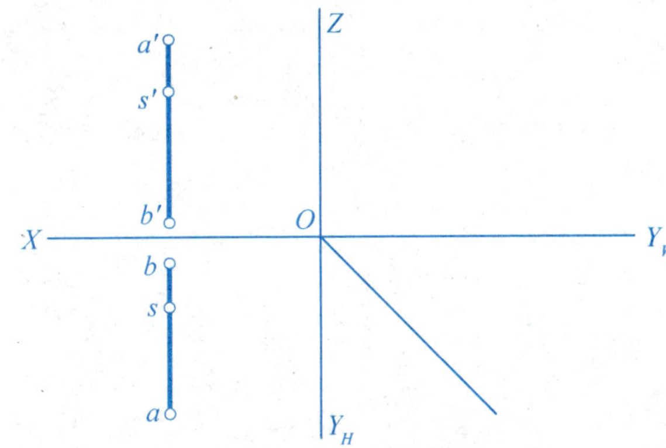


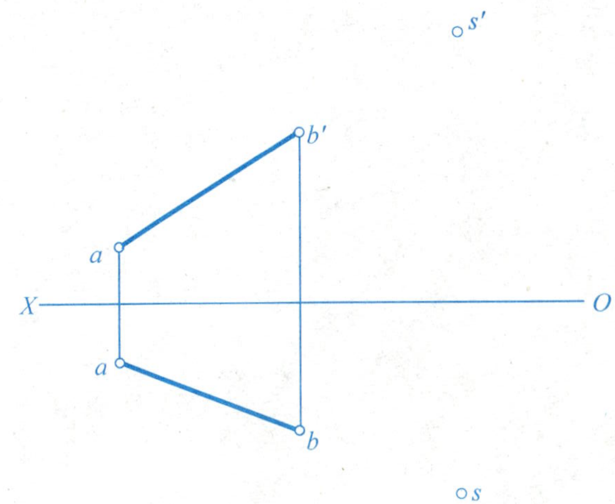

3-21　求一般位置直线$AB$的实长及对三个投影面的倾角。

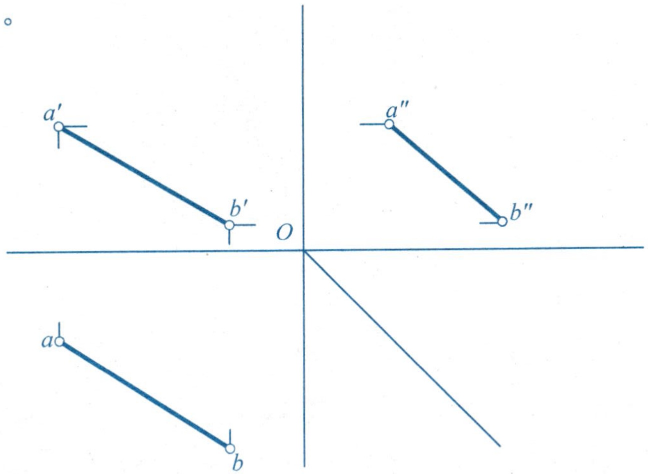


3-22　求直线$AB$的实长和对$H$面、$V$面的倾角。

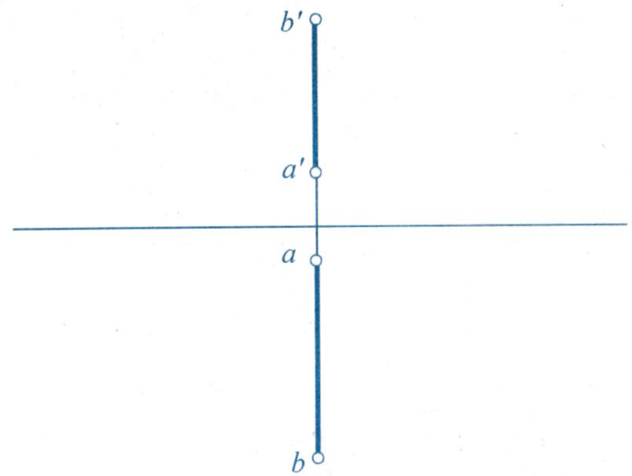


3-23　已知线段$AB$和点$S$的两面投影，在$AB$上求作点$K$，使$SA=SK$。

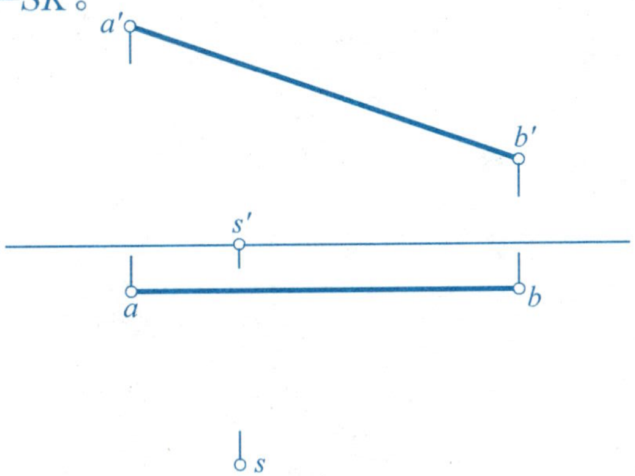


3-24　已知线段$AB$通过原点，对$V$面的倾角为30°，求作其$H$面投影和$V$面投影。

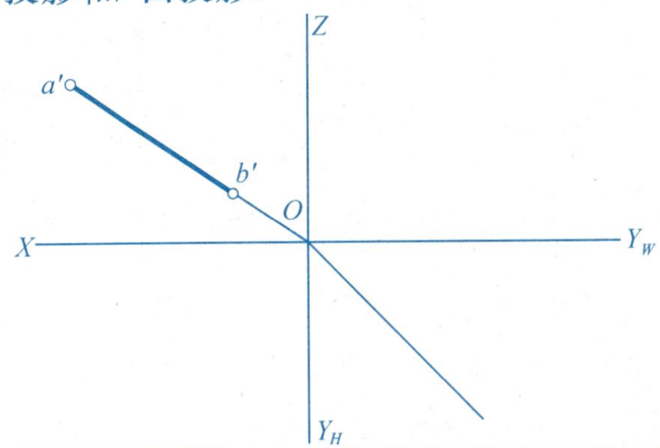

3-25　判断两直线 $AB$、$CD$ 的相对位置。

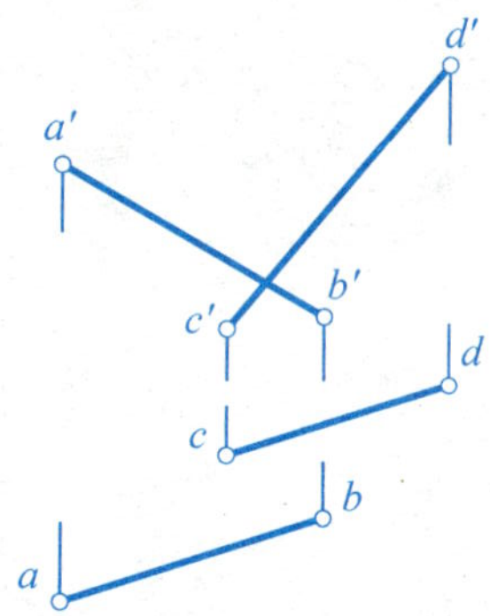


(1) 两直线 ________ 。

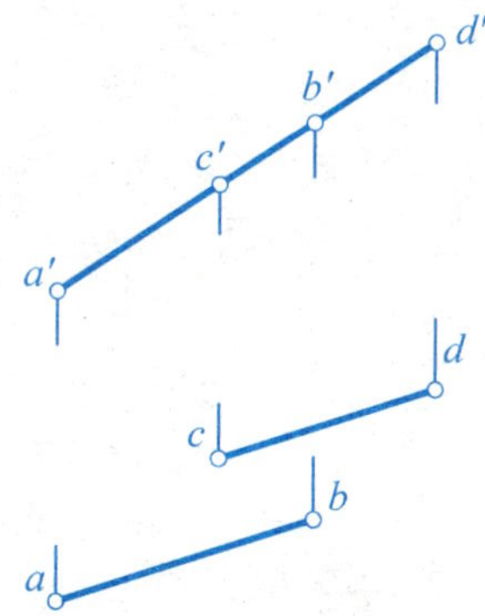


(2) 两直线 ________ 。

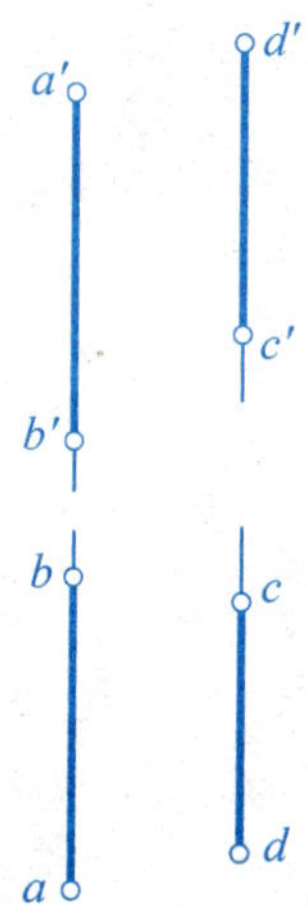


(3) 两直线 ________ 。

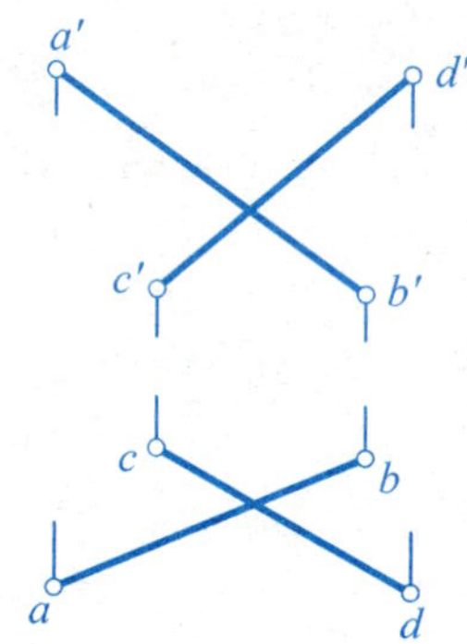


(4) 两直线 ________ 。

3-26　求两交叉直线 $AB$、$CD$ 的重影点并判别可见性。

(1)

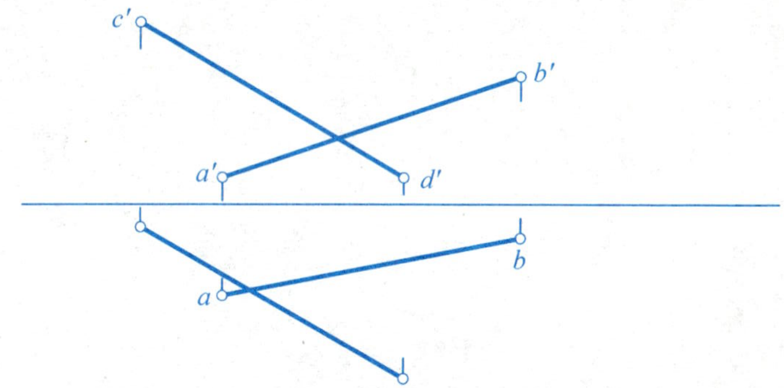


(2)

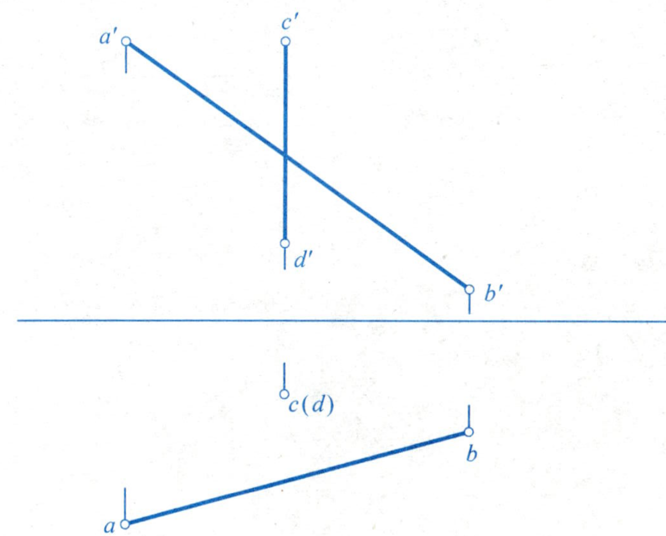

3-27　过$S$点分别作正平线和水平线与直线$AB$相交。

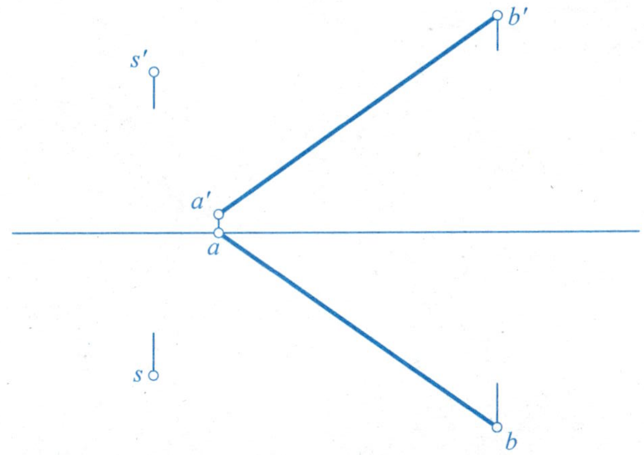


3-28　过$S$点作直线与$AB$、$CD$都相交。

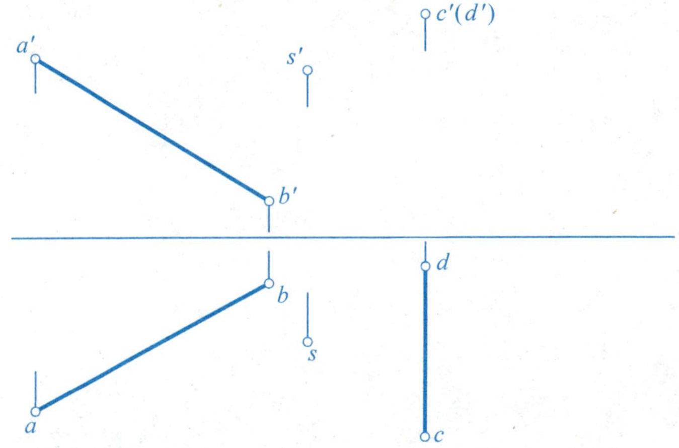


3-29　过$S$点直线$AB$的平行线。

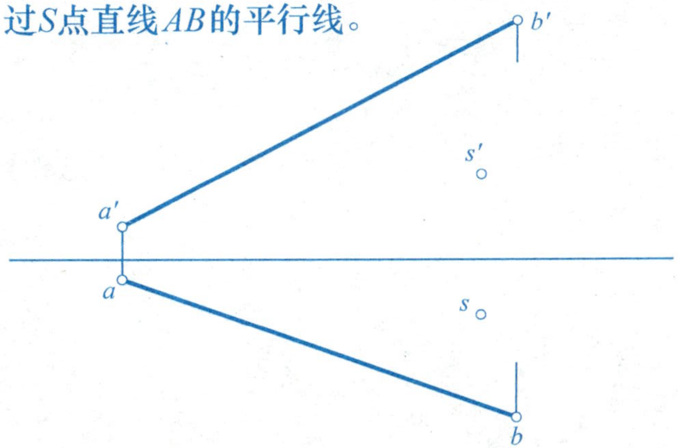


3-30　作直线$AB$、$CD$的公垂线。

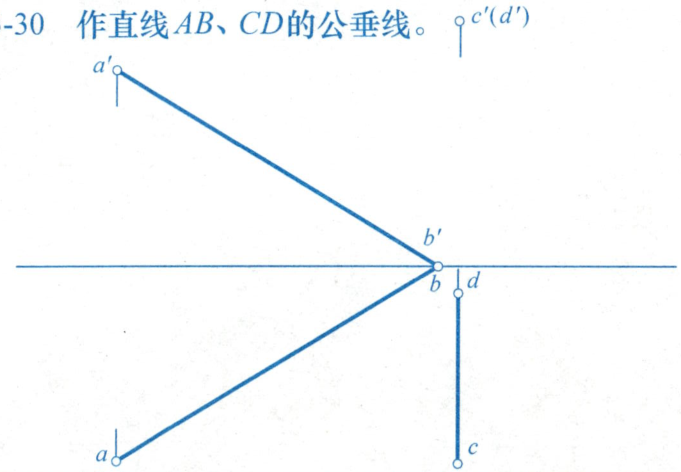

3-31 求$S$点到水平线$AB$的距离。

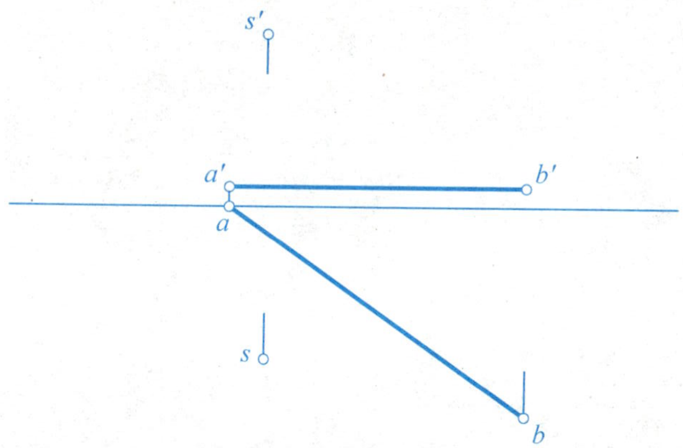


3-32 等腰三角形$SAB$的底边$AB$为正平线，顶点$S$在直线$CD$上，求它的两面投影。

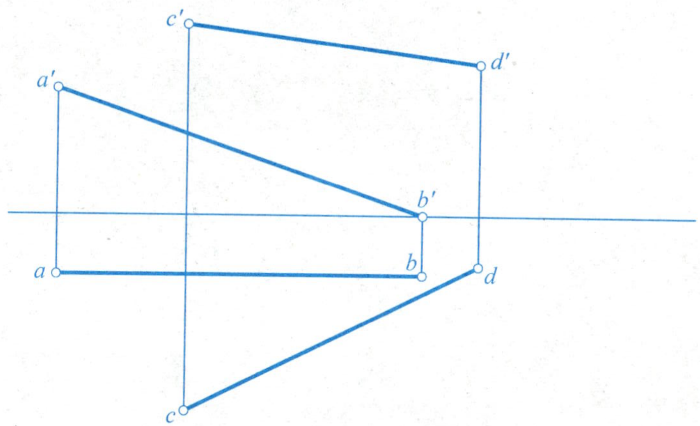


3-33 过$S$点作直线$AB$的垂线。

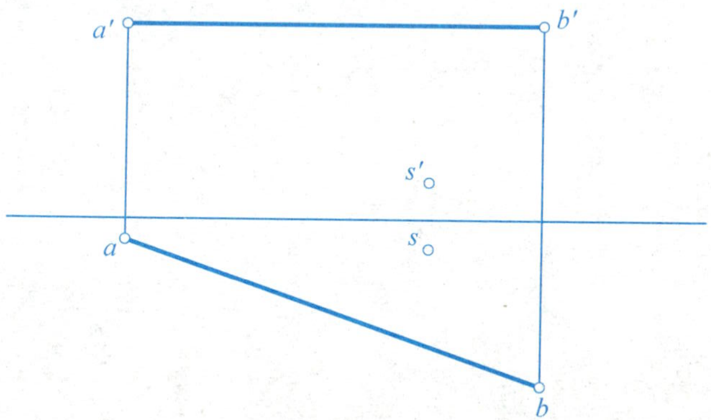


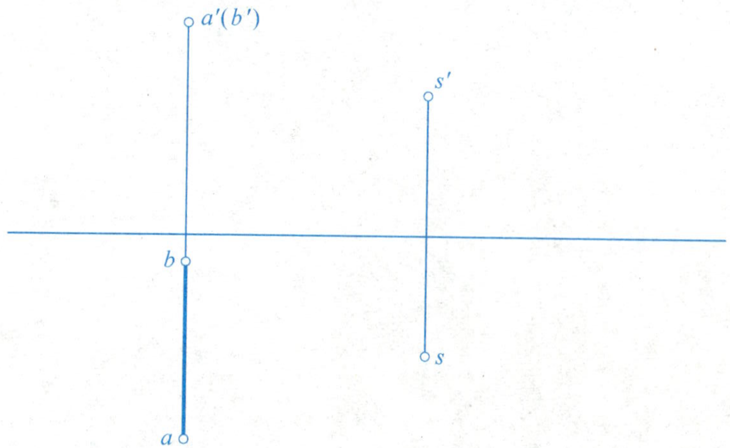

3-34　已知平面五边形的$V$面投影和$H$面投影，补全它的$H$面投影。

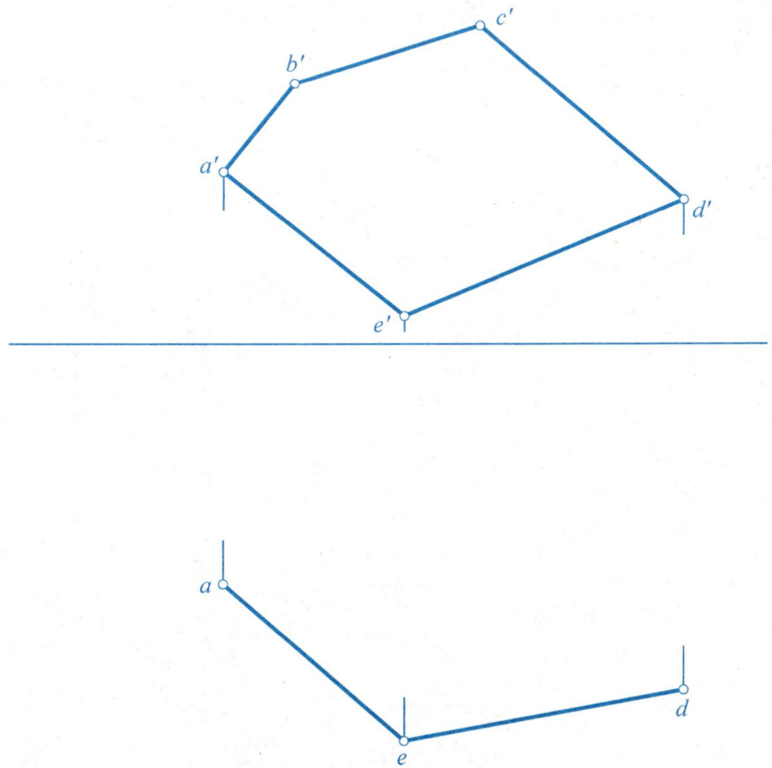


3-35　已知平行四边形中$AB$边为水平线，$AD$边为正平线，补全它的两面投影。

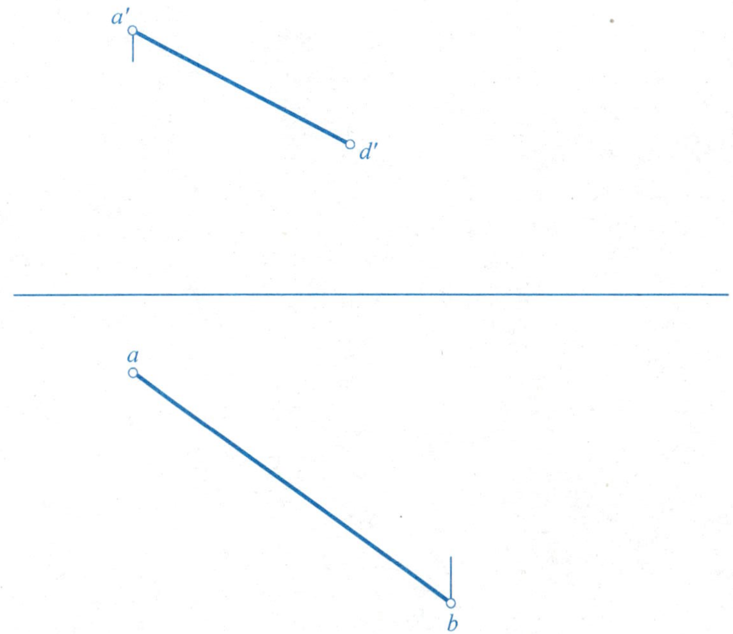

3-36 已知形体的两面投影和立体图，作它的第三面投影并说明形体各表面与投影面的相对位置。

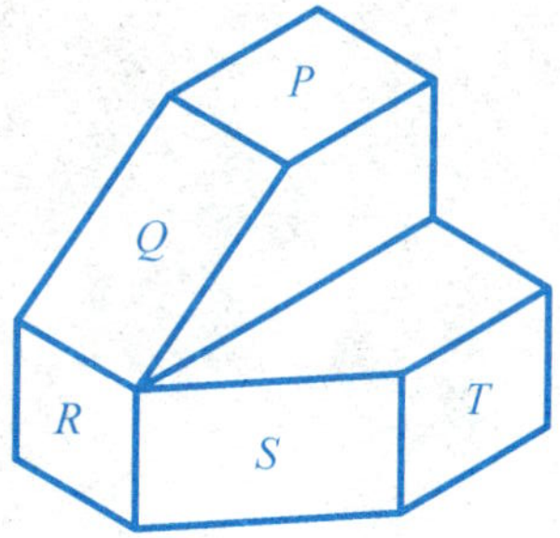


$P$面是 ________ 面。 $Q$面是 ________ 面。

$R$面是 ________ 面。 $S$面是 ________ 面。

$T$面是 ________ 面。

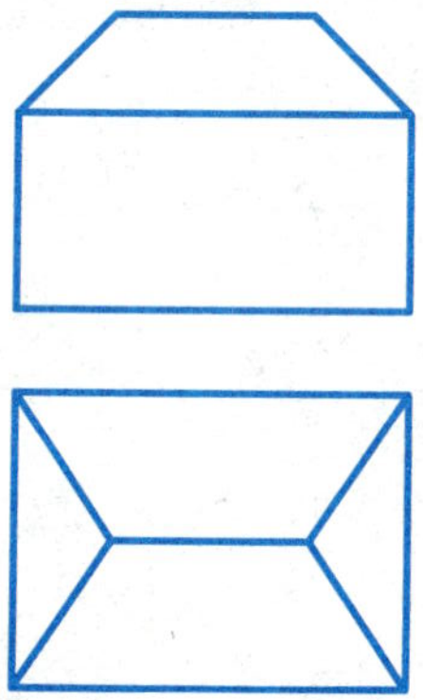

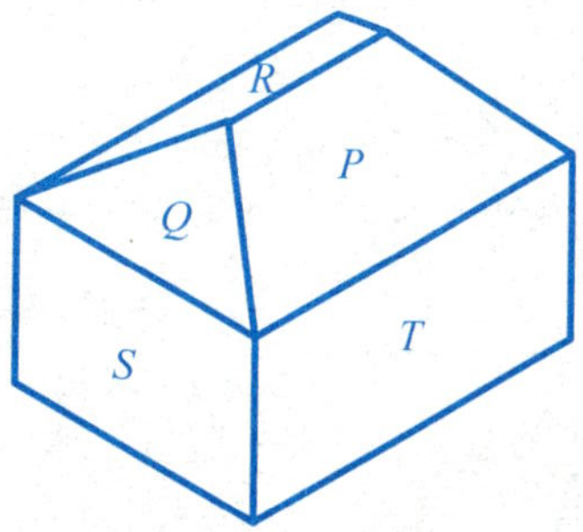


$P$面是 ________ 面。 $Q$面是 ________ 面。

$R$面是 ________ 面。 $S$面是 ________ 面。

$T$面是 ________ 面。

3-37 判定$A$、$B$、$C$、$D$四点是否在同一平面内。

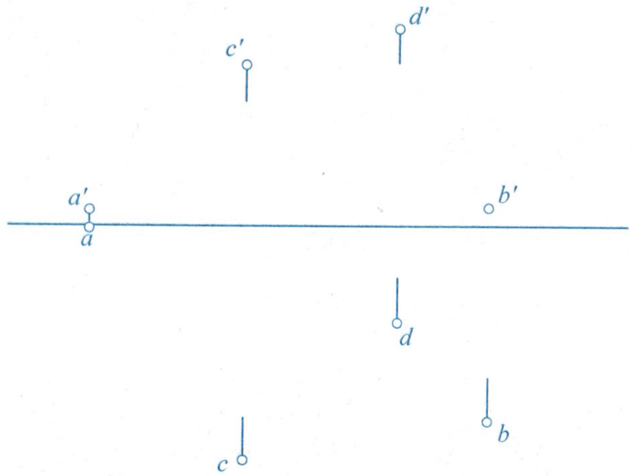


3-38 根据已知条件，包含直线$AB$作平面图形。

（1）水平面等腰直角三角形$ABC$。

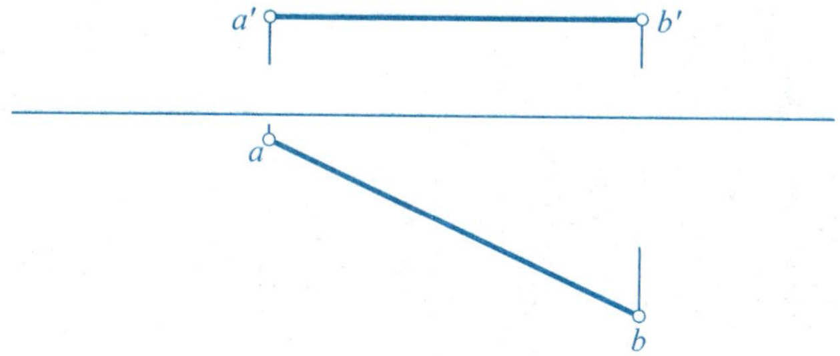


（2）高为底边长的2/3的正平面等腰三角形$ABC$。

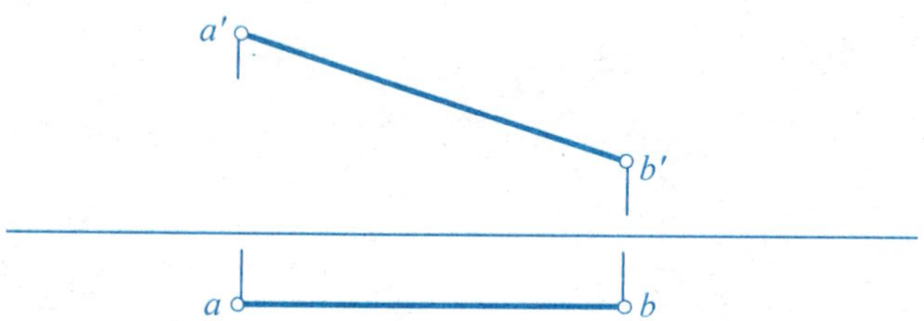


（3）宽高比为3:2的铅垂面矩形$ABCD$。

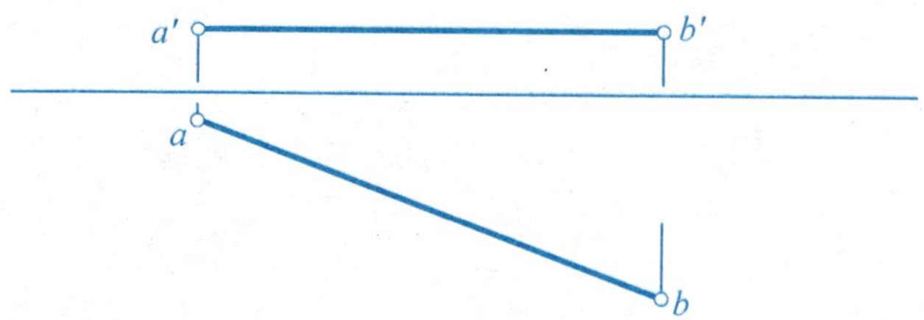

3-39　根据已知条件，包含直线$AB$作迹线平面。

(1) 铅垂面。

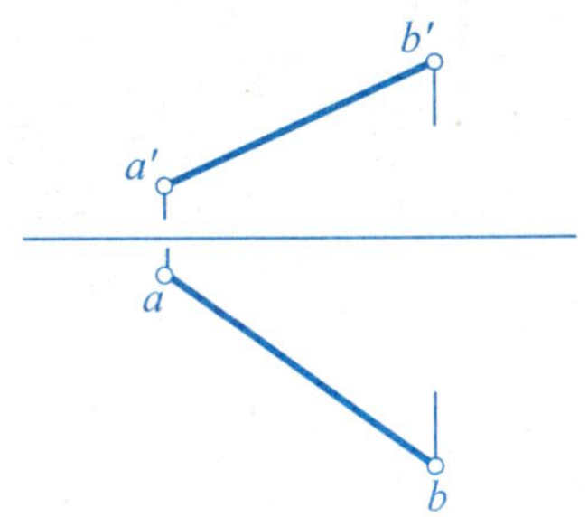


(2) 正垂面。

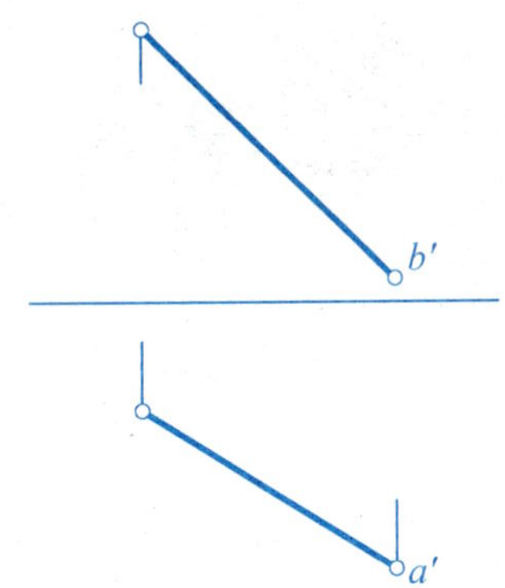


(3) $\alpha$=30°的正垂面。

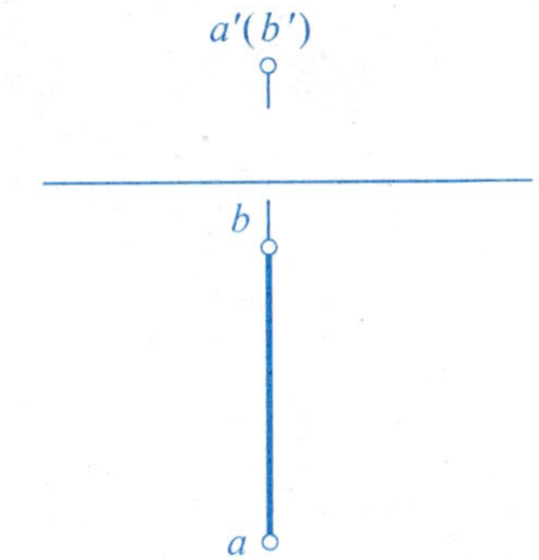


3-40　在三角形$ABC$平面内作一点$S$，使点$S$距$H$面20mm，距$V$面15mm。

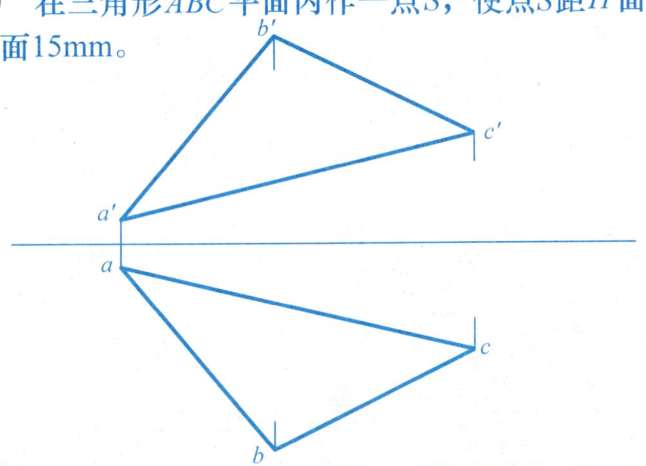


3-41　作三角形$ABC$内的一条正平线和一条水平线。

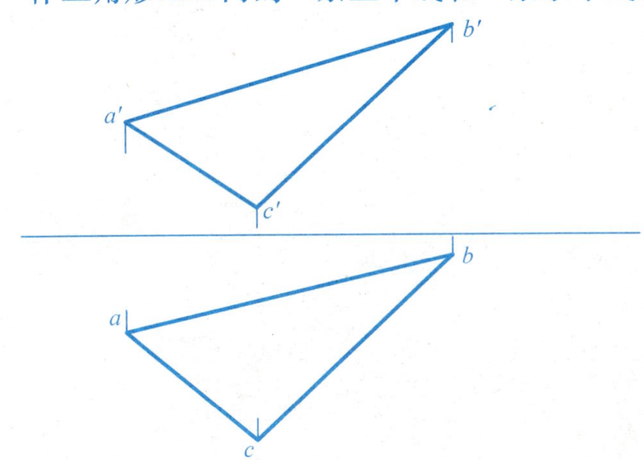

3-42 已知点和直线在平面内，求其另一面投影。

(1)

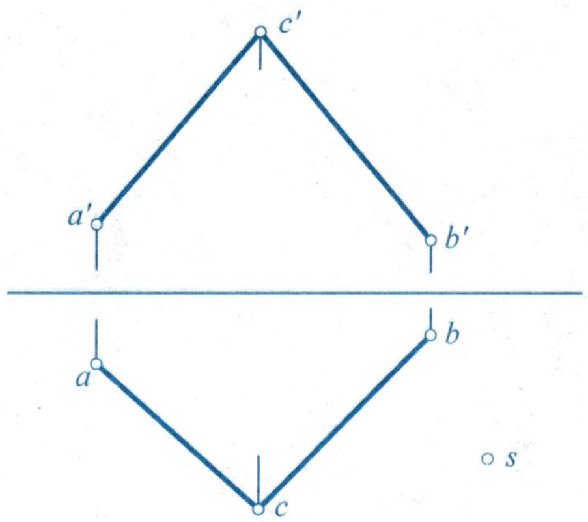


(2)

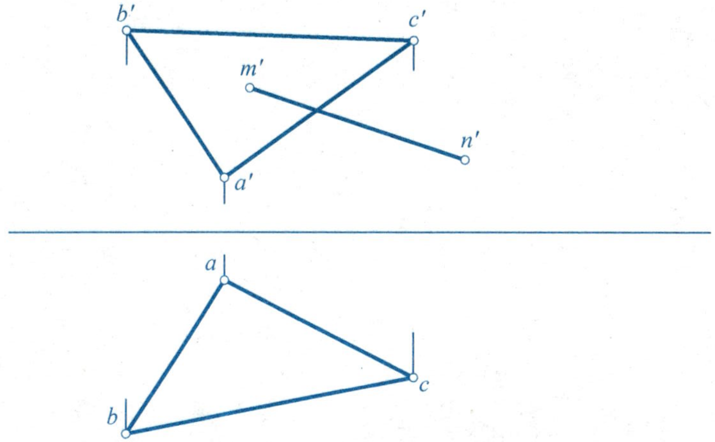


3-43 判断直线$EF$是否在平面内。

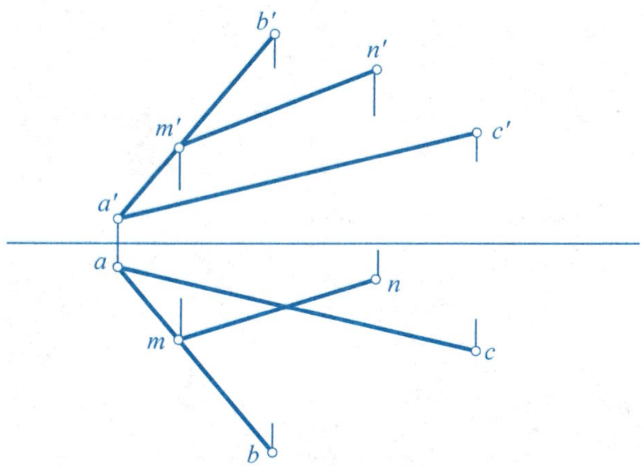


3-44 判断$S$点是否在三角形$ABC$平面内。

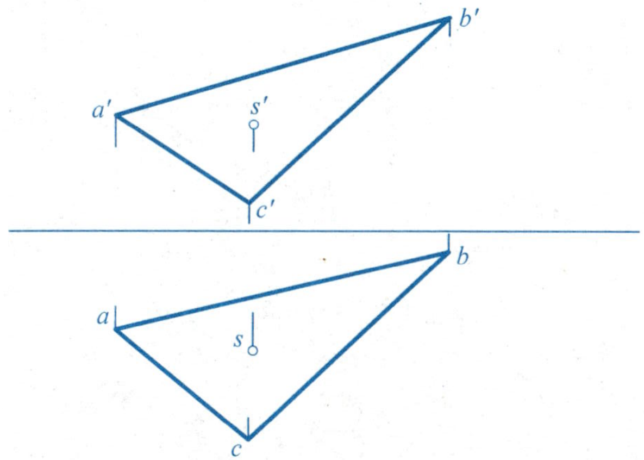

3-45 用最大斜度线法求作平面三角形$ABC$对投影面的倾角。

(1) $\alpha$角。

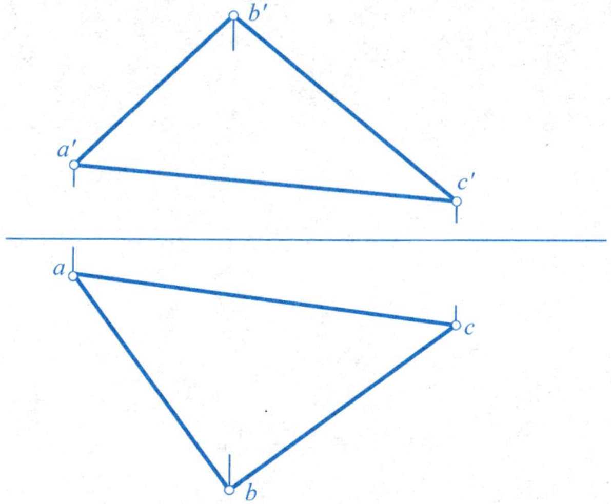


(2) $\beta$角。

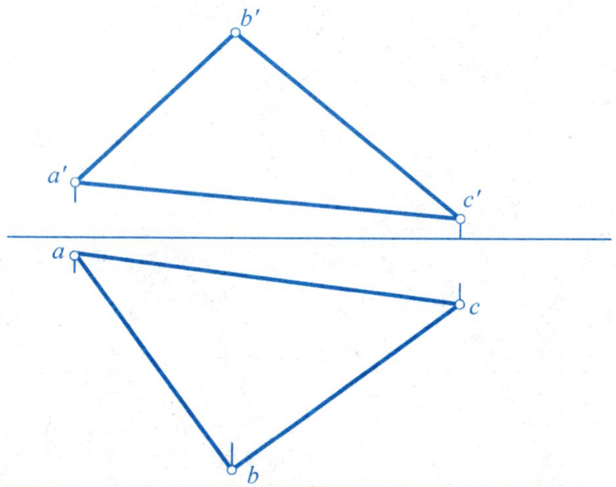


3-46 判断平面与直线是否平行。

(1)

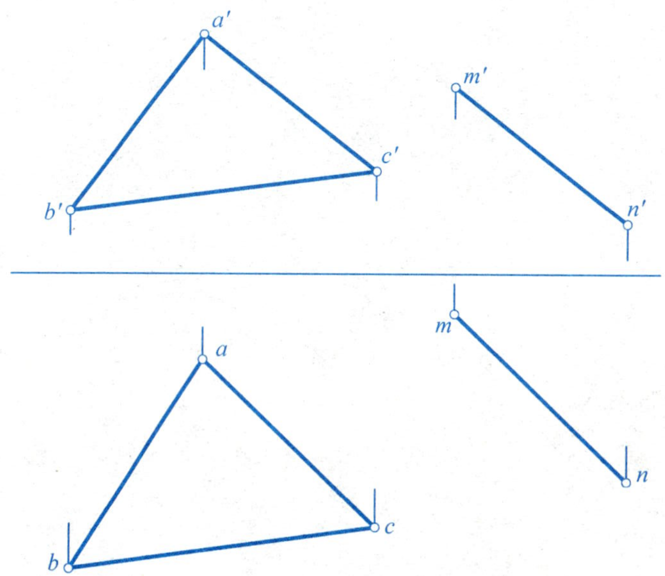

(2)

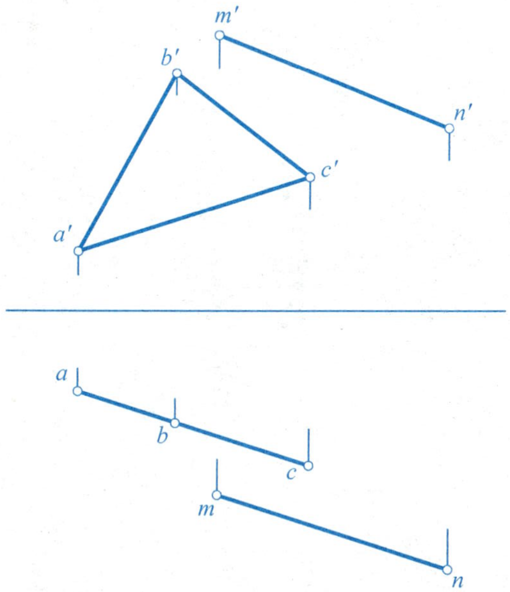


(3)

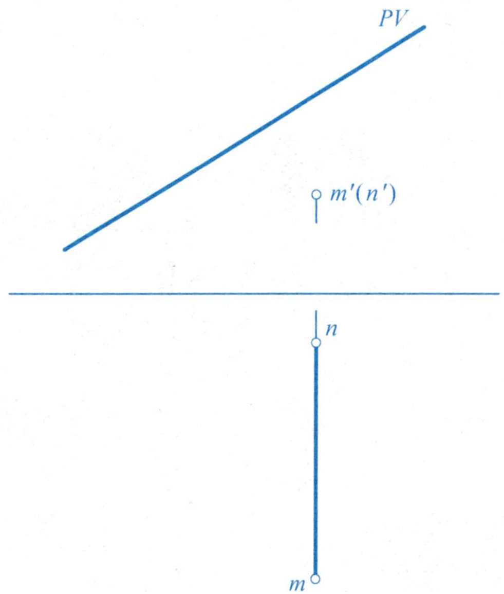


(4)

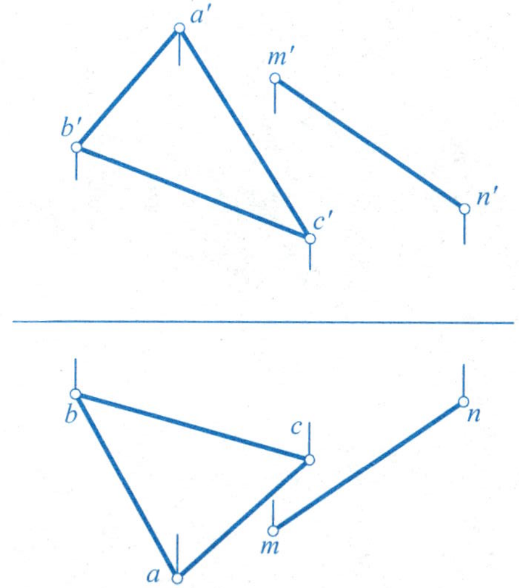

3-47　判断两平面是否平行。

(1)

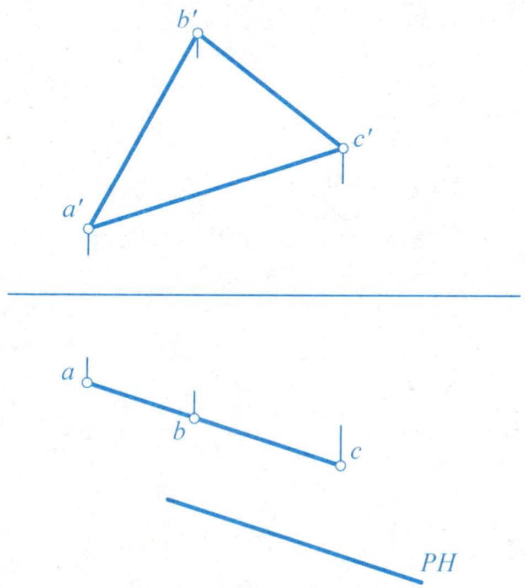


(2)

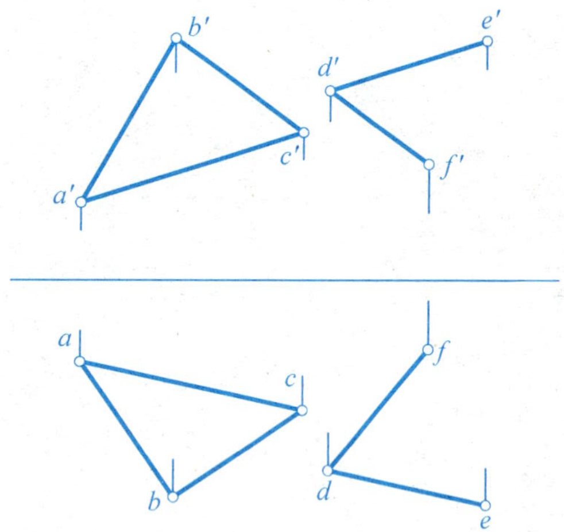


(3)

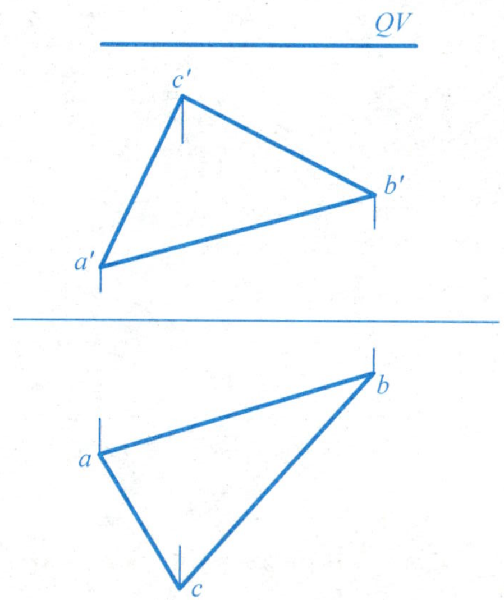

3-48　求直线与平面的交点，并判定可见性。

(1)

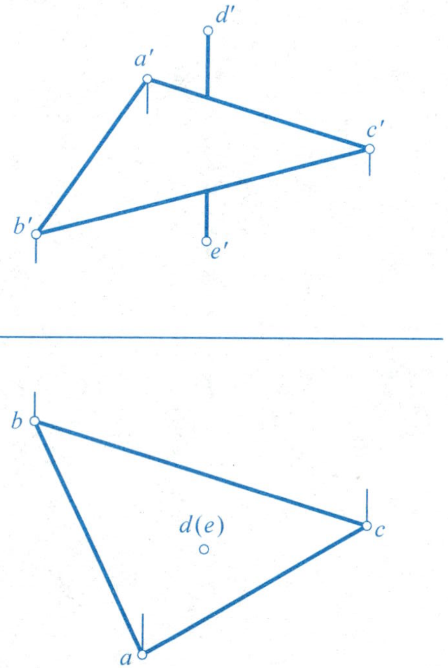


(2)

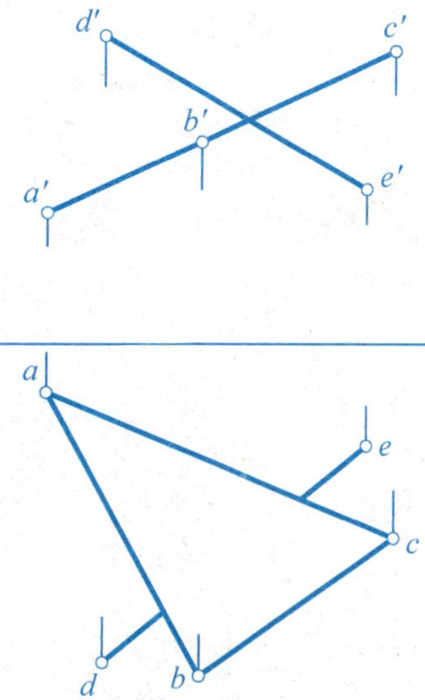


(3)

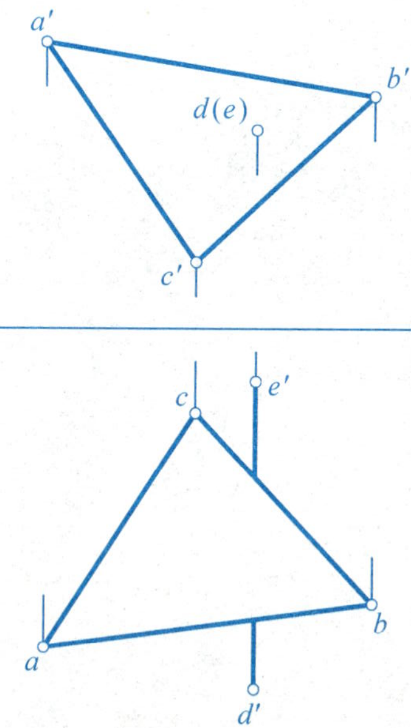

3-49 求直线与平面的交点，并判定可见性。

(1)

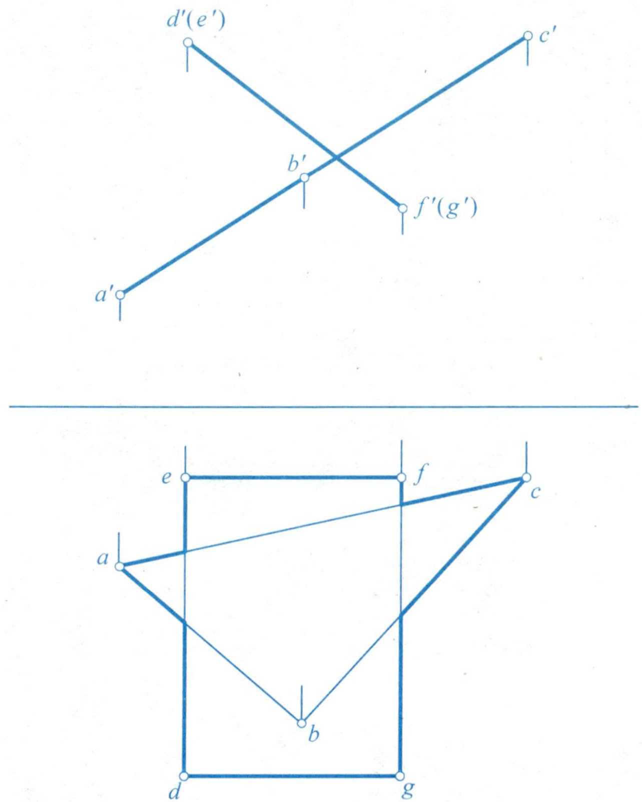


(2)

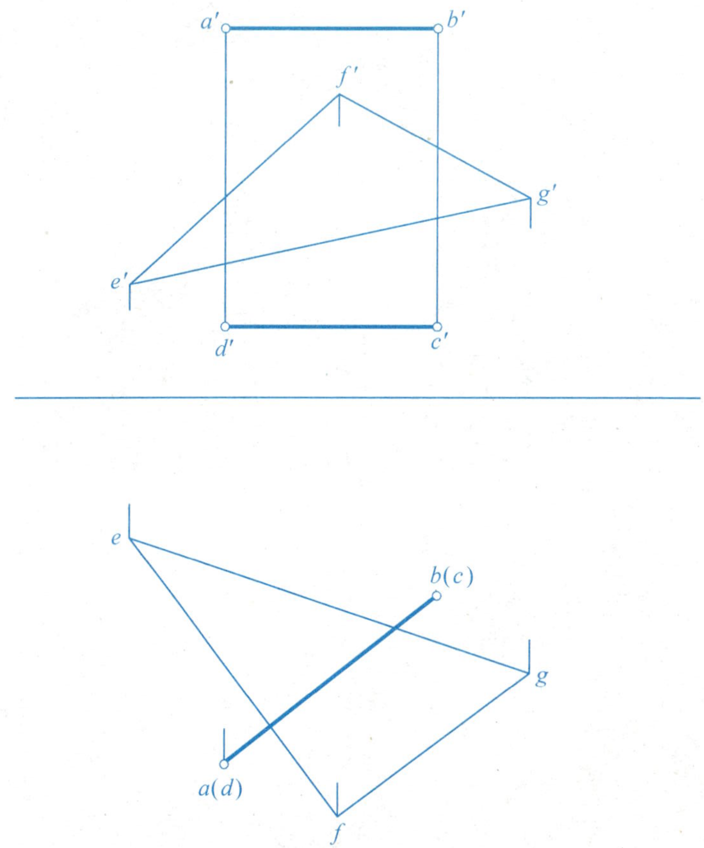

3-50　过点作已知平面的平行线。

(1)

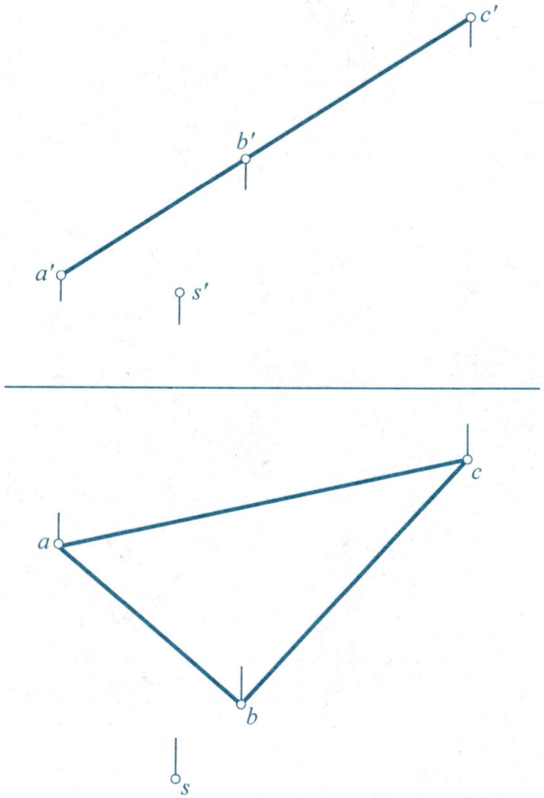


(2)

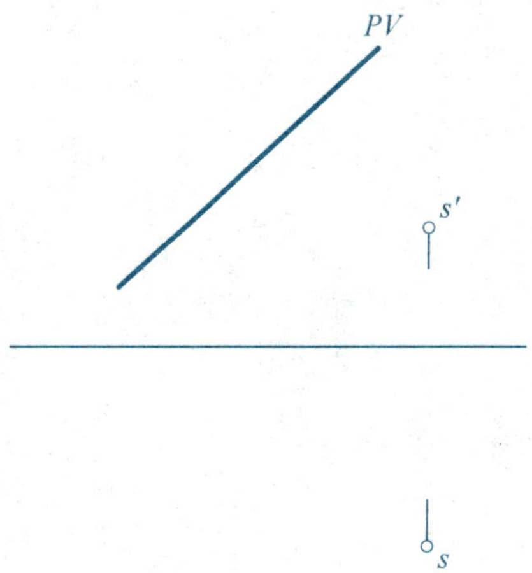


(3)

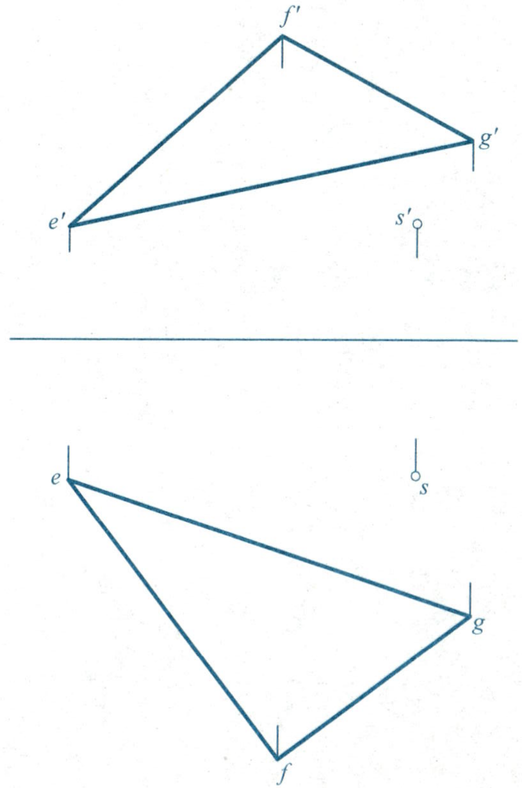

3-51　包含线段作平面与另一线段平行。

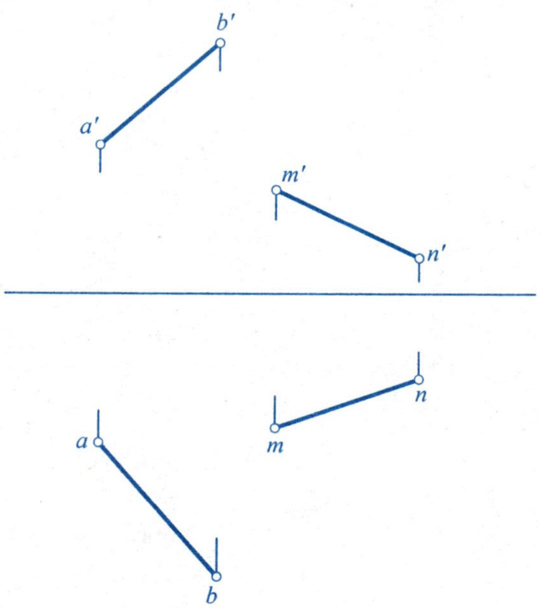


3-52　包含点$S$作正垂面平行于线段$AB$。

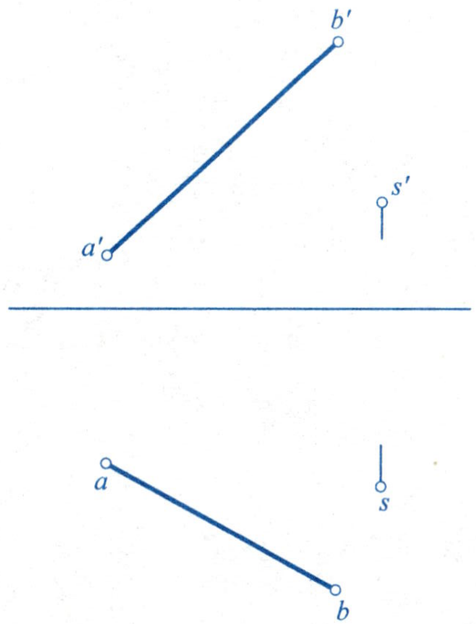


3-53　包含点$S$作平面平行于三角形$ABC$。

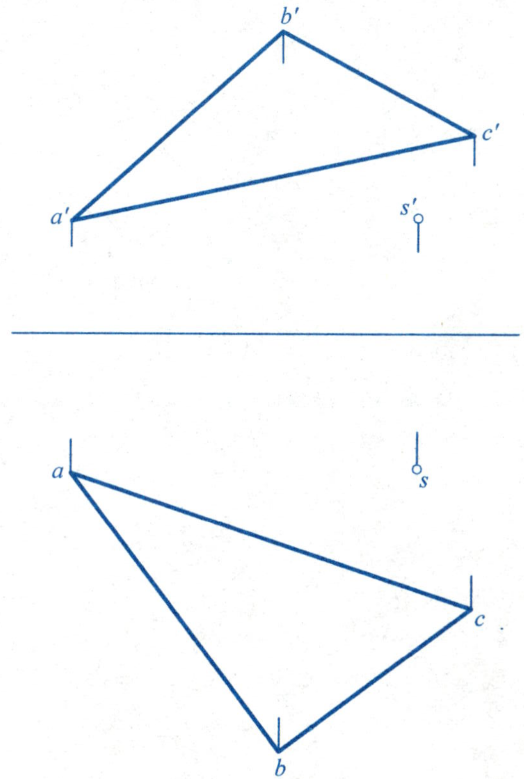

3-54 包含点$K$作平面与线段$MN$垂直。

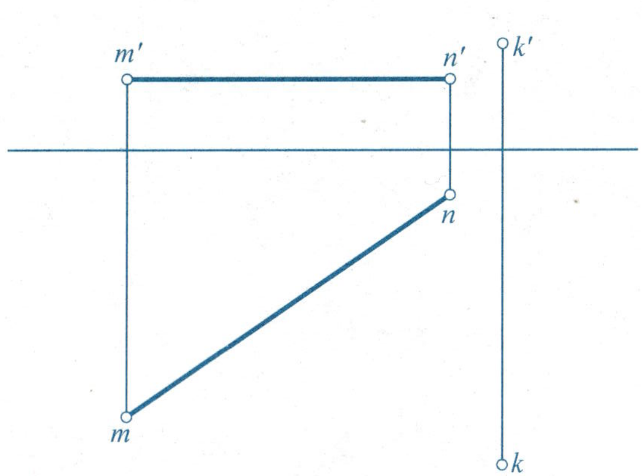


3-55 包含点$S$作平面垂直于三角形$ABC$。

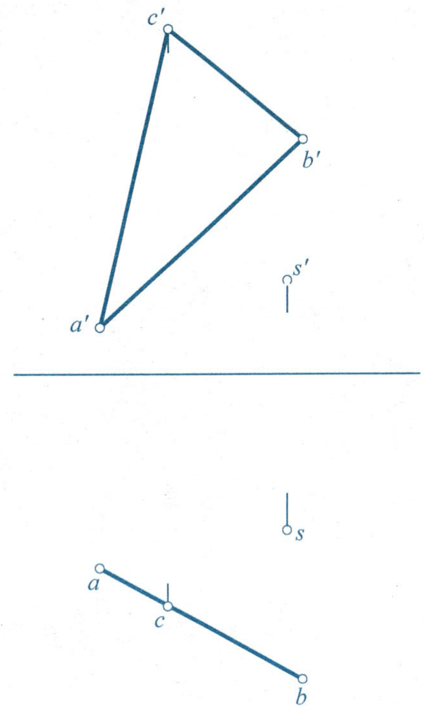


3-56 包含点$S$作平面垂直于三角形$ABC$。

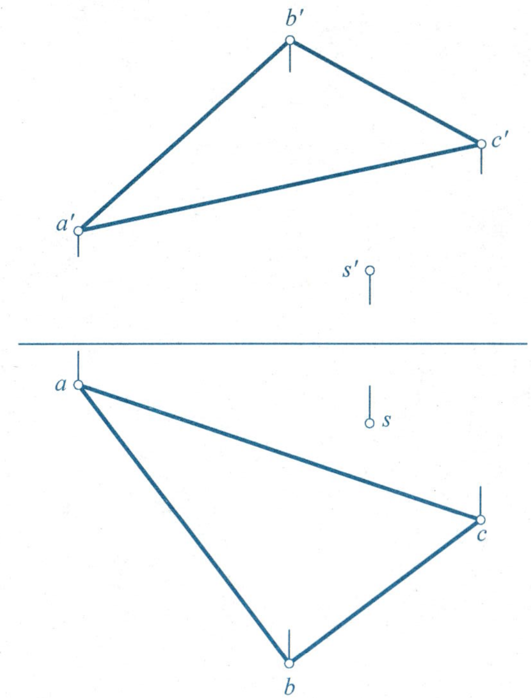

3-57 求点$S$到平面的距离。

(1)

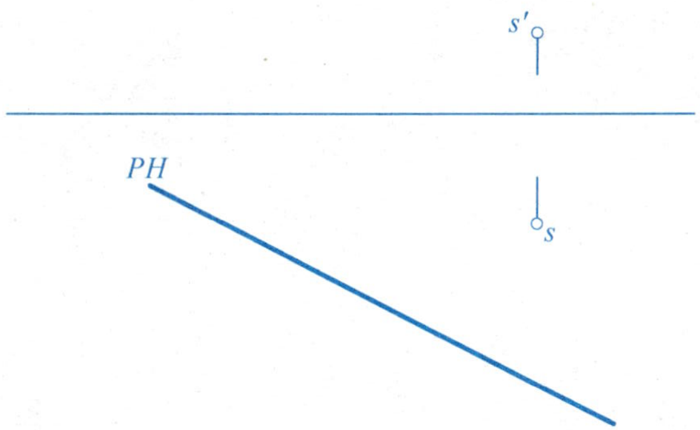


(2)

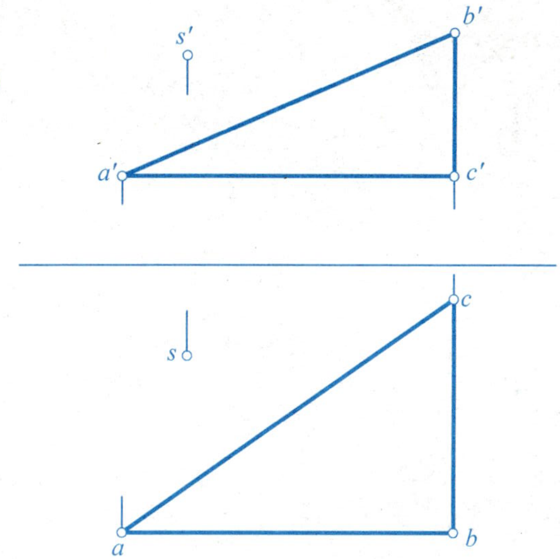


(3)

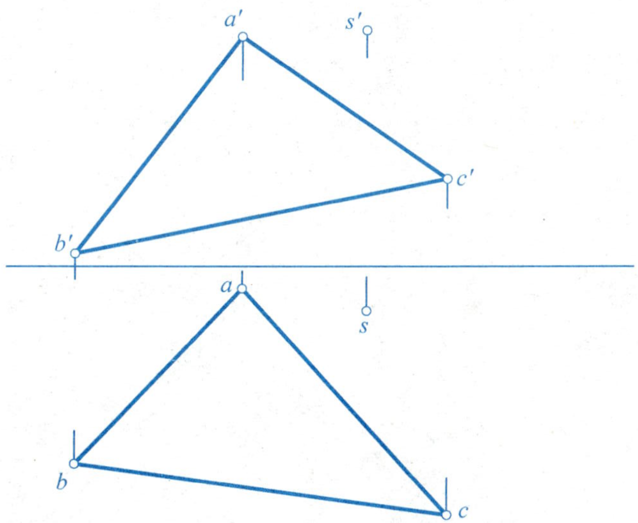


(4)

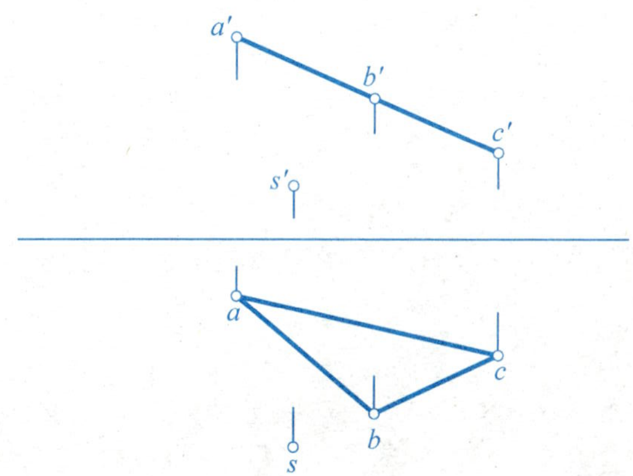

4-1 补全形体投影。

(1)

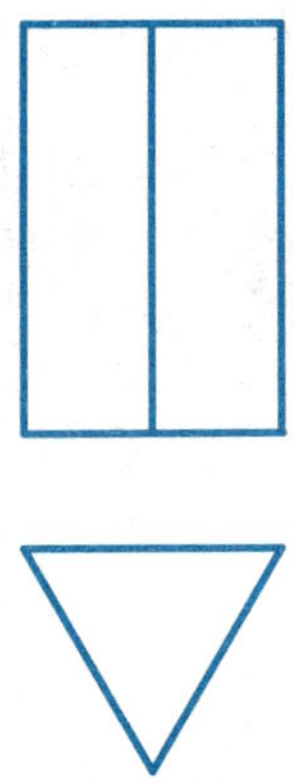

(2)

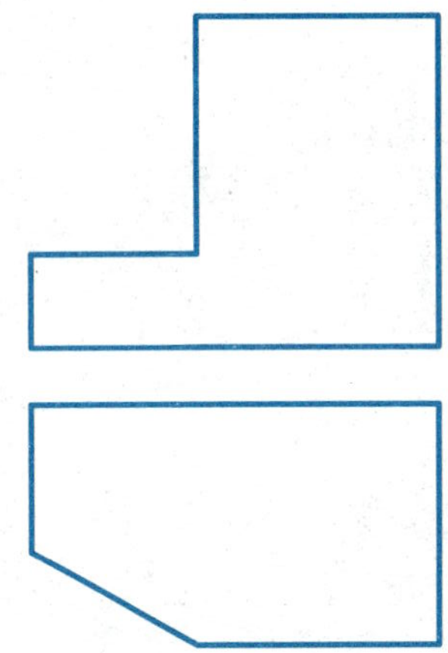

(3)

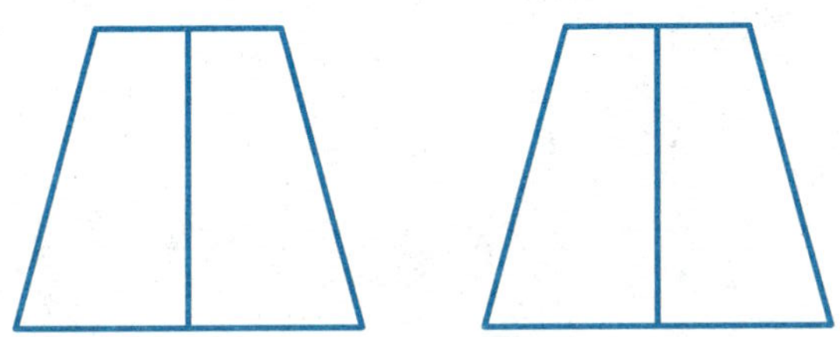

(4)

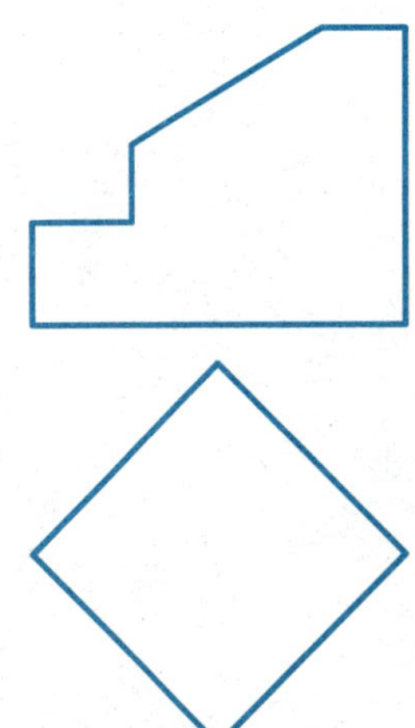

(5)

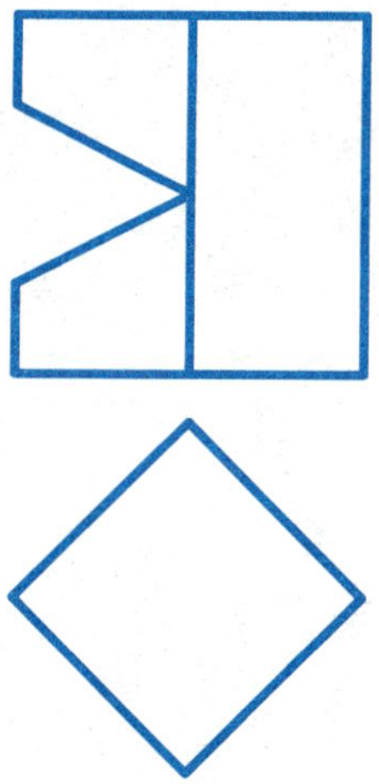

(6)

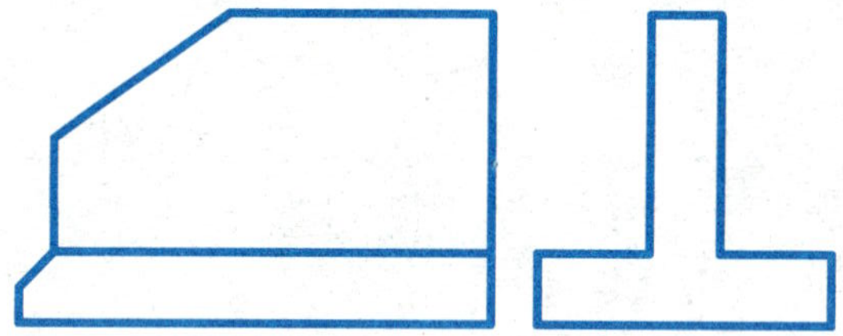

(7)

(8)

4-2　已知三棱锥的两面投影及其表面上 $A$、$B$ 两点的一个投影，补全它们的三面投影。

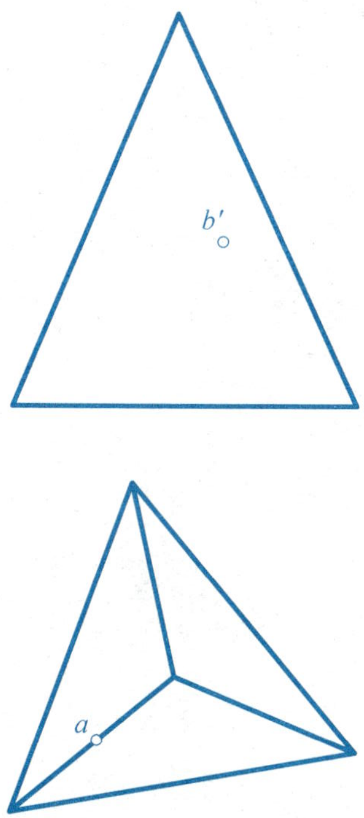


4-3　已知三棱台的两面投影及其表面上直线 $AB$ 的 $H$ 面投影，补全它们的三面投影。

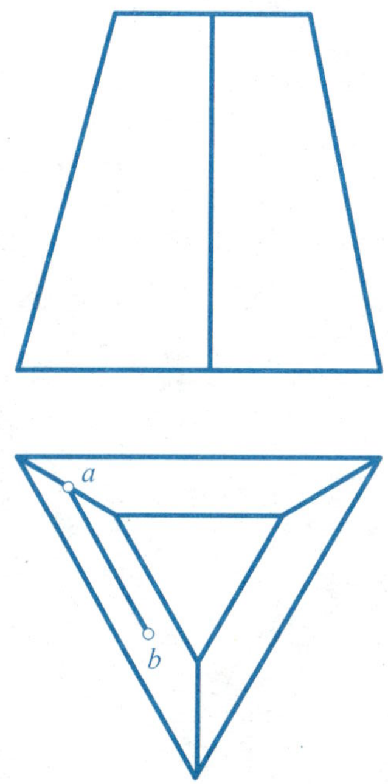

4-4 补全曲面立体及其表面上点和线的三面投影。

(1)

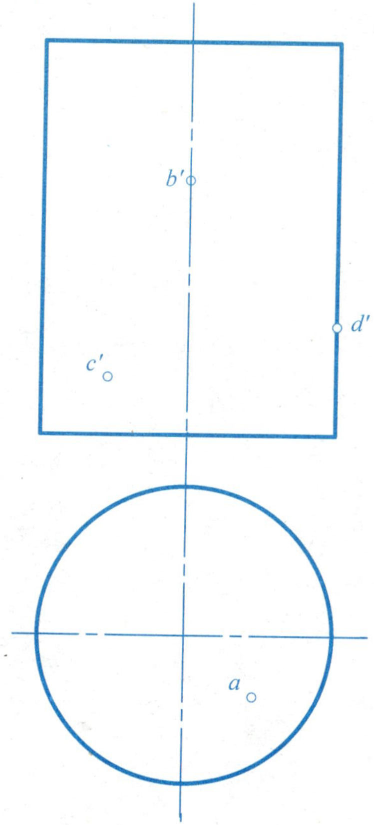


(2)

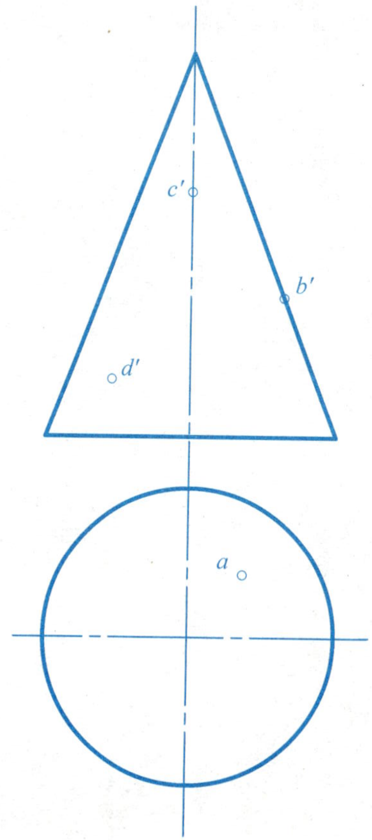

(3)

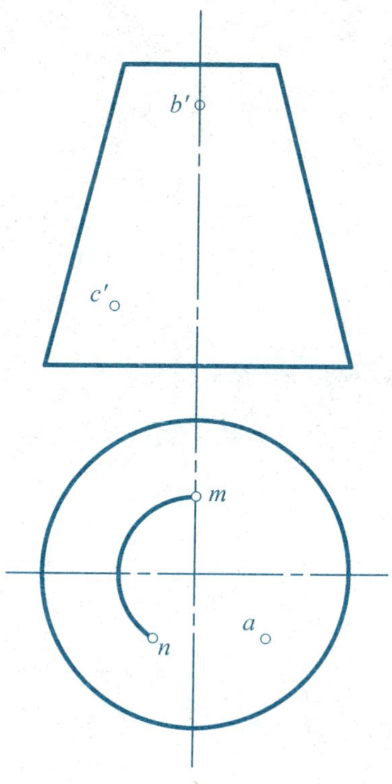


(4)

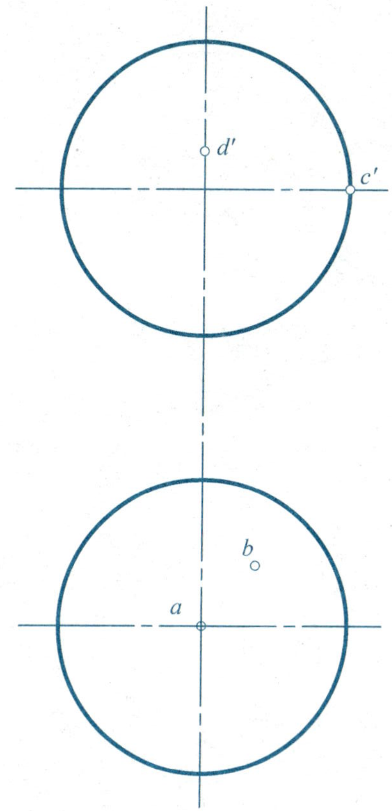

4-5　求三棱柱穿孔后的$H$面投影和$W$面投影。

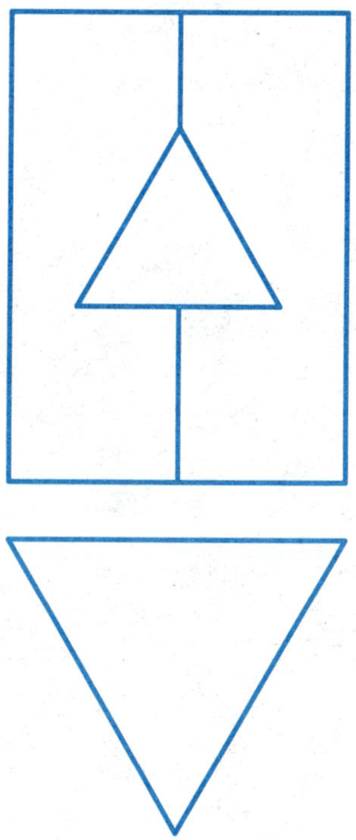

4-6　求五棱柱被截割后的$H$面投影和$W$面投影。

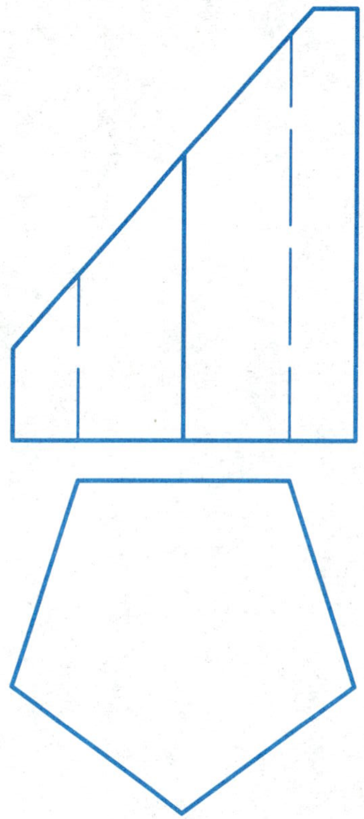

4-7 求正四棱锥被截割后的$H$面投影和$W$面投影。

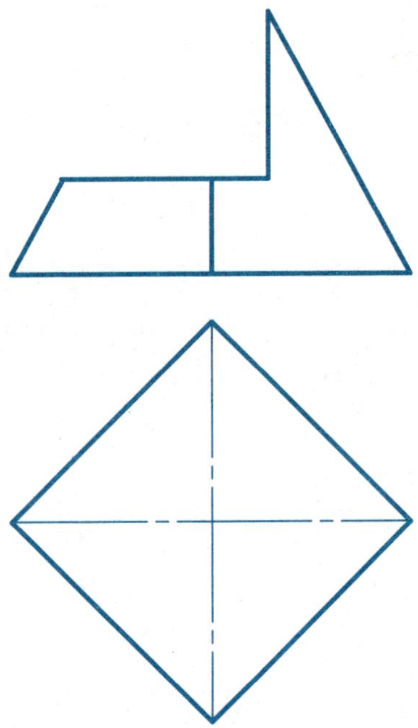

4-8 求四棱柱被截割后的$H$面投影和$W$面投影。

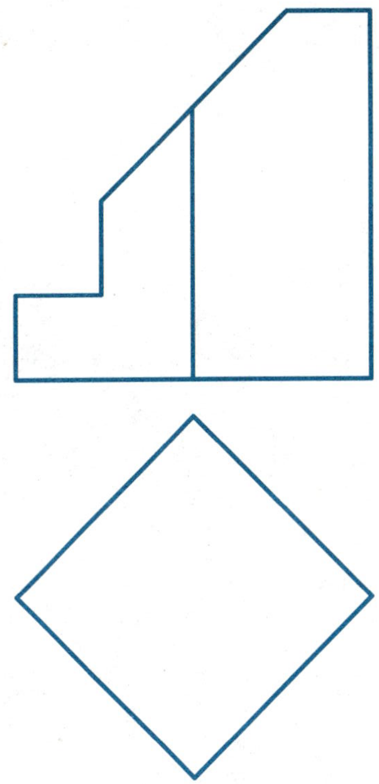

4-9　求四棱台开槽后的$H$面投影和$W$面投影。

4-10　求四棱柱穿孔后的$H$面投影和$W$面投影。

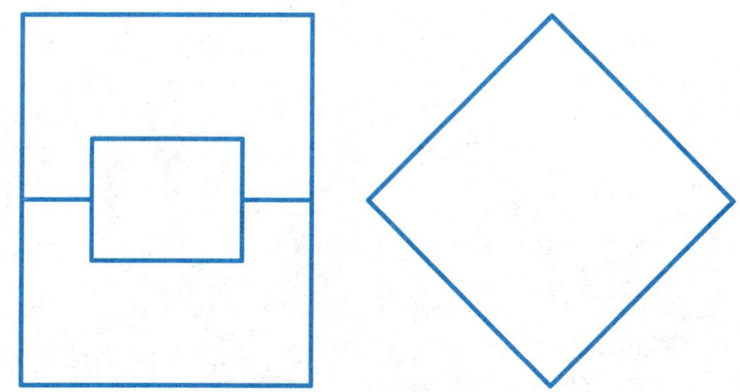

4-11　求六棱柱被截割后的$H$面投影和$W$面投影。

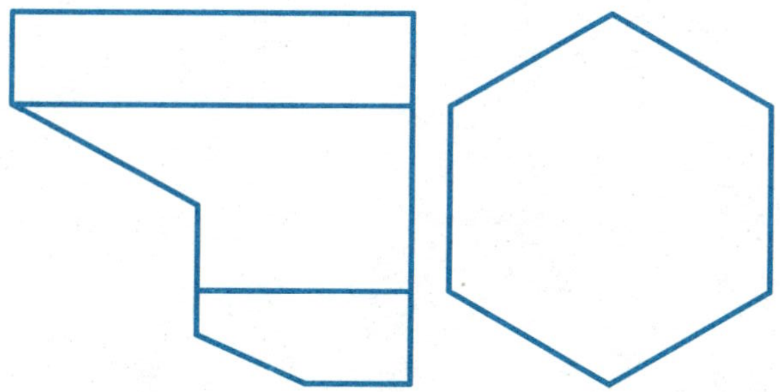

4-12　求五棱锥被截割后的$H$面投影和$W$面投影。

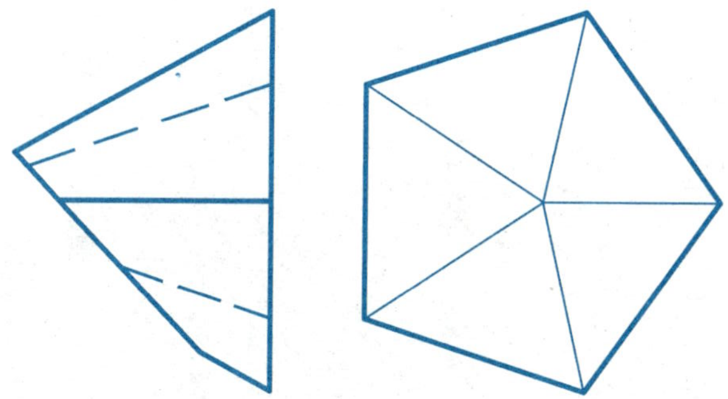

4-13　求三棱柱被截割后的$H$面投影和$W$面投影。

4-14　求五棱柱被截割后的$H$面投影和$W$面投影。

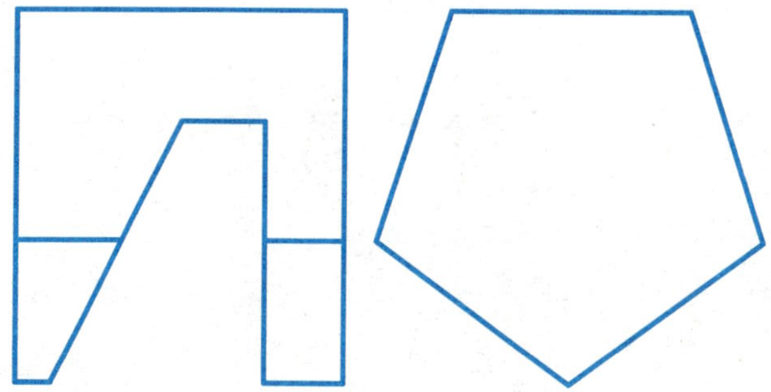

4-15　求圆柱被截割后的$H$面投影和$W$面投影。

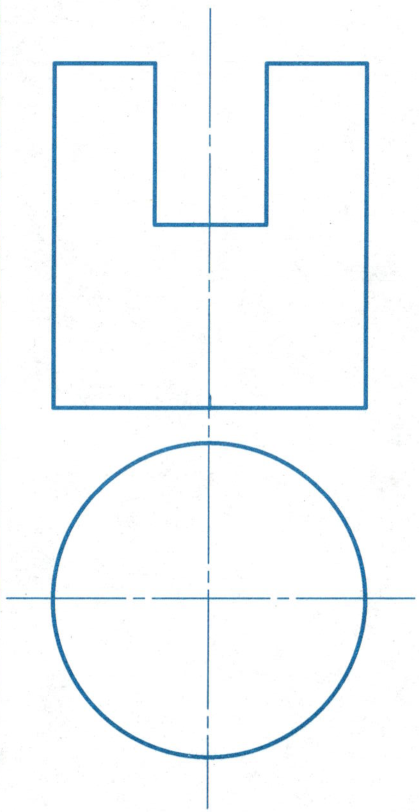

4-16　求圆柱被截割后的$W$面投影。

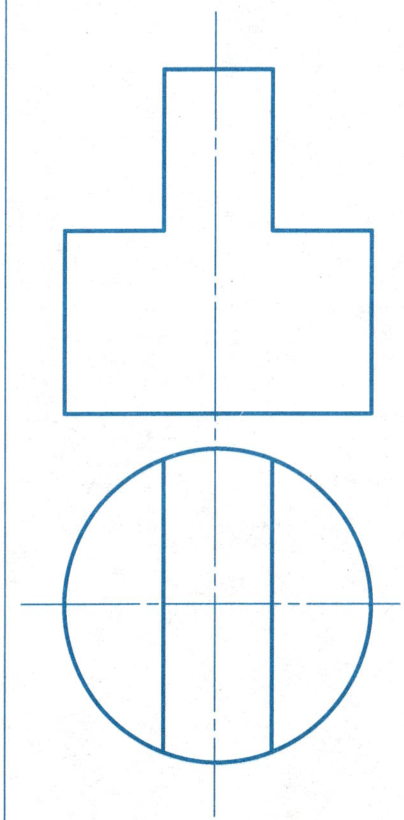

4-17　求圆锥被截割后的$H$面投影和$W$面投影。

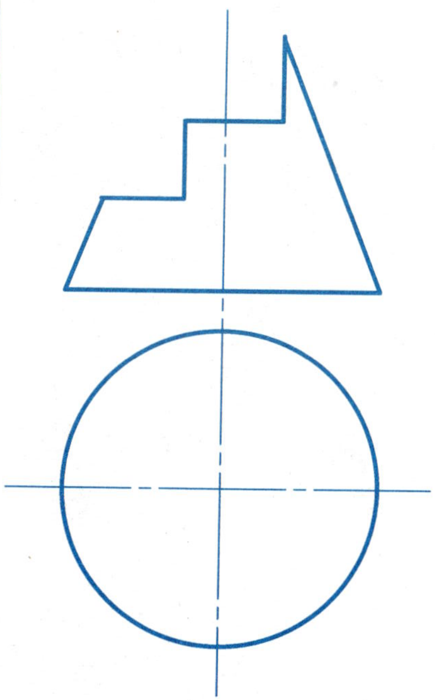

4-18　求圆锥被截割后的$H$面投影和$W$面投影。

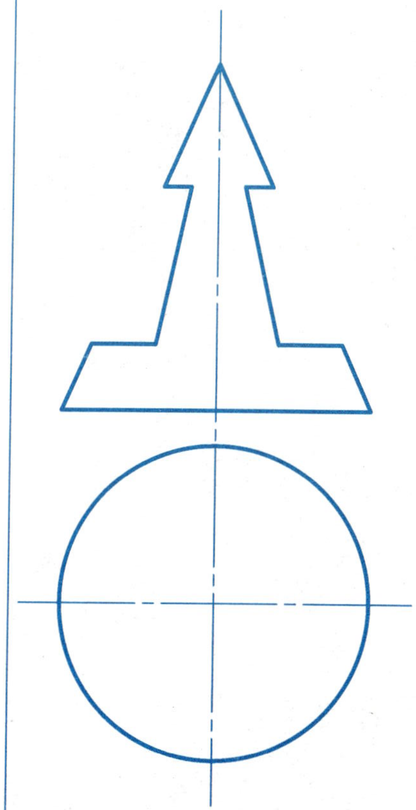

4-19　求圆锥被截割后的*H*面投影和*W*面投影。

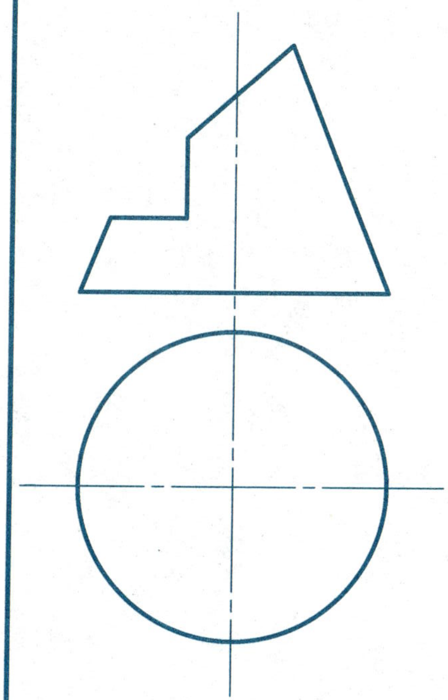

4-20　求圆柱被截割后的*H*面投影和*W*面投影。

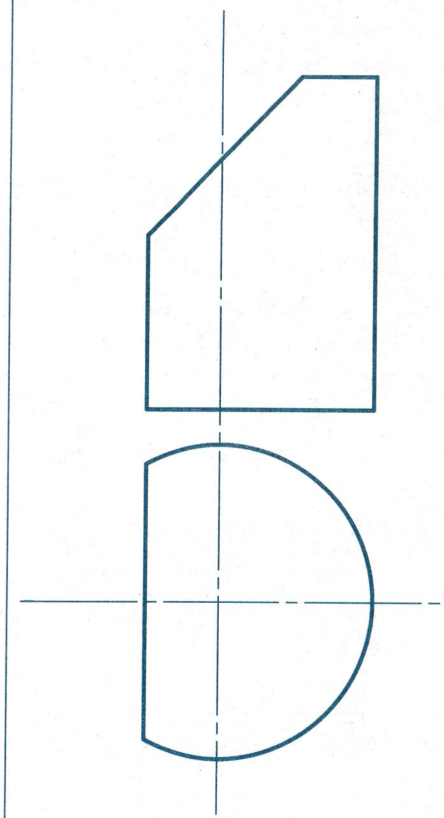

4-21　求半球体被截割后的$H$面投影和$W$面投影。

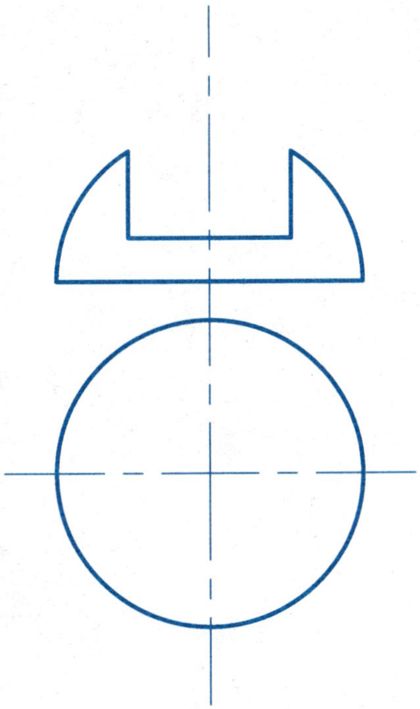

4-22　补充球体$H$面投影和$V$面投影。

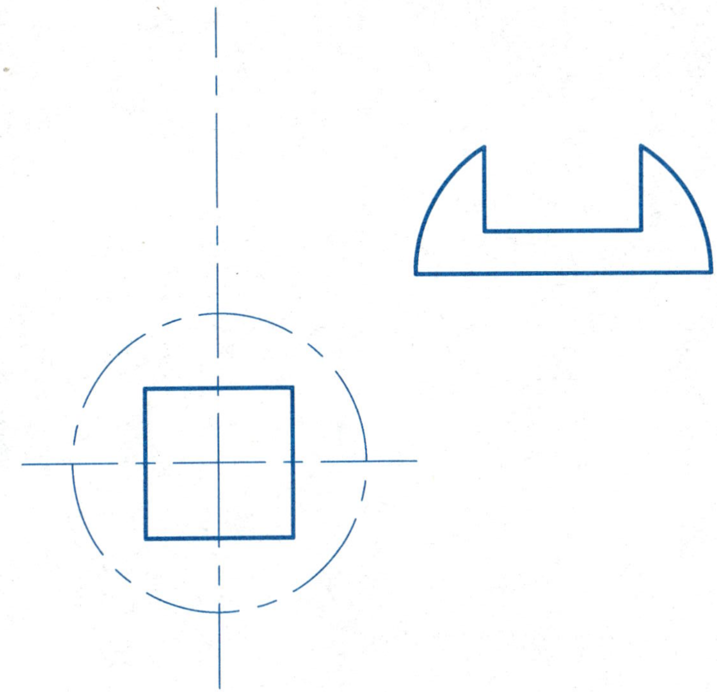

4-23 求球被截割后的$H$面投影和$W$面投影。

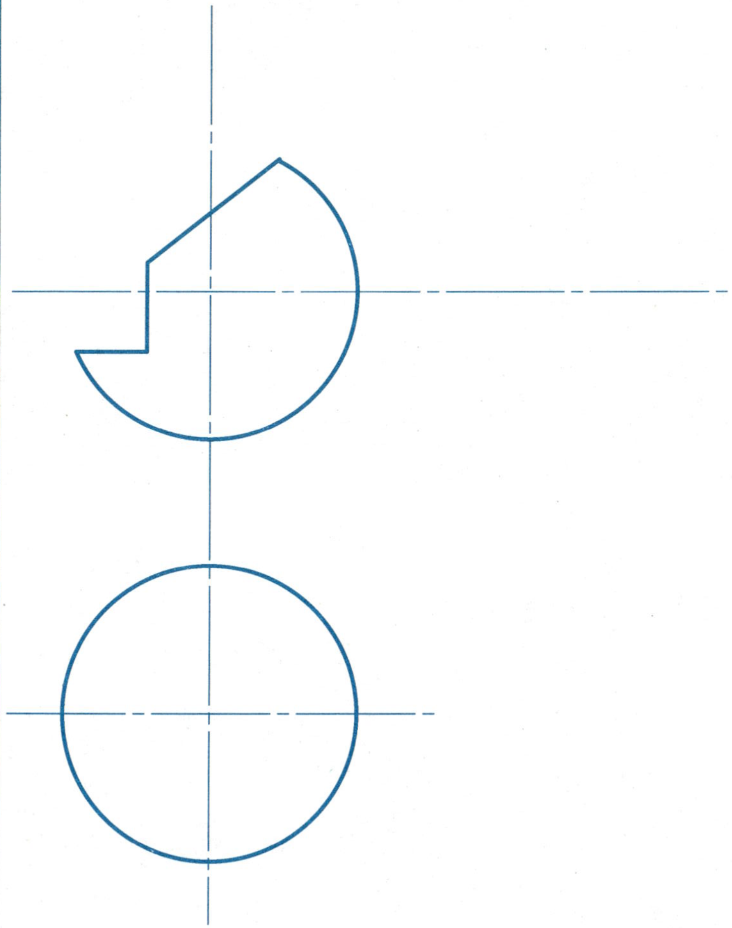

4-24 求圆锥被截割后的$H$面投影和$W$面投影。

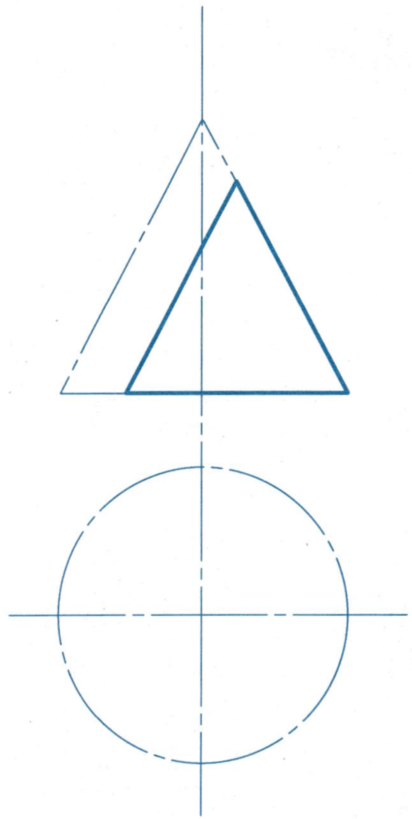

4-25　求直线对三棱柱的贯穿点并判定可见性。

(1)

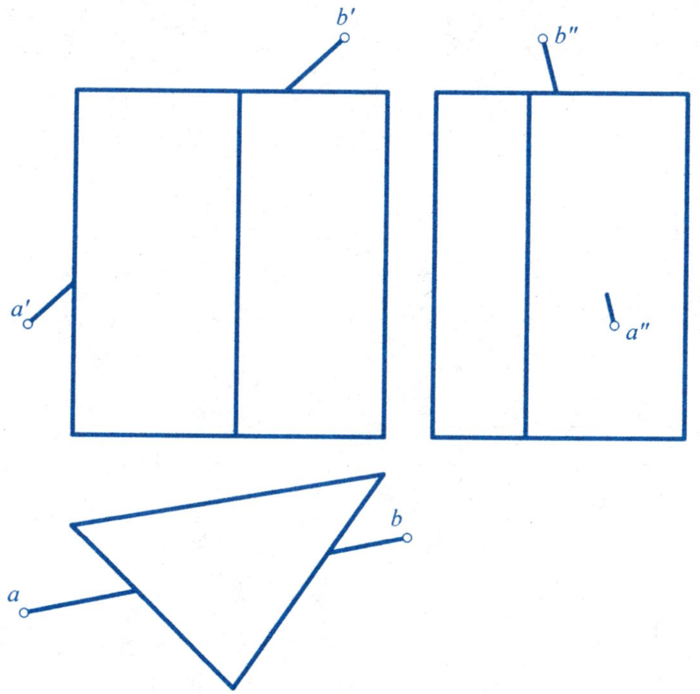


(2)

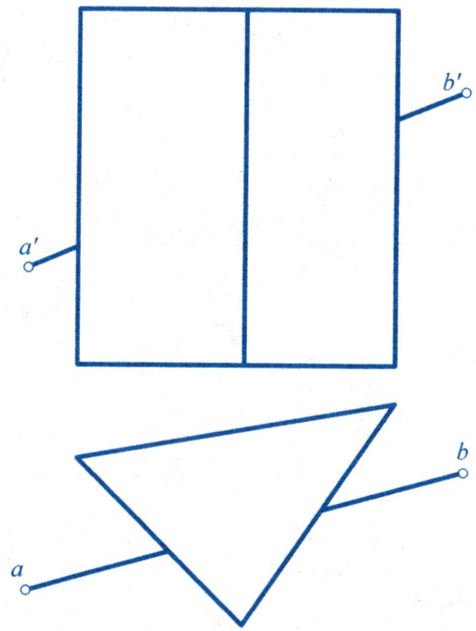

4-26　求直线对三棱锥的贯穿点并判定可见性。

(1)

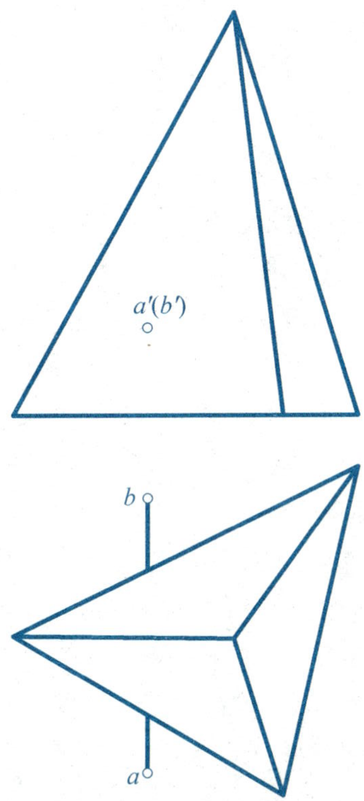


(2)

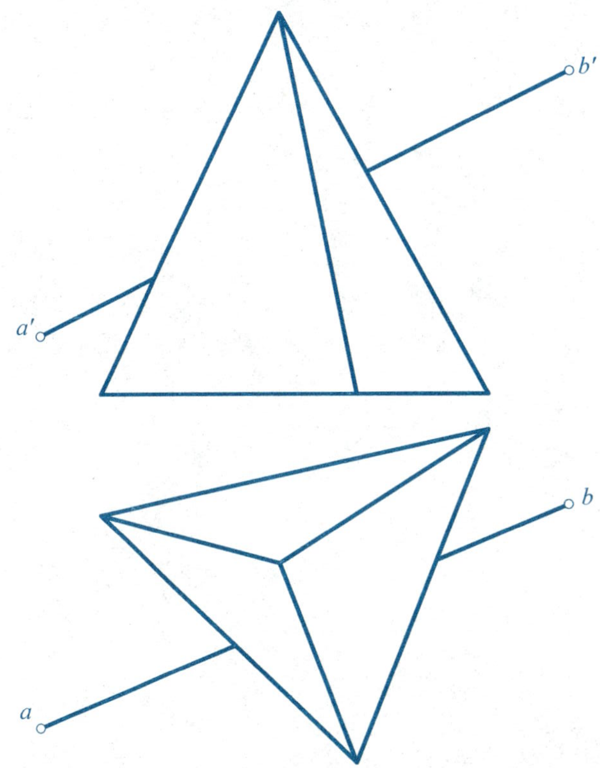

4-27　求直线对圆柱贯穿点。

(1)

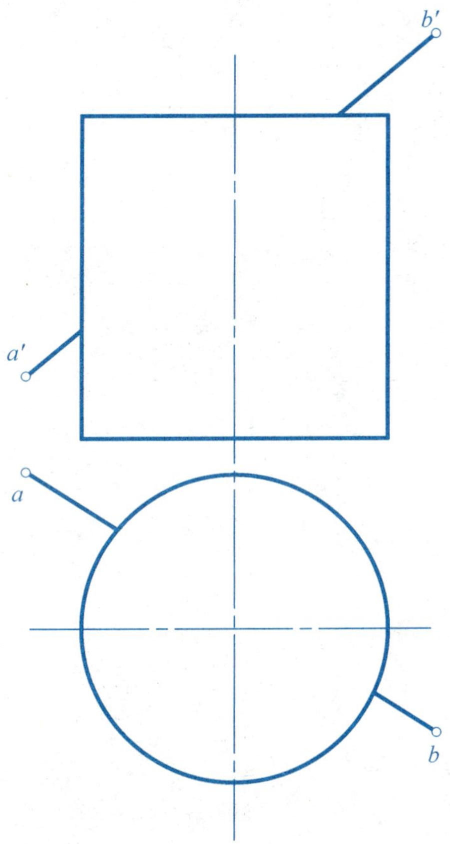


(2)

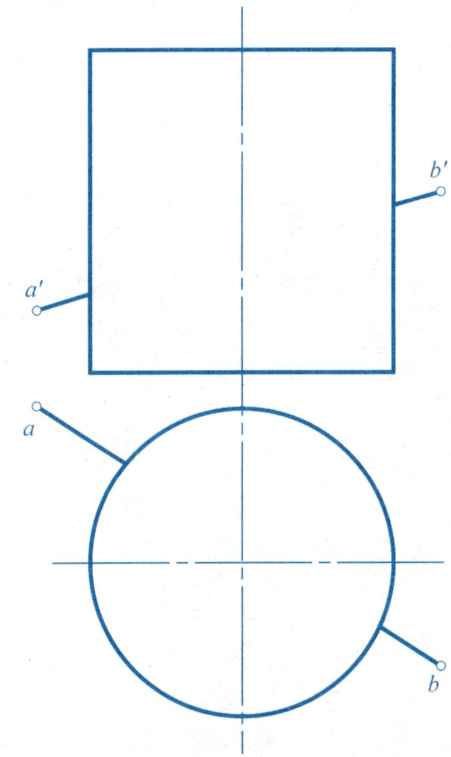

4-28　求直线对圆锥、圆柱贯穿点。

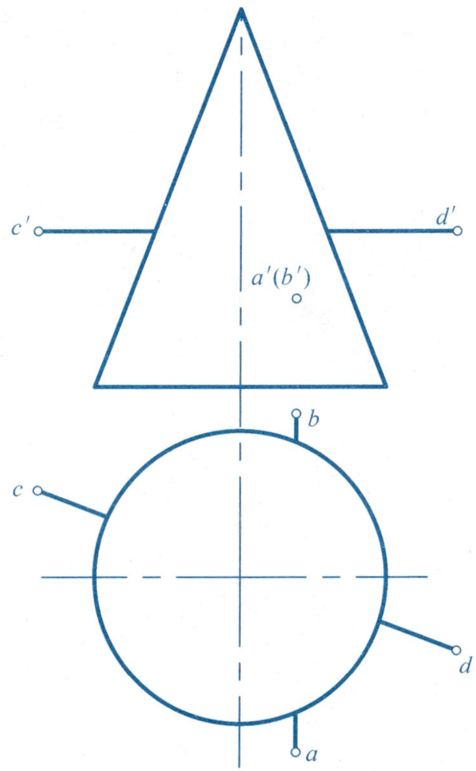


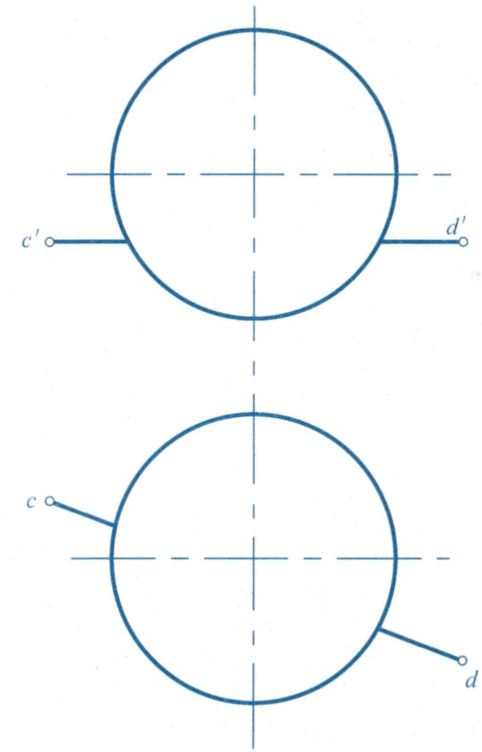

4-29　求直线对圆锥的贯穿点。

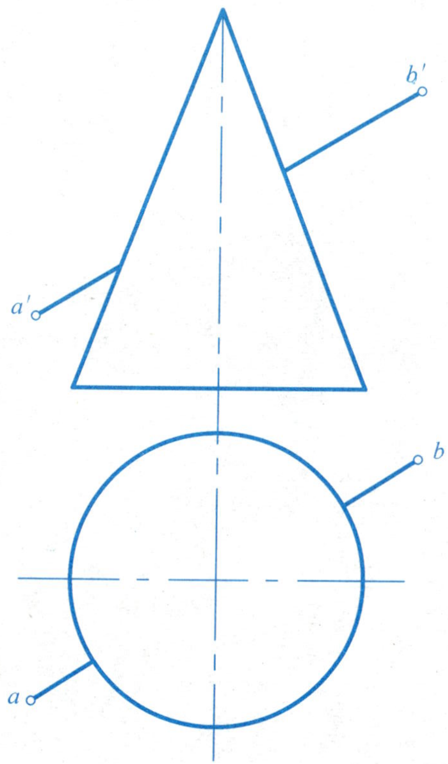


4-30　求直线对球的贯穿点。

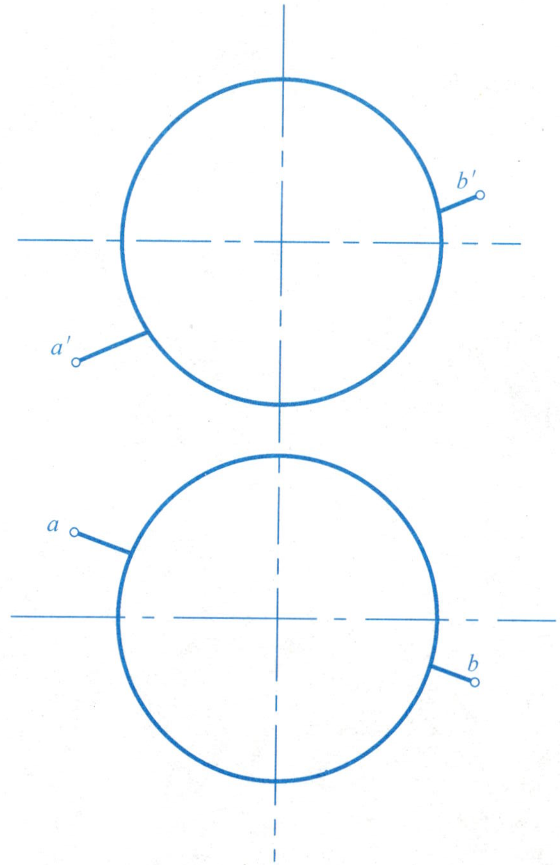

4-31　求两三棱柱的相贯线。

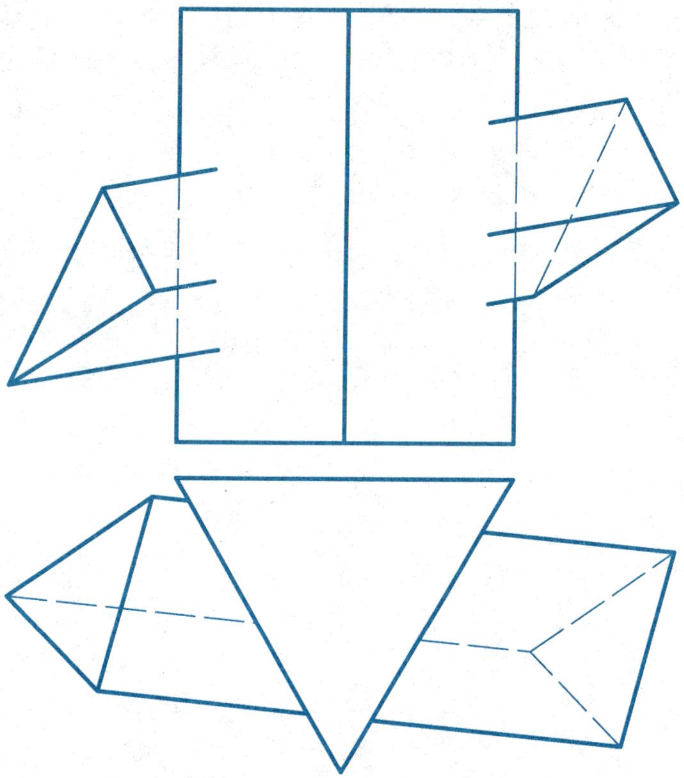

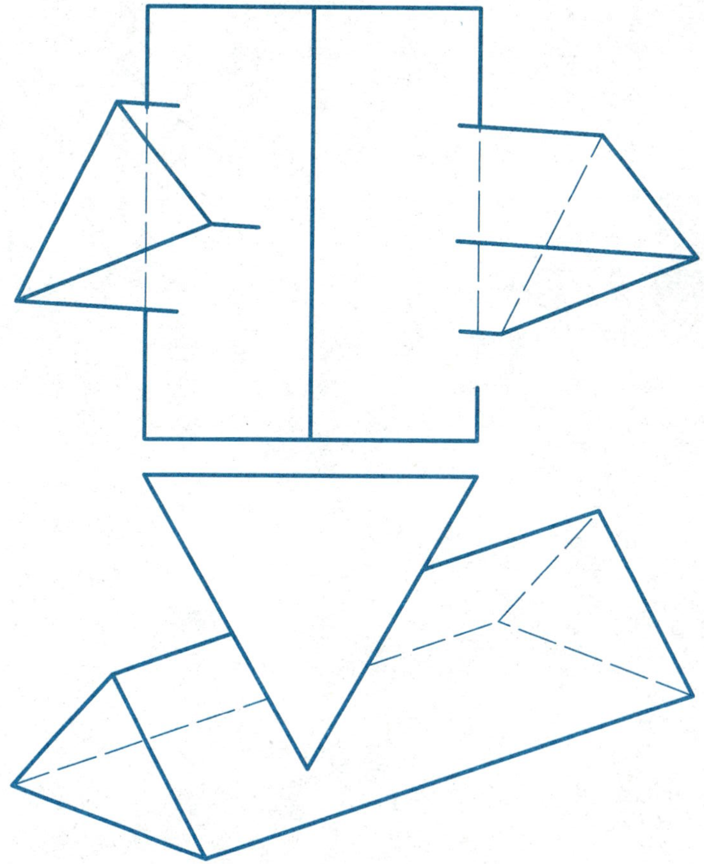

4-32　求三棱柱与四棱柱的相贯线。

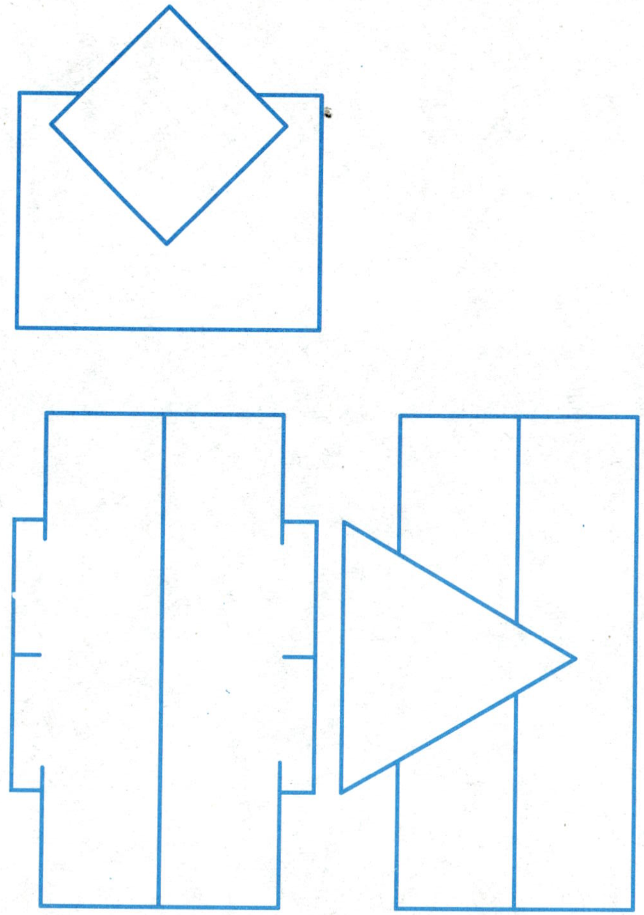

4-33　求四棱锥与三棱柱的相贯线。

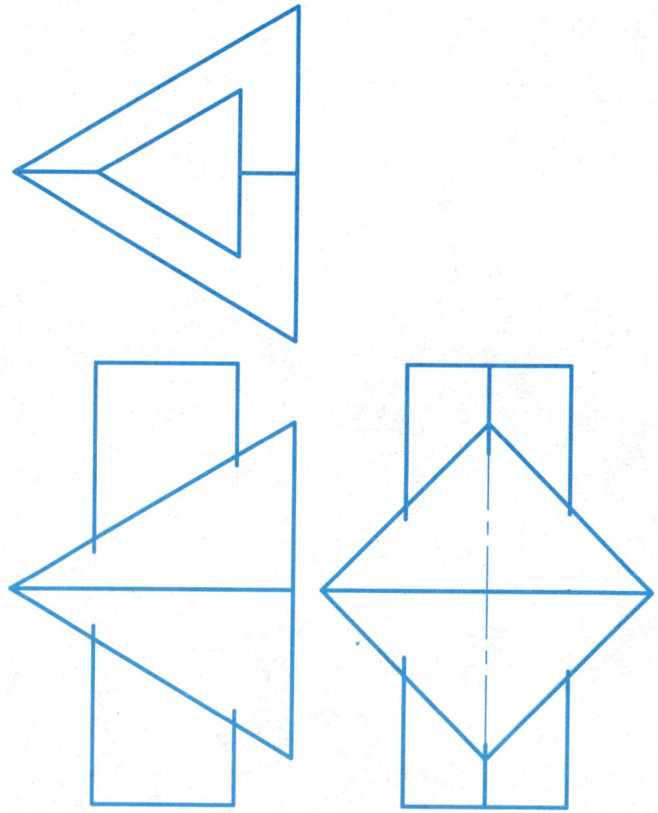

4-34 求三棱柱与圆锥的相贯线。

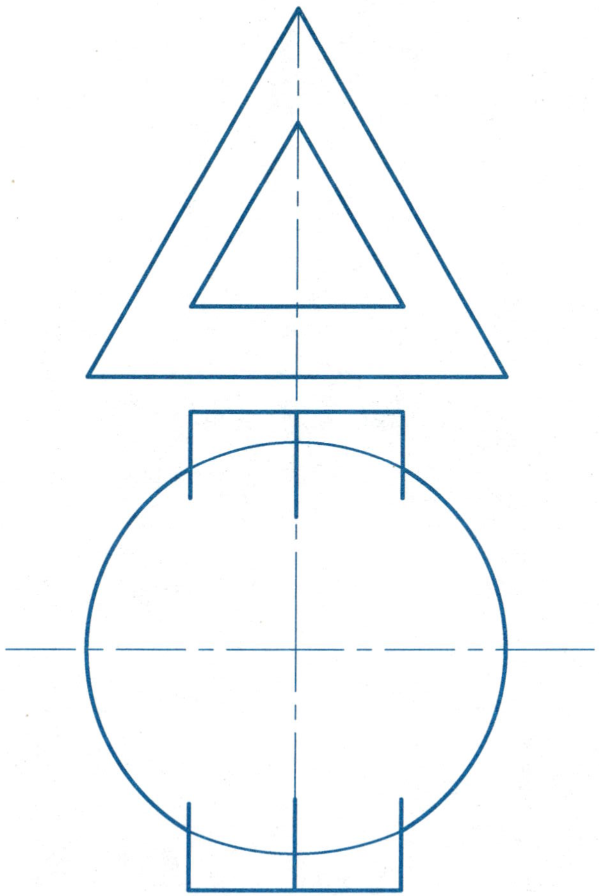

4-35 求四棱柱与圆锥的相贯线。

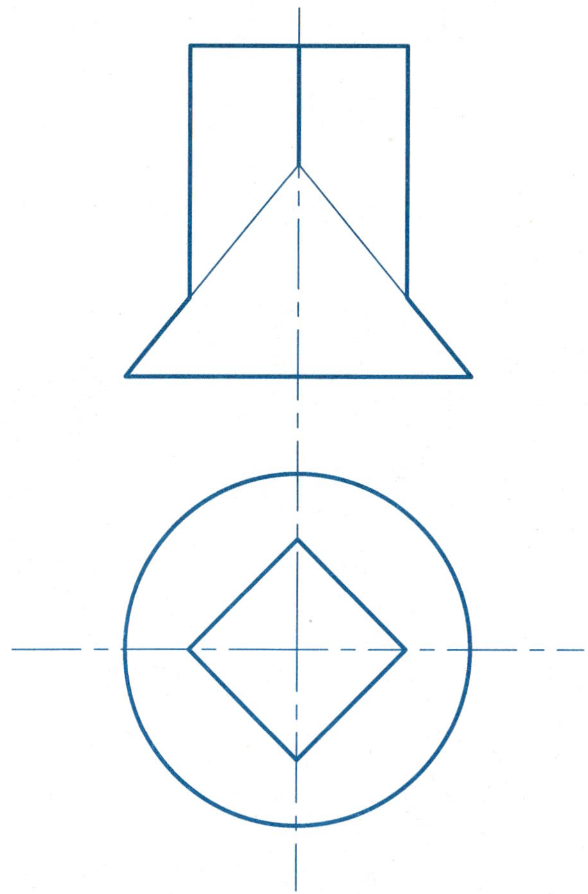

4-36　求圆柱与四棱锥的相贯线。

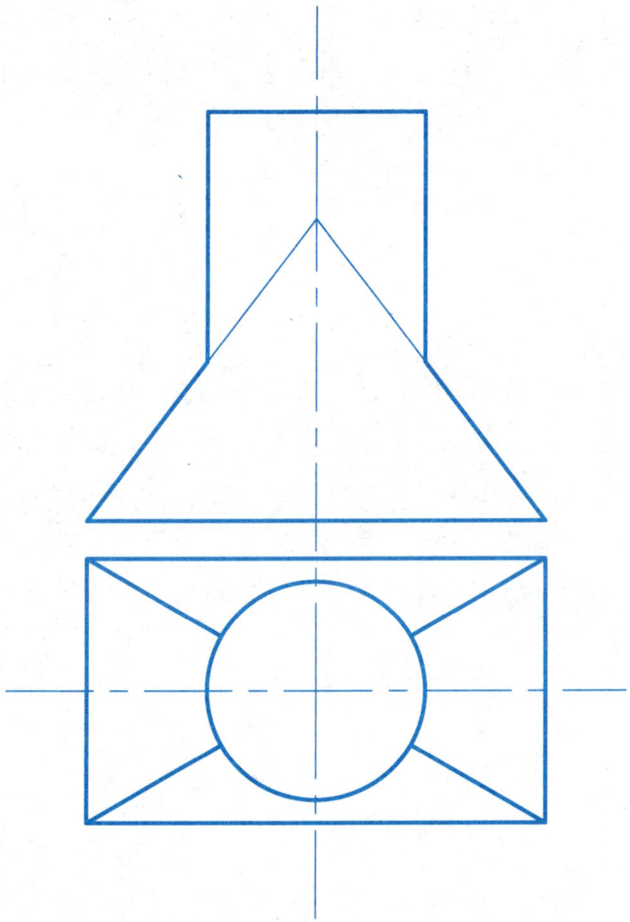

4-37　求半球与四棱柱的相贯线。

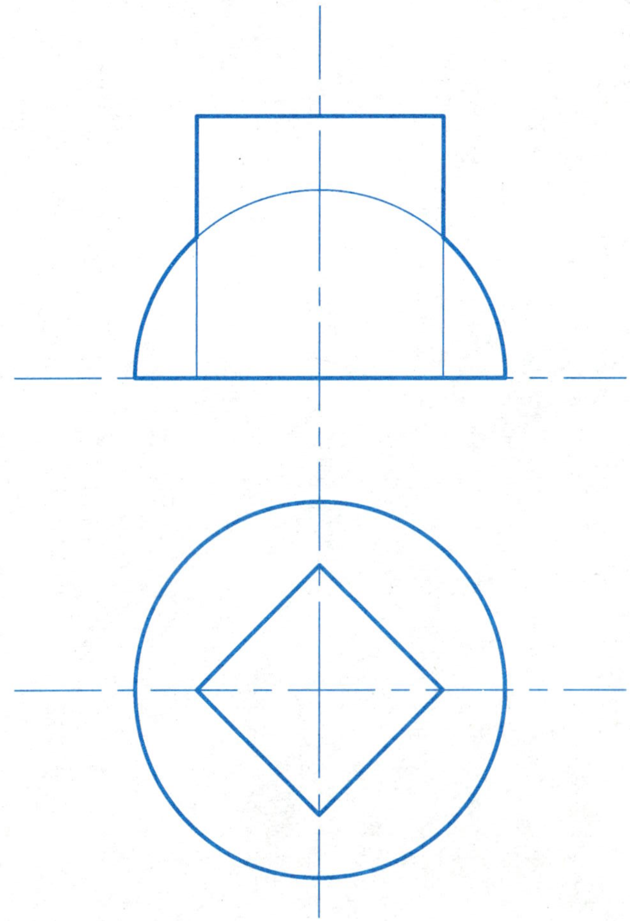

4-38 求半圆柱与圆柱的相贯线。

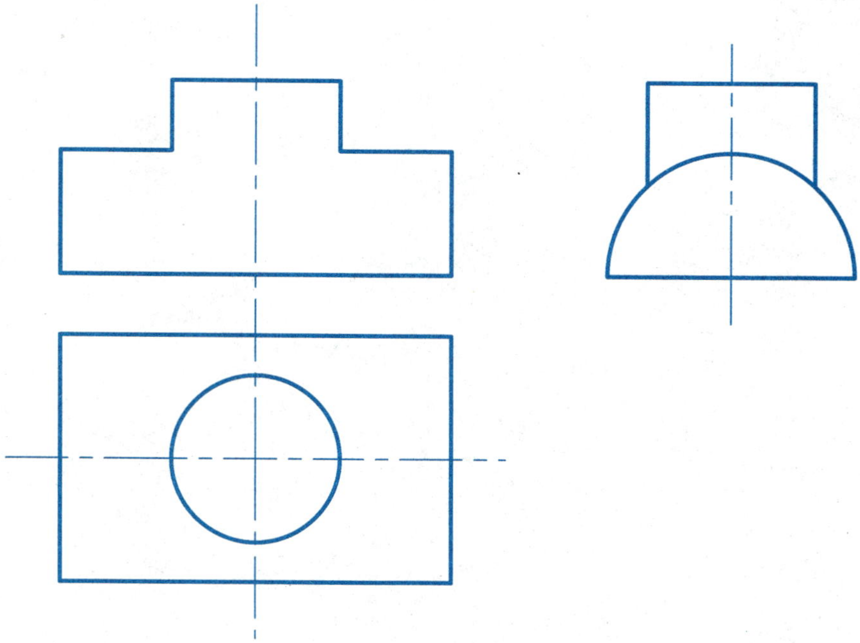

4-39 求圆柱与圆锥的相贯线。

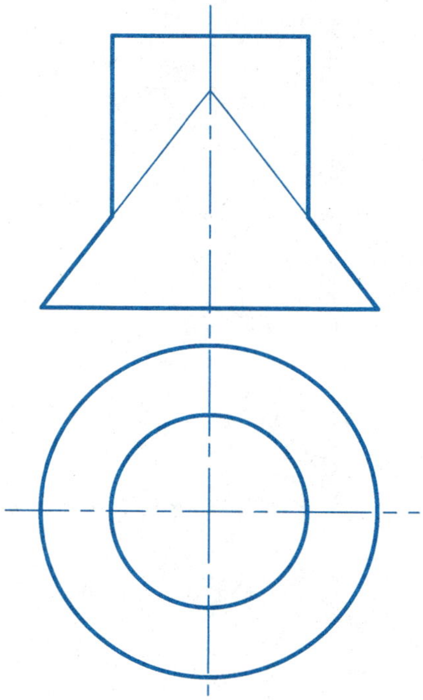

班级 姓名 学号

4-40 求圆柱与圆台的相贯线。

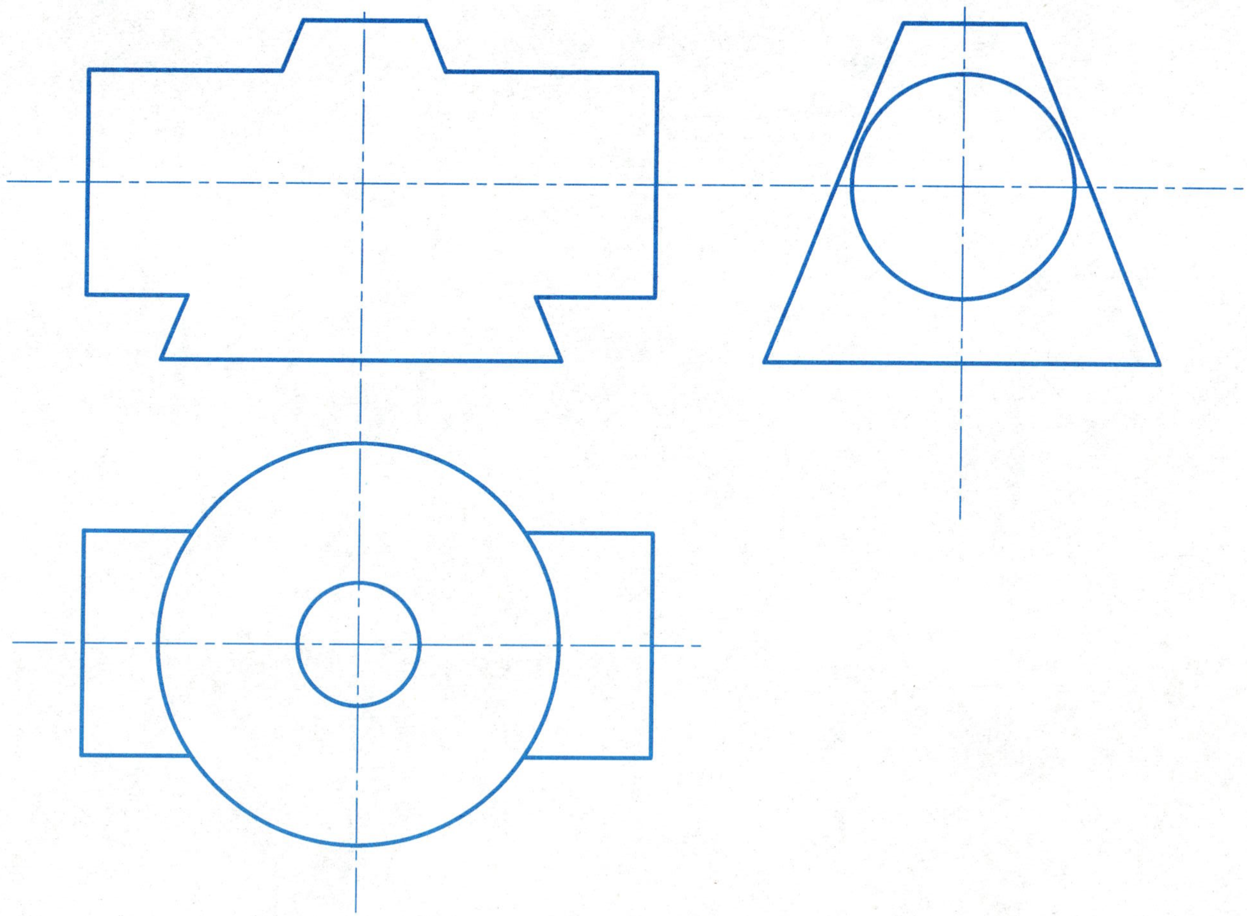

4-41　求两圆柱的相贯线。

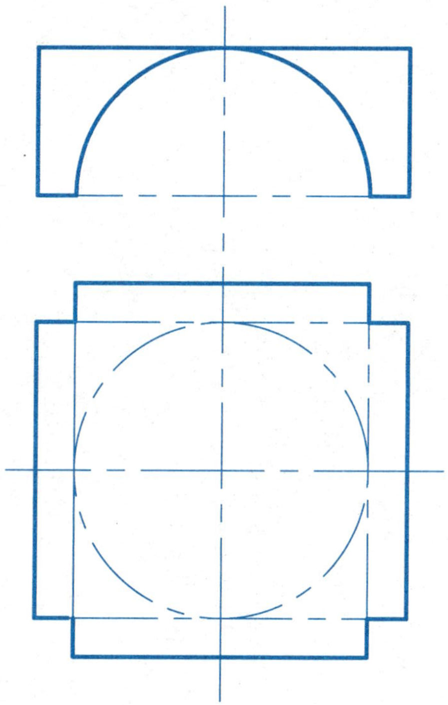

4-42　求圆柱与圆锥的相贯线。

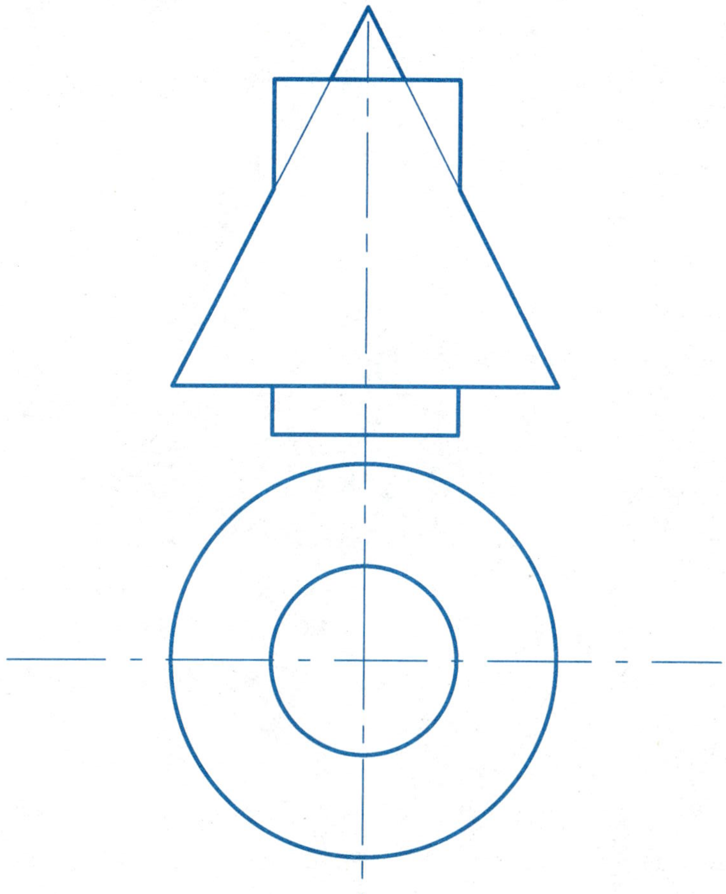

4-43　求圆柱与圆锥的相贯线。

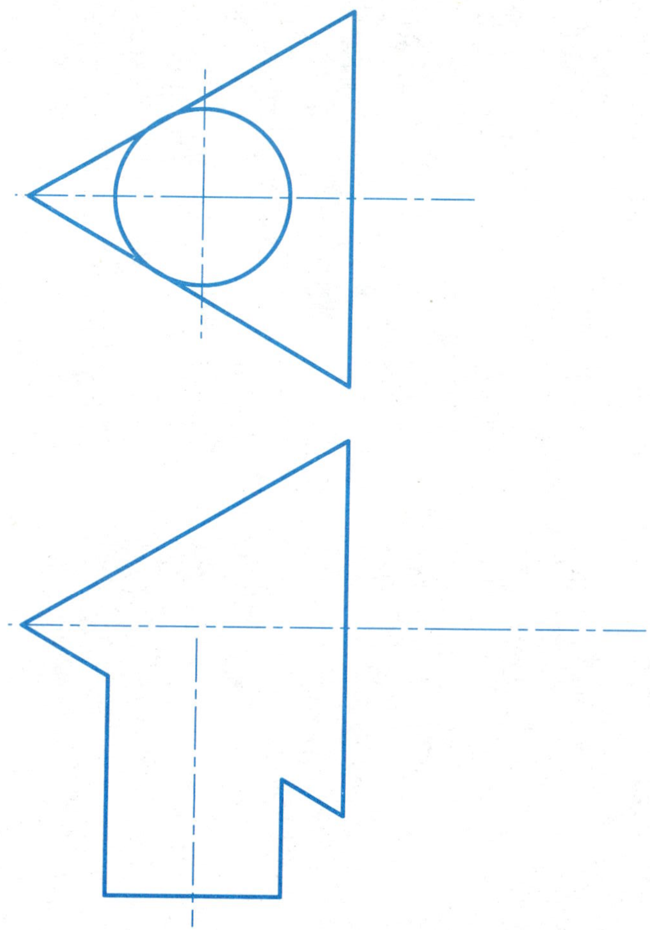

4-44　求三个等径圆柱的相贯线。

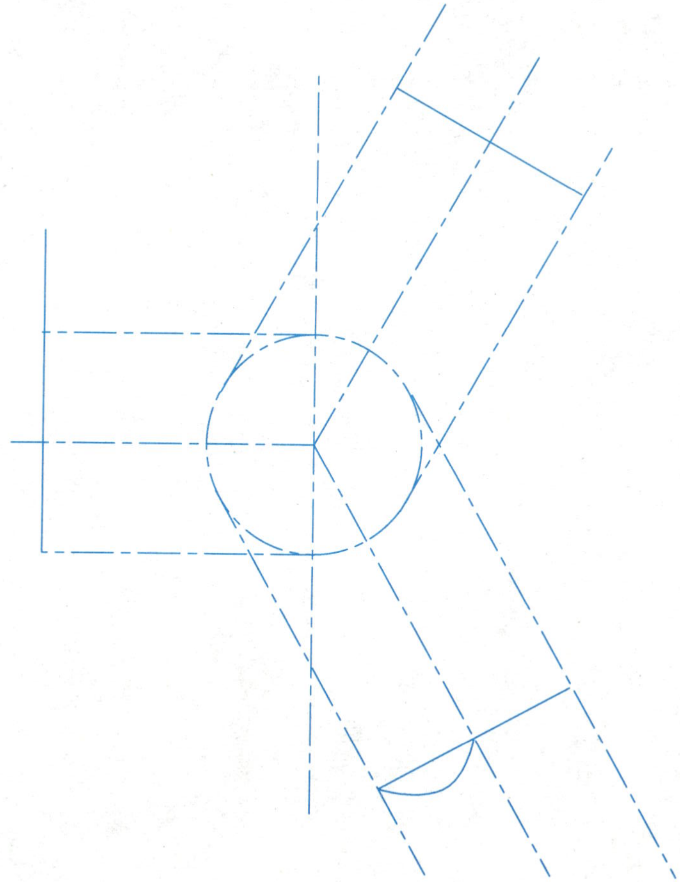

4-45 已知四坡屋面的倾角$\alpha=30°$，求作其屋面交线。

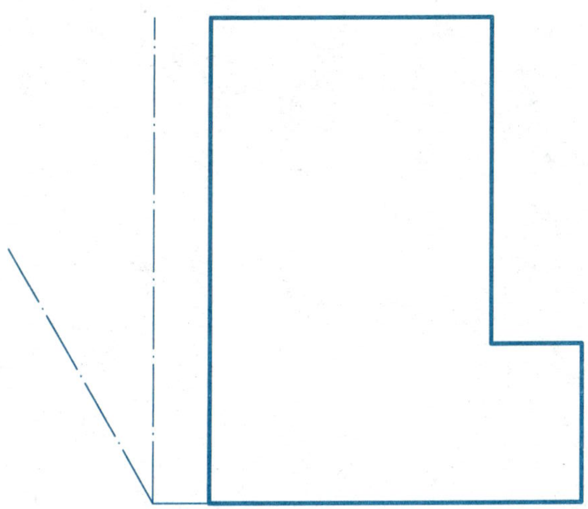

4-46 求三个等径圆柱的相贯线。

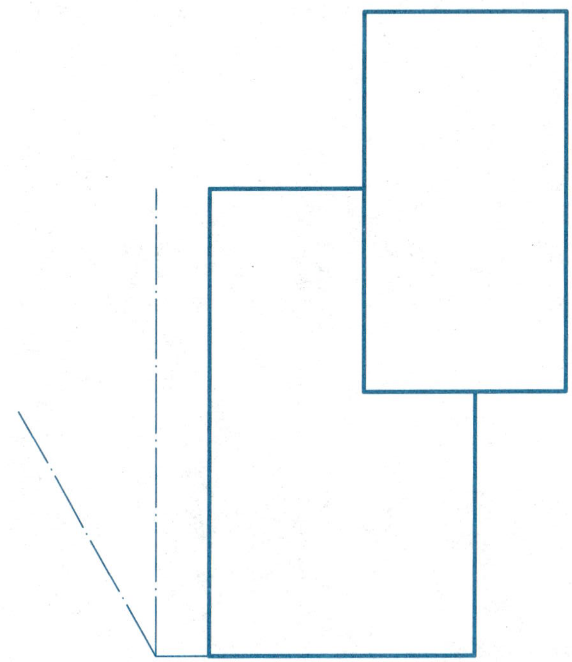

6-1 作正等测图。

(1)

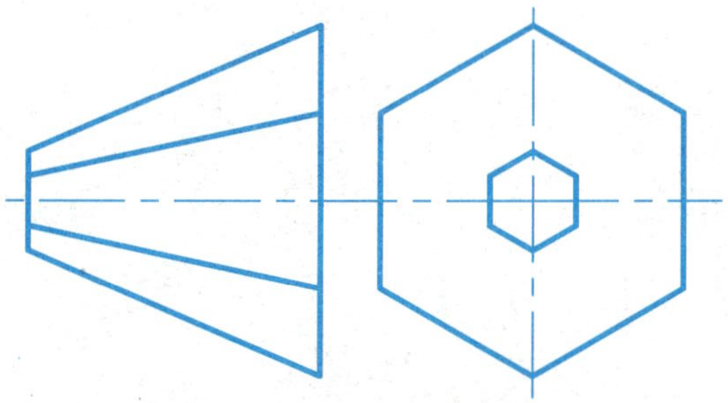

(2)

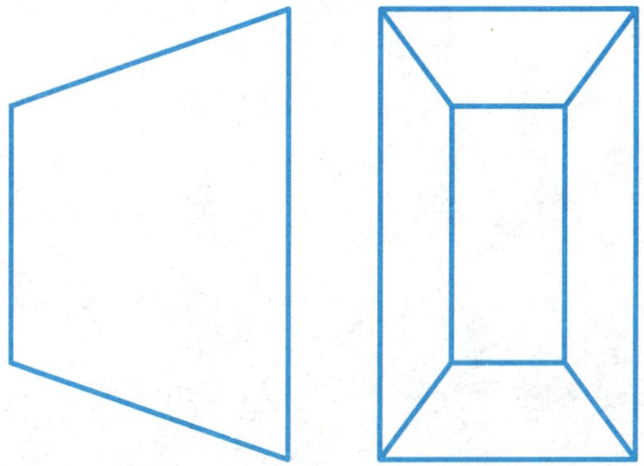

(3)

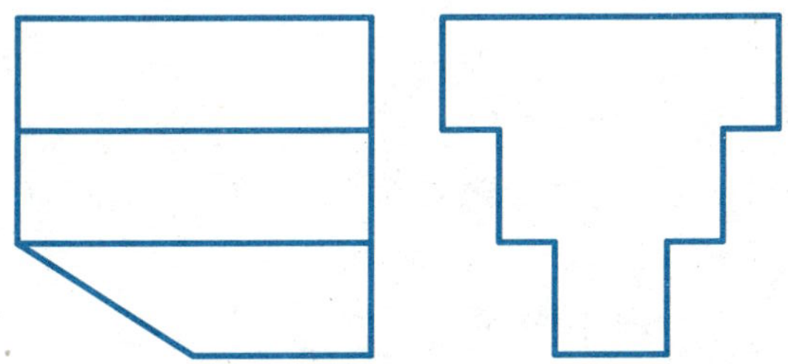

(4)

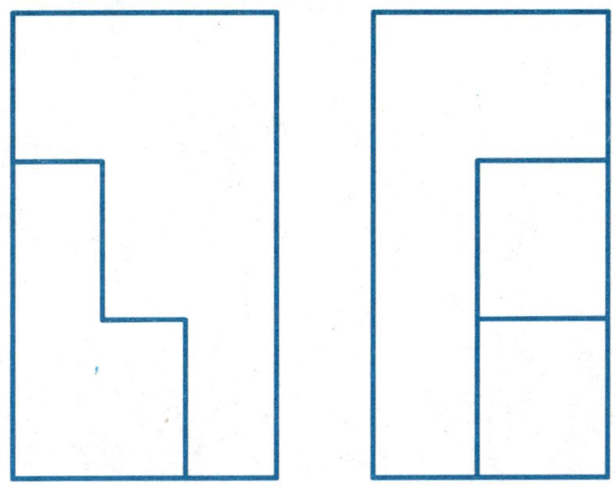

(5)

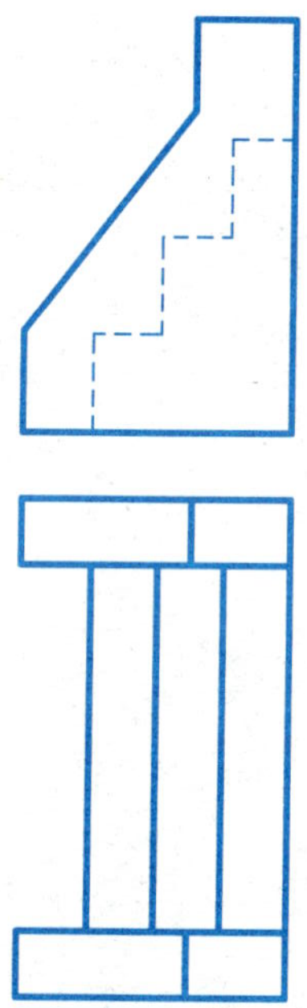

(6)

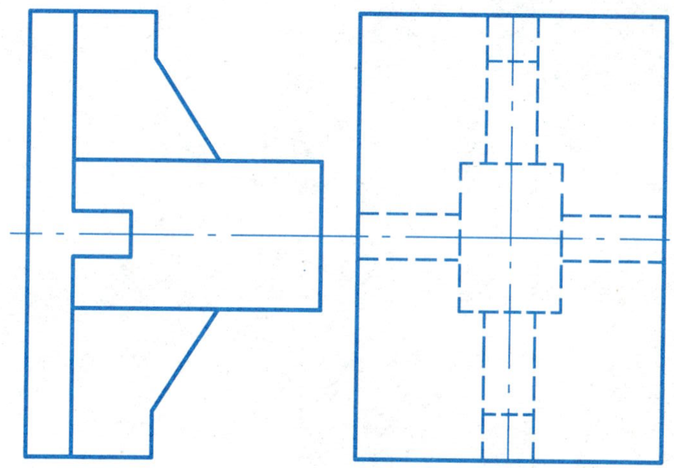

6-2 作正二等轴测图。

(1)

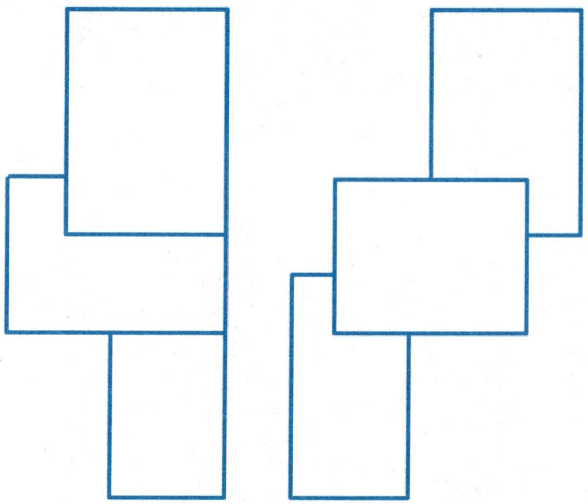

(2)

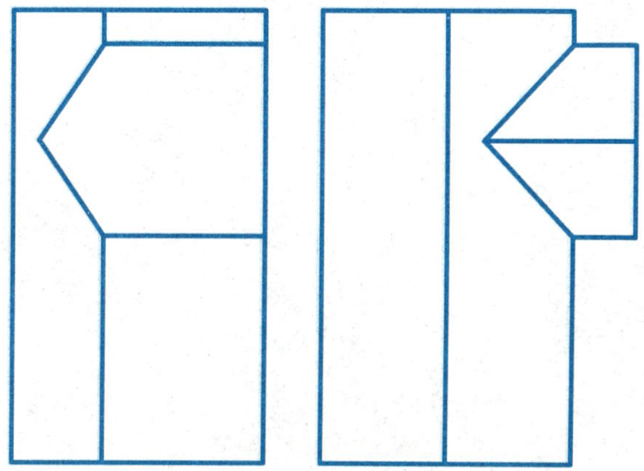

6-3　作曲面体的正等测图。

(1)

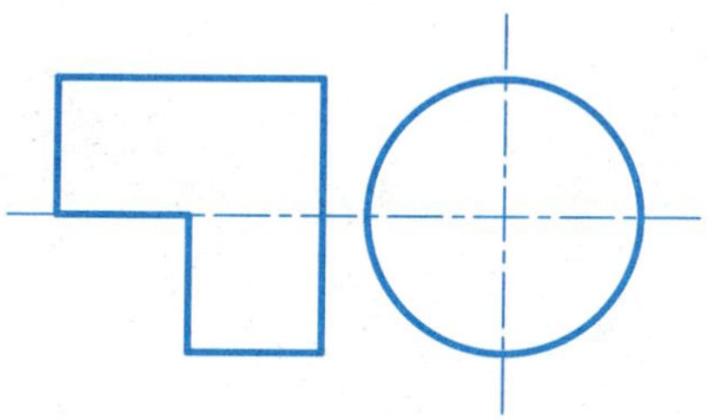

(2)

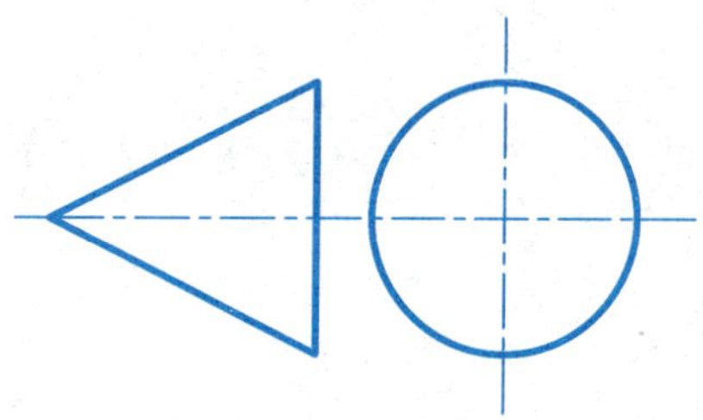

(3)

6-4 作形体的正面斜轴测图。

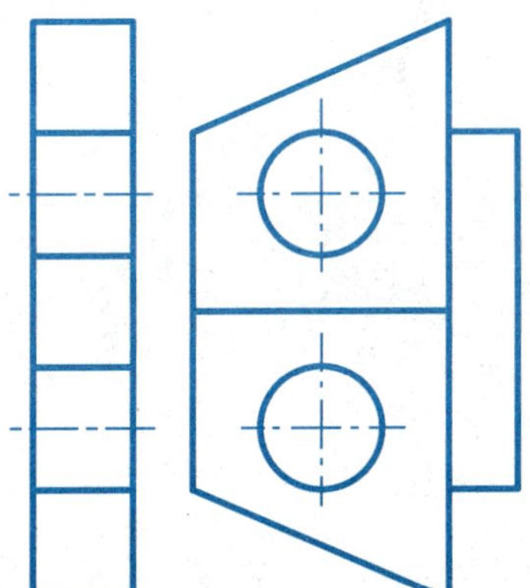

6-5 作形体的水平面斜轴测图。

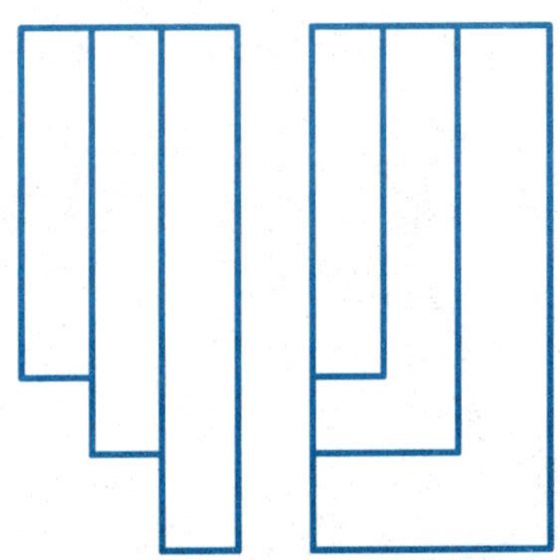

6-6 作形体的剖切轴测图。

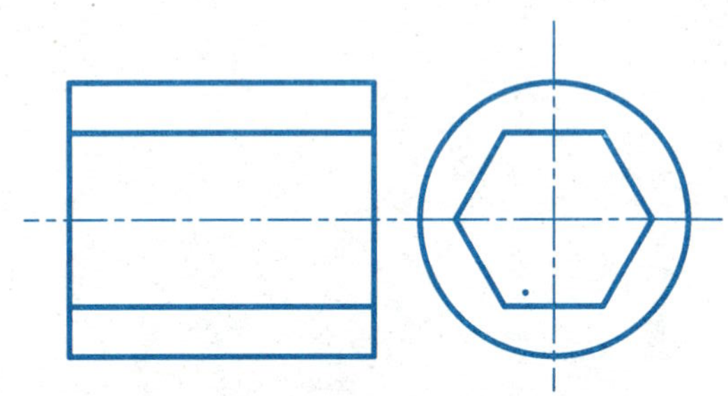